商业航天技术及其应用
——通信、遥感、GPS 和气象卫星

（第 2 版）

Commercial Space Technologies and Applications:
Communication, Remote Sensing, GPS,
and Meteorological Satellites Second Edition

[美] Mohammad Razani（默罕默德·拉扎尼） 著

王梦丽 徐君毅 杨洋 刘学伟 译

国防工业出版社

·北京·

著作权合同登记　01-2024-2210

图书在版编目(CIP)数据

商业航天技术及其应用：通信、遥感、GPS 和气象卫星：第2版/(美)默罕默德·拉扎尼(Mohammad Razani)著；王梦丽等译. —北京：国防工业出版社，2024.5

书名原文：Commercial Space Technologies and Applications Communication, Remote Sensing, GPS, and Meteorological Satellites Second Edition

ISBN 978-7-118-13337-0

Ⅰ.①商… Ⅱ.①默… ②王… Ⅲ.①航天-技术-研究 Ⅳ.①V4

中国国家版本馆 CIP 数据核字(2024)第 096468 号

Commercial Space Technologies and Applications Communication, Remote Sensing, GPS, and Meteorological Satellites 2st Edition by Razani, Mohammad
ISBN:978036765633
Copyright © 2018 by CRC Press.
Authorized translation from English language edition published by CRC Press, part of Taylor & Francis Group LLC; All rights reserved; 本书原版由 Taylor & Francis 出版集团旗下，CRC 出版公司出版，并经其授权翻译出版．版权所有，侵权必究．
National Defense Industry Press is authorized to publish and distribute exclusively the Chinese(Simplified Characters) language edition. This edition is authorized for sale throughout Mainland of China. No part of the publication may be reproduced or distributed by any means, or stored in a database or retrieval system, without the prior written permission of the publisher. 本书中文简体翻译版授权由国防工业出版社独家出版，并限在中国大陆地区销售．未经出版者书面许可，不得以任何方式复制或发行本书的任何部分．
Copies of this book sold without a Taylor & Francis sticker on the cover are unauthorized and illegal.
本书封面贴有 Taylor & Francis 公司防伪标签，无标签者不得销售．

※

国防工业出版社出版发行
(北京市海淀区紫竹院南路23号　邮政编码100048)
雅迪云印(天津)科技有限公司印刷
新华书店经售

*

开本 710×1000　1/16　印张 17¾　字数 312 千字
2024年5月第1版第1次印刷　印数 1—1600 册　定价 168.00 元

(本书如有印装错误，我社负责调换)

国防书店：(010)88540777　　书店传真：(010)88540776
发行业务：(010)88540717　　发行传真：(010)88540762

译者序

在全球化的今天,商业航天蓬勃发展,航天技术日新月异,对我们生活的各个方面都产生了深远影响。无论是用于提供全球通信、导航定位和遥感探测服务,还是进行环境监测和天气预报,或是支持科学研究,航天和卫星技术都发挥着重要且无可替代的作用。本书深入浅出地阐述了商业航天技术的各个方面,为我们能够更好地理解和评估商业航天技术的现状和未来提供了一个全面而深入的视角。

本书翻译自 Mohammad Razani 的 *Commercial Space Technologies and Applications——Communication, Remote Sensing, GPS, and Meteorological Satellites* 第 2 版。作者默罕默德·拉扎尼是纽约城市大学纽约技术学院电气和电信工程技术系教授,具有多年的科研和教学经验,在卫星通信、微波遥感、信息技术等领域拥有丰富的经验。本书第 2 版与第 1 版在整体框架构成上保持一致,但是根据航天技术的最新发展,增加了各领域的新型卫星和新兴技术。全书共 5 章。第 1 章是概述,简要介绍了本书的主要内容和出版目的。第 2 章围绕商业航天技术,对外层空间概念、外层空间法、外层空间探索,以及可达空间的航天活动展开了全景式的叙述。第 3 章首先介绍了人造卫星的一些基本概念,然后对遥感卫星、气象卫星、通信卫星、导航卫星、科学研究卫星等应用型卫星进行了全面介绍。第 4 章主要介绍了未来航天技术趋势,包括航天技术发展路线、非火箭航天发射、单级入轨、太阳能卫星、卫星和网络攻击、空间光子学等。第 5 章主要介绍了信息、通信和航天技术,包括信息、通信技术的基本原理和新应用,信息、通信与航天技术的融合发展趋势等。

本书译者王梦丽、徐君毅、杨洋、刘学伟等长期从事航天领域相关工作,在卫星导航、卫星通信、航天测绘、航天测控等领域有丰富经验和技术积累。为了让更多的中国读者全面了解商业航天技术及其在各个领域的应用,译者精心挑选了《商业航天技术及其应用——通信、遥感、GPS 和气象卫星》一书。希望通过我们的翻译,将书中丰富而精彩的内容呈现在您面前。无论您是对这个领域有浓厚兴趣的学者,还是希望了解更多航天技术信息的普通读者,相信这本书都能给您带来丰硕的收获。

由于全书涉及众多领域,加之译者水平有限、时间仓促,编译中难免存在纰漏和错误之处,恳请读者不吝指教。

2024 年 1 月

前　言

这本手稿对5年前写的书进行了更新。每章末尾增加了问题和难点,使本书更适合作为教科书。另外,它还涵盖了各个兴趣领域的新型卫星及近年来的新兴技术,这些都是非常了不起的。科学家和工程师们还在不懈地努力,以提供更高质量的卫星服务、更高分辨率的卫星图像,并降低卫星服务成本,以便地球上最偏远的地区也能从这些卫星服务中受益。

航天技术旨在征服新的外层空间领域和到达最远天空。在我们能够到达的空间,人造卫星正在进入一个新时代,它变得更小、更智能、更便宜、更容易发射,但通过采用最复杂最先进的新技术,可以提供更高质量、更不易受干扰的服务。这些都是本书更新的重点。

随着电子、半导体、调制、接入和多路复用技术的快速发展,性能更好的放大器、天线、火箭燃料、发射装置及其他技术影响着卫星产业。对于技术更新来说,5年是一个很长的时间。在此期间,学者针对航天技术及其相关领域开展了大量研究活动。作者尽可能在本书中涵盖这些科学和工程发现的最富有挑战性和价值的杰出成果。

作者对商业航天技术及其应用一直非常感兴趣,过去40年中,他的大部分时间都工作在航天技术的不同领域。人类是如何探索太空的,它是如何扩展我们对宇宙的理解的,迄今为止它是如何以如此多的不同方式影响我们生活的,以及它将如何影响后代的生活,回答这些问题需要对航天技术及其应用有全面了解。作者试图对世界范围内的航天、航天探索,以及与空间活动有关的历史有一个很好的了解,同时在应用卫星、科学卫星和通信卫星三大类中阐释其各种应用。

太空作为一个新的平台,可以完成人类在地球上不能完成的研究工作。除了讨论航天技术的现有应用外,本书再版还介绍了即将出现的事物,也许下一代将从中受益,现在这些东西仅仅是梦想或我们想象的一部分。利用卫星在全世界进行能源平均分配,卫星从地球上太阳能丰富的地区收集太阳能,并通过微波束将其传输到地球上其他太阳能缺乏的地区,或在没有火箭的情况下将航天器发射到太空,这些都是向读者介绍的其中一些创新想法。

虽然现有文献有一些关于航天技术的零散信息,但没有一本书能够涵盖如此广泛又相互关联的概念和应用,这给了作者更新这本书的动力。

本书面向大专生、本科生和研究生、航天相关行业的专业人士、世界各地电信组织的工程师和技术人员、各级高等教育机构的教育工作者,以及对航天科学和技术及其应用感兴趣的读者。

这本书将介绍有利于人类日常生活的航天技术。正如本书中详细介绍的那样,太空为开展科学研究提供了独特的环境,有些科学研究在地球上是不可能开展的。这些科学研究的成果是不朽的,其影响几乎可以在我们生活的各个方面看到。例如,在国际空间站的研究实验室内,科学家和工程师在过去16年中一直在微重力环境中进行研究,以提高地球上的生活质量、延长人类寿命。医学、制药、冶金、物理、工程、生物学等许多其他领域都受益于这种独特的研究活动。

人类是一个好奇的物种,总是在寻找新的领域来拓展他们的视野,而这些领域总有一天会被征服。本书将讨论外层空间活动的动机,这些动机纯粹是科学的,将使我们更好地了解我们所生活的宇宙,并感谢我们在地球上所拥有的恩宠。这颗星球有其他星球无法企及的独特环境条件,让生命不需要在极端环境下生存。

本书还将使读者意识到,我们有责任通过寻找新的清洁能源和更好地利用我们的资源,为子孙后代保留这种独特性。

致　　谢

所有的感激都要归功于全能者,他给了我生命,并为我提供了达到这个水平所需要的一切。

我必须承认,写这本书和它的第 2 版对我来说是一个巨大的挑战,在此期间,我承担了教学职责,且自 2006 年以来主持纽约城市大学、纽约技术学院的电气和电信工程技术(ETET)系。ETET 系提供 ABET 认证的电气工程技术和电信工程技术的副学士和学士学位课程,并有幸拥有高素质和国际公认的教员,他们在布鲁克林和纽约学校孜孜不倦地培养各种热情洋溢又有才华的学生,并持续为世界科学和技术做出贡献。

如果没有许多人的支持,我是不可能完成这本书的。

我衷心感谢泰勒和弗朗西斯公司的工程图书出版商诺拉·科诺普卡,她的助手凯拉·林德霍姆,在第 2 版编写过程中始终耐心地与我一起工作的项目副经理亚历山大·安德烈耶维奇及制作团队的其他成员。

我想把这本书献给我的父母,他们为我提供了在遥远的国家接受高等教育的机会,并在他们丰硕而光荣的一生中以各种可能的方式和在生活的各个方面支持我。我还要感谢我的兄弟姐妹,在我的一生中他们始终支持我。最后但同样重要的是,我想把这本书献给我的妻子和孩子们,感谢他们的爱、支持和耐心。

作者介绍

默罕默德·拉扎尼在从卫星通信到微波遥感和信息技术的各个技术领域拥有丰富的经验,曾从堪萨斯州立大学获得学士和硕士学位,从堪萨斯大学获得电气工程博士学位,并曾多年在堪萨斯大学航天研究中心从事 NASA 资助的研究。在过去四十年中,他拥有在各种相关技术方面的教育和研究经历。这样的经历包括纽约城市大学纽约技术学院多年的教学和科研工作,并且自 2007 年至今一直担任电气和电信工程技术系的全职教授兼主席。拉扎尼博士与国际电信联盟合作密切。国际电信联盟是联合国的一个专门机构,十多年来,他以主席和副主席的身份参加了若干 CCIR 和 CCITT 研究小组的工作。拉扎尼博士在顶级同行评议期刊上发表了大量论文,在几次国内、区域和国际会议上发表了论文,并撰写了几本书,包括 1991 年的《卫星通信基础》和 2012 年 CRC 出版社出版的《信息、通信和航天技术》。

目　　录

第1章　概述 ··· 1

第2章　商业航天技术 ··· 3

2.1　简介 ·· 3
2.2　外层空间 ··· 4
　　2.2.1　外层空间法 ·· 5
　　2.2.2　联合国和平利用外层空间委员会 ···························· 6
　　2.2.3　外层空间探索 ··· 8
　　2.2.4　未来的外层空间挑战 ·· 11
2.3　可达空间 ·· 20
　　2.3.1　发射系统 ·· 20
　　2.3.2　常规发射系统 ··· 20
　　2.3.3　可重复使用发射系统 ·· 28
　　2.3.4　俄罗斯和平号空间站 ·· 34
　　2.3.5　国际空间站 ··· 34
　　2.3.6　纳米卫星和微卫星 ·· 39
　　2.3.7　国际空间活动 ·· 45
2.4　问题 ·· 75
参考文献 ··· 75

第3章　卫星 ··· 80

3.1　基本概念 ·· 80
　　3.1.1　卫星类型 ·· 83
　　3.1.2　卫星的优势 ··· 85

		3.1.3	卫星轨道	86
		3.1.4	飞行任务分析	88
		3.1.5	卫星软件	90
		3.1.6	卫星条例	96
		3.1.7	卫星系统经济学	98
	3.2	应用卫星		101
		3.2.1	遥感卫星	101
		3.2.2	气象卫星	134
		3.2.3	全球定位卫星	140
		3.2.4	科学研究卫星	143
		3.2.5	通信卫星	149
	参考文献			214
	3.3	问题		214
	3.4	简答题		216
	参考文献			217

第4章 未来航天技术 222

4.1	概述	222
4.2	航天技术	225
4.3	非火箭航天发射	232
4.4	单级入轨	235
4.5	太阳能卫星	237
4.6	卫星和网络攻击	239
	4.6.1 领先网络攻击一步	241
4.7	空间光子学	242
	4.7.1 灵活的射频有效载荷	243
	4.7.2 数字有效载荷的光互连	243
	4.7.3 光子集成电路	243
	4.7.4 星间数字通信	243
	4.7.5 卫星平台光纤传感	244
	4.7.6 发射器光子学	244
4.8	问题	244
参考文献		245

第5章　信息、通信和航天技术 …… 246
5.1　信息和通信技术基本定义和原理 …… 246
5.2　信息和通信技术的新兴应用 …… 248
5.3　无线连接 …… 251
5.3.1　早期无线电标准 …… 251
5.3.2　第四代(4G)服务 …… 251
5.3.3　5G技术 …… 252
5.4　智能手机和平板电脑 …… 253
5.5　未来技术 …… 254
5.6　问题 …… 257

参考文献 …… 258

附录A：本书中提到的科学家和数学家 …… 259

附录B：主要缩略语 …… 268

第 1 章 概　　述

本书将对航天、航天技术、航天应用及其对现在和未来几代人生活的影响提供清晰的理解。

本书以现实生活和具体实例探讨航天技术的许多应用及其对我们生活的影响，还对机器人技术、通信与导航、人类健康和纳米技术的未来进行展望。

航天技术以非常惊人的速度发展，无论是在家里、工作中还是旅行中都对我们的日常生活产生了深远影响。我们都经历过旅行中离开无线电发射器，车内无线电信号衰减的情况。自从有了数字卫星广播后，我们可以收听自己喜欢的、拥有激光唱片质量、跨洲传播的频道，而不必担心信号衰减问题。每年也有数百万人转向具有数百个频道功能的卫星电视。如今，那些位于发展中国家和发达国家的偏远地区的人们，可以收看与大城市居民相同的电视频道。他们可以使用电信方式、网络学习、远程医疗、全球定位系统和许多其他几年前看起来不可能实现的服务。通过航天技术，人们可以深入地球、海洋或茂密的丛林，从数千英里外的太空中提取信息，可以在融雪发生的几个月之前，通过预测融雪所产生的水量来预防洪水。基于不同湿度的土壤可用于不同的作物，可以通过从空间甚至植被覆盖估计土壤水分含量的能力来提高质量和生产力。通过使用地球资源卫星进行实时图像采集和机载处理，可以更好地控制漏油。根据美国国家航空航天局(NASA)的合同，作者在这些领域工作多年，并教授和执行与航天技术相关的研究项目，对航天技术如何通过一套系统和周密的决策使社会受益方面有深入的理解。

本书将讨论航天技术及其应用，并解释卫星在通信、地球资源利用、天气预报以及其他领域中的作用。2008 年 5 月 5 日至 16 日，在纽约①行的联合国可持续发展委员会第 16 届会议"空间促进可持续发展报告"中解释说，航天技术及其应用，如地球观测系统、气象卫星、卫星通信以及卫星导航定位系统，有力支持了执行可持续发展问题世界首脑会议要求采取的行动。它进一步强调，航天应用是监测和评估环境、管理自然资源使用、提供自然灾害预警和管理、在农村和

---

① http://sustaianabledevelopment.un.org/intergovernmental/csd16.

偏远地区提供教育和保健服务以及联系世界各地人民的有效工具。在和平利用外层空间委员会对"可持续发展委员会 2008—2009 年专题组工作的贡献"的报告结束语中,有一句话是:"航天科学技术及其应用,加上在其他科学技术领域取得的进展,在广泛的范围内提供了具体工具和解决办法,能够帮助和支持各国克服可持续发展的障碍。"[1]

这些发现和其他关于航天技术及其在各个领域有效应用的相似证据启发了作者在本书中解决这些问题。作者想让年轻一代了解这些发现,以便指导他们完成其研究领域,并教育他们适应我们这一代人和下一代人在这些领域的需要,以便以最有效的方式将这些技术用于和平目的和提高全球生活质量。

本书的第 2 版旨在为工程和工程技术领域的大学生提供教材。本书介绍了一些利用数学方法的概念,具有微积分知识的学生应该能够很容易掌握这些概念,并在本章结束时完成问题和练习。

---

[1] United Nations Department of Economic and Social Affairs, Commission on Sustainable Development, 16th Session, May 5 – 16, 2008, New York, p. 11.

第 2 章　商业航天技术

2.1　简介

空间的定义有很多种方式,这取决于定义它的人和目的。人们可以把空间定义为"无限的、三维的范围,物体和事件在其中发生,并有相对的位置和方向。"①

本章的组织方式是分为两部分,一部分讨论外层空间,另一部分讨论可及空间,外层空间是地球大气层以外的任何位置。人类在这两个领域都取得了显著的进步和令人钦佩的成就。

直到 17 世纪末,哲学家们才接受这样一种观点:宇宙是由超自然力量驱动的,地球上物体的行为与地球之外物体的行为几乎没有关系。这一观点在 1609 年左右开始改变,后来约翰内斯·开普勒推翻了所有关于天球和天体时钟的概念,取而代之的是能够准确描述行星轨道的行星运动定律。然而,英国科学家艾萨克·牛顿(1642—1727 年)最终证明了行星和地球上物体的运动,都可以通过三个简单的运动定律和任何质量巨大的物体产生的力效应(牛顿称为重力)来解释。牛顿的三个运动定律如下:

(1)牛顿第一运动定律指出,为了使物体的运动发生变化,必须有力作用在物体上,这一概念通常称为惯性。

(2)牛顿第二运动定律定义了加速度、力和质量之间的关系。

(3)牛顿第三运动定律指出,任何时候力从一个物体作用到另一个物体上,都有一个相等的力作用在原来的物体上。因此,如果你拉一根绳子,绳子也会向后拉你。

我们回溯历史,研究一下 17 世纪形成的理论的根源。许多历史学家认为,图西双圆理论是纳西尔·艾德丁·图西提出的,他 1201 年 2 月 17 日出生于波斯的图斯库拉桑,1274 年 6 月 25 日于巴格达去世。哥白尼在图西的著作中发现图西双圆理论,并用到自己的著作中[1]。图西在他的著作[2]中提出了一种新的

---

① Wikipedia,http://en.wikipedia.org/wiki/space,p.4.

月球运动模型,该模型与托勒密提出的模型有本质区别。在这个模型中,图西在天文学史上第一次使用了自己发明的一个定理。250 年后,这个定理又出现在哥白尼的《天球的革命》第三卷第四章。这个定理如下:"如果一个点以匀速圆周运动顺时针绕着本轮运动,而本轮的中心以该速度的一半沿一个等距圆逆时针运动,该点将描述一个直线段。"

空间哲学以及它的发展都有详细、充分的记录。为了能够非常简要地指出在几百年漫长旅程中的主要里程碑,我们着重强调以下几点。

11 世纪初,伊斯兰哲学家和物理学家伊本·海赛姆(也称为阿尔哈森)在他的《光学书》(1021)中讨论了空间感知及其认识论含义。阿尔哈森·伊本·海赛姆出生于当时属于波斯的巴萨。这位波斯科学家和哲学家提供了视觉导入模型的实验证据,该模型改变了对空间视觉感知的理解方式,这与欧几里得和托勒姆支持的先前视觉发射理论相反。

17 世纪,时空哲学成为认识论和形而上学的中心问题。德国哲学 – 数学家戈特弗里德·莱布尼茨和英国物理学 – 数学家艾萨克·牛顿讨论了关于空间构成的两种对立理论。在莱布尼茨看来,空间是一种从单个实体或它们之间可能位置关系的理想化抽象,因此必须是离散而非连续的。但另一方面,牛顿认为空间不仅仅是物质之间的关系,他的立场基于观察和实验,并认为空间必须独立于物质而存在。

18 世纪,德国哲学家伊曼纽尔·康德提出了一种知识理论,其中关于空间的知识既可以是先验的,也可以是"综合的"。根据康德的理论,空间和时间不是人类发现的世界的客观特征,而是组织我们经验的不可避免的系统框架的一部分。康德不接受空间必须是物质或关系的观点。

19 世纪,另一位德国数学家卡尔·弗里德里希·高斯首次考虑对空间几何结构进行实证研究。1905 年,阿尔伯特·爱因斯坦发表了一篇关于"狭义相对论"的论文,提出将空间和时间合并成称为"时空"的单一结构。在这个理论中,真空中的光速对于所有观察者都是相同的,这就导致如果观察者彼此相对运动,那么对于一个特定的观察者来说,两个同时发生的事件就不会对另一个观察者同时发生。后来爱因斯坦研究了"广义相对论",这是一个关于引力如何与时空相互作用的理论。根据这个理论,有"在引力势较低的地方,时间走得比较慢""光线在引力场中弯曲"。

2.2 外层空间

如前所述,外层空间是指地球大气层以外的任何位置。

根据美国国家航空航天局的描述,地球大气层是环绕地球的一层空气,覆盖范围从地球表面开始超过560km(348mile,1mile=1.60934km)。地球周围的气体包层从地面向上变化,利用热特征、化学成分、运动和密度确定了四个不同的层,图2.1为大气层示意图。有一层称为外大气层,它从热层顶部开始,直到与行星际气体或空间融合。这一层一直持续到地球表面上方约10000km处。在这一大气区域,氢和氦是主要成分,但仅以极低密度存在。2008年2月,裁军谈判会议同意"外层空间"是指地球上方高于海平面100km以上的空间。

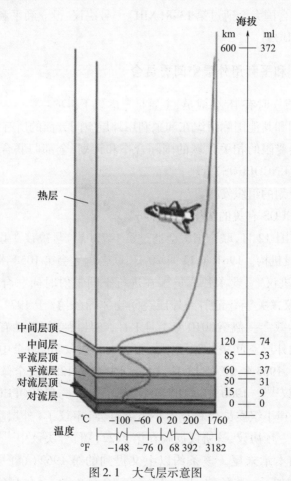

图2.1 大气层示意图

(NASA, www.nasa.gov/audition/forstudents/9-12/features/912_liftoff_atm.html.[3])

2.2.1 外层空间法

空间法涵盖管控外层空间活动所有方面的国家和国际法律。最近的空间法历史始于1957年10月苏联发射的世界上第一颗人造卫星Sputnik。

空间有无限的资源,要制定有关这些资源的法律,即使可能,也必将是非常困难的。随着外层空间目标的稳固建立,以及国家围绕在冷战中击败俄罗斯人这一共同社会政治目标而动员起来,一个由国家安全和国务院官员组成的大会试图推翻约翰·F·肯尼迪总统的计划,以消除这种鼓舞人心的力量[4]。1967年的《空间条约》禁止任何国家对任何天体主张主权,从而消除全球国际竞争,将其作为空间探索的一个关键因素。1958年,在Sputnik人造卫星发射之后不久,联合国大会通过第1348(XIII)[5]号决议,设立和平利用外层空间特设委员会(COPUOS)。

2.2.2 联合国和平利用外层空间委员会

本委员会成立时有18名成员,主要是考虑以下事项:

(1)联合国和其他国际组织在和平利用外层空间方面的所有活动和资源;

(2)可能会受限的相关领域的国际合作和计划,全部归联合国和平利用外层空间委员会(UNCOPUOS)管辖;

(3)此类计划的组织安排;

(4)与COPUOS有关的法律和监管问题。

1959年12月12日,联合国大会通过第1472(XIV)号决议[6]设立了COPUOS作为联合国常设机构。1961年12月20日,联合国大会第1058次全体会议通过第1721(XVI)号决议[7],要求各成员国在进行空间发射时向联合国提供发射信息。根据该决议,《关于登记射入外层空间物体的公约》于1974年联合国大会修订,1976年生效[8]。截至2010年1月1日,与外层空间活动有关的国际协定情况在《联合国外层空间条约和原则及相关大会决议》的附录中反映。该报告见本章末尾[9]。1963年12月13日,联合国大会第1280次全体会议通过了第1962(XVIII)号决议[10]。1966年,COPUOS法律小组委员会(COPUOS由两个小组委员会组成:法律小组委员会和技术小组委员会)审了《外层空间条约》。同年,大会达成了一项协议,该协议反映在第2222(XXI)号决议中[11]。有关本决议的详情,请参阅本章末尾。该条约以上文提到的第1962(XVIII)号决议为基础,1963年通过,增加了一些条款,并于1967年10月生效。《外层空间条约》提供了国际空间法的基本框架[12]。格伦·H·雷诺兹和罗伯特·P·梅根[13]解释了外层空间的法律和政策问题。用他们的话说,缺乏的是对该主题的全面介绍,而这正是本书的目的。本书的组织主要是围绕航天工业和相关人员的需求,但在新的背景下,所有私营公司都参与提供发射服务、外层空间相关的研究和制造,并且随着各国政府共同建设多国空间站和其他项目,法律问题几乎涉及法学院课程中的每一个科目。

作者提到了一些与外层空间有关的潜在法律问题[14],例如,经常被问到的问题:"各国能在其领土上空多远的地方实施法律控制?""对于地球同步轨道日益拥挤的情况,应该怎么做?""各国能否对天体或绕地球的特定轨道宣称主权?"国际电信联盟(ITU)等组织已经处理了上述问题,成员国也通过了一些决议。

例如,世界无线电管理会议(WARC)于1985年和1988年召开了两次会议,作者也参加了会议,会议讨论了通过ITU解决利用地球静止卫星轨道(GSO)提供无线电服务的问题。两次会议的目的都是解决所有成员国合理使用GSO的国际法规中涉及的重大政策问题。1985年8月至9月,第一届会议WARC-ORB(1)在日内瓦举行,并同意对固定卫星服务条例进行重大修改,其主要目的是保证所有国际电联成员国都能在某些频段使用GSO,并确保其他频段的有效使用。第二届会议讨论了确保接入频段的轨道频率分配计划。就GSO轨道分配而言,在WARC-ORB会议之前,任何拥有该技术并能够将卫星发射到GSO轨道的国家都可以使用GSO。会议的一个主要部分用于确保将GSO轨道公平分配给计划将卫星发射到该轨道的所有成员国。在成员国之间就解决这一问题进行了长时间、甚至是激烈的讨论之后,会议达成了公平、公正地进入和利用GSO轨道的共识。

会议结论是将GSO轨道的一部分分配给每个成员国,当然,这项决议附带了一些条件。分配了一个或多个轨道位置的国家必须遵守ITU的规定,为该国计划将一颗或多颗卫星发射到分配的GSO轨位中提供充分证据。这种轨道位置分配也不是无限期的,如果一个国家该卫星发射的时限接近,而没有提供任何证据表明将卫星发射入相应轨道的意图,那么ITU将通知该国。如果ITU没有收到该国的明确计划,它将把轨位重新分配给另一个需要但没有剩余可用轨位的国家。

这项计划对发展中国家和发达国家都是公平的,使所有国家都有机会利用其分配的轨道位置。有些情况下,该国无法在ITU规定的时限内将其卫星发射到分配给他们的轨道位置,不得不从另一个国家或组织购买一颗"二手卫星",并将其移到其轨道位置,以确保其在GSO中的位置不会被拿走。虽然这不是普遍做法,但有几个国家利用了这种机会。

令人惊讶的是,地球法的某些领域可以应用于外层空间。国际法、通信法、商业法、知识产权法和国际贸易法都是外层空间可以受益的法律。需要指出的是,国际法的执行是基于成员国同意遵守其作为会员的国际组织所通过的法律。

管理空间活动的国际法的成功实施和应用在很大程度上取决于通过确保此类活动的国内政策来理解、接受和实施此类法律。联合国大会召开年度会议,重申国际合作在遵守会员国商定的空间法方面的重要性,并敦促尚未成为探索和利用外层空间条约缔约国的国家认真考虑批准或加入这些条约,以及将其纳入国家立法。除了在全球范围内举行COPUOS年度会议外,还安排了国家和区域研讨会来解决这一问题。在编写本书时,有人呼吁参加由联合国、泰国和欧洲空间局(ESA)共同主办的研讨会并为其做出贡献[15]。该研讨会的目标如下:

(1)促进对联合国各项外层空间条约和原则的理解、接受和执行;

(2)促进关于国家太空立法和政策的信息交流,使参与国家空间活动的专业人员受益;

(3)考虑国际太空法的趋势和挑战,如空间活动的商业化和空间活动参与者的增加;

(4)考虑在太空法上发展大学水平的研究和项目,以促进国家在该领域的专业知识和能力;

(5)审议在和平利用外层空间方面增加合作的机制。

2.2.3 外层空间探索

对人类来说,探索外层空间一直是个挑战。关于是否有生命存在或外星人居住在另一个星球上的问题,已经以诗歌、故事、绘画或其他艺术和文学形式表现出来了。一旦天文学和空间技术成熟,空间探索就进入了一个更接近现实的新阶段。利用天文学和空间技术探索外层空间被认为是空间探索的一个新开端。在20世纪早期,大型和相对高效火箭的发展使人类太空飞行和机器人航天器进行的物理空间探索成为现实。虽然空间探索通常被认为是推进科学研究,以确保人类未来的生存和团结不同的国家,但实际在人类历史上它是一个起点,是一个国家相对于其他国家军事和战略优势的工具,因此,空间探索面临着各种各样的批评。

2006年,14个空间机构齐聚一堂,就全球在空间探索方面的利益展开了一系列讨论。他们采取了前所未有的步骤,为和平的机器人和人类空间探索制定了愿景,重点关注可能在太阳系内维持人类居住的目的地,并制定了一套共同的空间探索关键主题。2007年5月发布的《全球勘探战略:协调框架》阐述了这一愿景。

本框架文件的一个关键结论是需要建立一个自愿的、不具约束力的国际协调机制,即国际空间探索协调小组(ISECG)[16],通过该小组,各机构可以交流空间探索兴趣、目标和计划的相关信息,旨在加强个人探索和集体空间探索计划。

ISECG 从政策角度来看很重要,因为它以产品为导向,其产品反映了世界空间机构的共识,如探索架构和支持文件。例如,ISECG 花了将近一年的时间开发人类月球探索的参考体系结构,并于 2010 年 7 月发布[17]。2004 年 1 月,布什总统宣布了一项美国空间探索愿景,实现人类在月球上的永久存在。此后,美 NASA 宣布了一项计划,并据此开发了 ISECG 架构。NASA 最初的架构侧重于一个单一的月球基地,但由于 ISECG 的共识日益增强,NASA 修改了其计划,以反映更分散的月球表面架构。

当奥巴马总统取消美国重返月球的计划时,ISECG 开始制定全球勘探路线图,其中包含更准确地反映人类空间探索的全球视角。这个全球勘探路线图的第一版于 2011 年 9 月发布[18]。目前,空间机构正在使用该路线图更好地制定计划,并确定合作领域。

我们都记得或听说过苏联和美国之间的"太空竞赛",这场竞赛始于 1957 年 10 月 4 日发射的第一颗人造地球轨道卫星——苏联社会主义共和国(USSR)人造卫星 1 号。之后,美国"阿波罗"11 号于 1969 年 7 月首次登月。如果我们看看太空竞赛之前发生了什么,就会注意到德国科学家在第二次世界大战期间取得的进步,这些进步为太空竞赛奠定了基础。

随着 V-4 的发射,1942 年 10 月 3 日,V-2 火箭成为第一枚被送入太空的人造物体。这促进了第一次太空科学探索,即 1946 年 5 月 10 日,美国用 V-2 火箭搭载了宇宙辐射实验。

美国和苏联的这些空间活动为发射一颗重达 83kg(184 磅,1 磅 = 0.45359kg)的无人卫星 Sputnik 铺平了道路,该卫星在 250km(150mile)的高度绕地球运行。Sputnik 有两个无线电发射机,工作频率分别为 20MHz 和 40MHz,它们发送一个"嘟嘟"的信号,世界各地的无线电都能收听到这个信号。1958 年 1 月 3 日,Sputnik 人造卫星在再入大气层时烧毁。1958 年 1 月 31 日,美国用"朱诺"火箭将"探索者"1 号送入轨道。"探索者"1 号发现了环绕地球的范艾伦辐射带的存在。

太空竞赛持续进行。1961 年 4 月 12 日,"沃斯托克"1 号首次载人飞行,27 岁的俄罗斯宇航员尤里 c 加加林绕地球轨道飞行大约 108min。这是空间探索新时代的开始,我们可以称为"人类太空飞行时代"。下一次绕地球轨道飞行是 1962 年 2 月 20 日约翰·格伦的"水星阿特拉斯"6 号。自"沃斯托克"号发射以来,第 3 个国家花了 42 年时间进入人类太空飞行竞赛。2003 年 10 月 15 日,中国用"神舟"五号将杨利伟送入太空。

在成功发射无人卫星并绕地球、人类太空飞行之后,现在是人类好奇心向外层空间探索迈出新一步的时候了。第一个到达另一个天体的人造物体是"月球"2号,最初命名为"第二宇宙火箭"。

1959年9月14日,"月球"2号成为第一艘到达月球表面的航天器。又过了十年,空间探索才达到一个更高的水平。1969年7月20日,"阿波罗"11号载人登月,首次实现载人着陆另一个天体。随后是星际飞行任务,1970年,"金星"7号着陆金星,并向地球回传了23min的数据。

探索外层空间及其挖掘人类生存的潜力,自空间探索开始以来一直伴随着我们的思想。英国著名理论物理学家斯蒂芬·霍金说:"除非我们进入太空,否则我认为人类将无法生存至下一个千年。一颗行星上的生命可能会遭遇太多意外。但我是一个乐观主义者,我们将接触到恒星"[19]。被认为是卫星通信之父的亚瑟·C·克拉克(1917年12月16日—2008年3月19日)描述了地球静止轨道(GEO),在其非虚构半技术性专著《星际飞行》中概述了人类探索空间的动机[20]。克拉克认为,人类基本上是在从地球向太空扩张与对抗文化(最终是生物)停滞和死亡之间进行选择[21]。

剑桥大学拉卡斯数学教授霍金说,空间探索和殖民的方法显然是科幻小说的素材,是摆脱人类困境的一种可能途径。维基百科上汇编了按航天器发射日期排序的太阳系探索时间表[22]。

数据显示,所有为探索太阳系而离开地球轨道的航天器,包括月球探测器,时间线是始于1957年10月4日苏联第一颗人造卫星"Sputnik 1"的发射。数据按每十年分类,最后一次显示的事件是2010年6月15日作为太阳轨道飞行器发射的PICARD。时间计划表列出了美国将在21世纪30年代载人登陆火星的空间探索活动。如上所述,空间探索涉及联合国以条约形式解决的监管问题。1967年《外层空间条约》"关于各国探索和利用包括月球和其他天体的外层空间活动所应遵循原则的条约";该条约于1966年9月19日联合国大会第2222(XXI)[23]号决议通过。

根据该条约《关于营救宇航员、送回宇航员和送回射入外层空间物体的协定》(1968 ARRA)、《空间物体造成损害的国际责任》(1972 LIAB)、《射入外层空间物体的登记》(1975 REG)和《国际电信章程和公约》(1992 ITU),是一系列涉及空间探索及其对全世界人类多层面影响的条约、协定和公约的一部分。

最近一次关于外层空间探索的讨论是2010年6月9日至18日在维也纳举行的联合国大会第五十三届COPUOS会议上进行的[24]。在这次会议上,议程项目六是"第三次联合国探索及和平利用外层空间会议各项建议的执行情况"。小组委员会注意到远程保健内容中使用了电信,远程流行病学内容中使用了地球观测应用,重点是改善公共卫生和传染病管理。

在维也纳举行的 UNISPACE Ⅲ 会议(1999 年 7 月 9 日至 30 日)上,报告总结了 33 项关于探索与和平利用外层空间不同活动的结论和建议[25]。项目六"太阳系探索近期进展和未来计划专题讨论会的结论和建议",项目十"空间技术对探索宇宙的贡献专题讨论会的结论和建议",以及项目三十三"火星探索研讨会的结论和建议"详细讨论了外层空间探索问题。在太阳系探索的近期进展和未来计划中,四个大型空间机构发布了报告。日本做了关于月球的报告,俄罗斯做了关于火星的报告,ESA 做了关于火星和水星的报告,NASA 做了关于月球和火星探索的报告。

在项目十中,空间研究委员会(COSPAR)组织了这项活动。该委员会对自 1982 年举行第二次联合国探索及和平利用外层空间会议以来所取得的进展表示满意。

在侧重于火星探测的项目三十三中,提到了俄罗斯开发的用于测量大气灰尘和雾霾的激光雷达仪器。此外,据报道,"阿里亚夫-5"号将向火星表面发射包括四架"网陆器"在内的微任务,用于研究火星内部,并进一步跟踪火星上水的演化。

我在查阅有关空间探索的文献时,偶然发现了 1914 年罗伯特·H·戈达德[26]的一项专利,详细介绍了一种火箭装置。在这项专利中,描述了一种将火箭带回地球而不造成损坏的机制。令人着迷的是,在同一个结构内设计了一系列火箭,使更多的火箭能够被发射以继续执行任务。(有关本专利的详细信息,请参阅本章末尾)。

正是因为有了这些富有远见的科学家,人类才取得了今天的成就。

2.2.4　未来的外层空间挑战

需要全球接受并制定相应计划的主要挑战是如何利用太空造福于地球及其全体人民。安全世界基金会主席兼联合创始人 Cynda Collins Aresenault[27]问道:"在我们利用太空解决问题方面,哪些新的领导人会站出来激励我们?""会有什么新发现?""哪些新发明将打开大门?"如果要指出未来外层空间面临的一些挑战,以下可能就是其中之一:

(1)关于外层空间活动行为准则的国际协定;
(2)外层空间的可持续性;

(3)空间交通管理;
(4)空间安全。

在以下几节中,将讨论上述每一个问题,但在我们着手解决这些关键问题之前,我们先看看未来的一些愿景和挑战。空间信息技术(IT)未来前景可概括如下:

(1)软件能力使空间平台具有新的机载能力和长期生存能力;
(2)软件、IT 和计算在空间任务成功中的作用众所周知并受到重视。

毫无疑问,未来空间平台收集原始数据量的激增将需要更强大、更可靠、更复杂的软件工程来分析这些数据。现代信息、软件工程和计算技术对未来空间任务的成功有许多关键贡献,包括:创建复杂的预测模型来定义科学调查;对任务和空间平台设计的系统探索和详细理解;复杂软件验证的新方法;远程行星环境中的任务规划和执行能力;用于协调多个空间平台的架构;扩展带宽和网络,将更多信息从深空带回地球;帮助科学家进行数据挖掘的新方法,即使是在收集数据阶段这也是需要应对的众多挑战之一[28]。

国家航空航天博物馆空间史司司长罗杰·劳纽斯提出了未来空间探索需要面对的五大挑战[29]:

(1)政治意愿;
(2)廉价、可靠地进入太空;
(3)智能机器人;
(4)保护地球和物种;
(5)低地轨道以外的探索。

鲍勃·普雷斯顿和约翰·贝克在《空间挑战》[30]中通过解释美国空间活动的分工,开始了关于空间未来挑战的讨论。民用、国家安全和商业被称为三种截然不同的空间活动。民用部门主要指研发活动,国家安全主要是情报活动,商业部门是指通信、遥感、发射等诸如此类。

2.2.4.1 外层空间活动行为准则国际协定

安全世界基金会的威廉姆森说,外层空间活动的行为准则应该能够"形成一套原则,尊重所有航天国家和卫星用户在空间运行的权利"[28]。倡导空间行为准则的领袖迈克尔·克雷蓬指出,为了将这种影响国际化,正在与各国的非政府组织(NGO)合作起草一项准则。[31]

2.2.4.2 外层空间的可持续性

几十年来,空间活动的可持续性一直是一个令人担忧的问题,特别是对于航天国家、区域空间组织和商业卫星运营商而言。从安全角度来看,由于技术原因和各种障碍而无法独立利用空间的国家,也对那些能够利用太空的国家的此类活动感到关切。空间活动不仅限于商业应用,还包括间谍卫星、遥感卫星等。这些星载技术工具能够从全球范围内地表及地下活动和资源收集信息,这在某种程度上侵犯了国家主权。空间活动长期可持续性的法律背景见于若干国际法文书和条款以及处理空间活动可持续未来问题的国家立法。1967年《联合国外层空间条约》以及1972年《联合国责任公约》补充规定,发射或采购者,或从其领土或设施发射物体者,应对该空间物体在地球表面和飞行中的飞机造成的任何损害,以及因其过失对飞行中的另一空间物体造成的损害负有国际责任。

跨机构空间碎片协调委员会(IADC)的重点是国际宇航员学会(IAA)或国际空间安全促进协会(IAASS)的空间碎片扩散问题。对空间活动长期可持续性的主要威胁是许多低地球轨道卫星星座造成的空间碎片数量不断增加。空间碎片包括所有人造物体,如失效的航天器、废弃的运载火箭上面级以及环绕地球轨道的卫星碎片。截至2008年7月,尺寸大于10cm的轨道碎片数量为18000个,尺寸大于1mm的轨道碎片估计超过数千万个[32]。即使是空间中的小物体,由于它们具有较高的相对速度(1~14km/s,取决于轨道),其影响也是巨大的。对运行中的卫星尤其是低轨道卫星的碰撞危险是卫星行业日益关注的问题。基于此,联合国通过其联合国外空事务高级专员办事处技术小组委员会制定了空间缓解准则:

(1)限制正常运行期间释放的碎屑;

(2)最大限度地减少运行阶段的中断可能性;

(3)限制在轨道上发生意外碰撞的概率,避免故意破坏和其他危害活动;

(4)最大限度地降低因储存能量而导致任务结束后解体的可能性;

(5)限制任务结束后航天器和运载火箭轨道级在低地球轨道上的长期存在。

在上述缓解措施中,最有效的措施是实施报废处置操作以及航天器和轨道级的报废钝化处理。联合国就改善空间活动的安全保障提出以下建议:

(1)遵守和促进与外层空间活动有关的条约、公约和其他承诺;

(2)在空间作业中遵循空间通信通用协议和数据标准;

(3)提供关于卫星计划机动的位置和时间信息,特别是在向其他地球同步轨道转移的任务中;

(4)不同运营商实体在相邻轨道位置的航天器协调;

(5)探索各种机制,以协调对危险空间物体的跟踪和航天器操作人员的告警流程；

(6) 改进国际准则，以便于运营商实施。

由图 2.2 可见，从 1957 年到 2008 年底登记的空间物体数量不断增加，其中大多数已成为空间碎片。

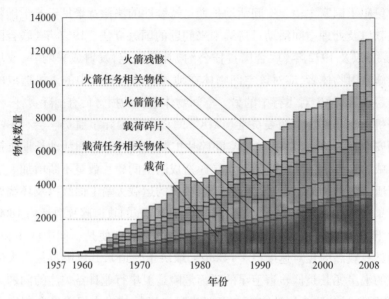

图 2.2 空间物体数量和类型的演变

(欧洲空间局的海纳·克林克拉德在联合国空间站科学和技术小组委员会上的介绍，2008 年 2 月[33])

2.2.4.3 空间交通管理

空间交通管理是一项具有挑战性的任务，特别是在不同轨道上有许多卫星星座的情况下，这些挑战包括避免碰撞、人类活动区、太阳同步区域和地球同步机动。为了确保空间交通安全，应制定一套空间交通管理（STM）规则，并且参与空间活动的人员均应遵守。这些规则不以减少碎片为主，而是更有效地利用拥挤的轨道，并为航天器所有者和运营商提供保护工具。STM 提供标准数据集、告警和避让操作建议，以帮助可能不具备内部跟踪或分析能力的所有者和运营商；它还为所有者和运营商提供了基于内部成本效益分析的机动灵活性。这些规则为航天器所有者和运营商提供了信息和工具，帮助他们做出明智选择，并提高卫星安全性。人工分级分区为人工交通创建了一个保护区，对当前和未来非人工分级操作员的影响最小。STM 规则还提高了现有地理开槽和作业的效率，并降低了能源成本。遵循这些规则，可以更有效地规划位置保持机动。在遵守和实施此类规则的过程中可能仍然存在的障碍是，出于隐私和竞争优势考虑，不愿意共享数据,以及STM组织机构实施和执行规则的合法性。Brian Weeden 和 Ben Baseley Walker[34]将STM系统的关键步骤分为三个阶段;第一阶段为制定规则,第二阶段为建立共识,第三阶段为系统实施。潜在的STM组织如表2.1所列。

表2.1 潜在的STM组织

管理机构	第一阶段:制定规则	第二阶段:建立共识	第三阶段:系统实施(1)	第三阶段:仲裁程序(2)
UNCOPUOS		√		
ITU		√		
IADC	√			
ICAO			√	
新机构	√		√	√

2.2.4.4 空间安全

空间安全面临的一些最严重威胁是环境问题。地球轨道上物体越来越多,并且以极高的速度移动,可能危及太空资产。为了维护外层空间安全,必须对迅速变化的空间环境进行持续监测。据报道,美国空间监视网络目前正在跟踪的直径为10cm或更大的物体有19000多个,其中90%以上是空间碎片[35]。

根据同一份报告,加强空间态势感知能力有助于更有效地跟踪碎片和支持避免碰撞。只有所有私营机构和政府组织积极参与分享其数据,才能有效监测和跟踪外层空间物体。一个仍然令人关切但又难以解决的障碍是与天基军事应用有关信息的保密性。来自17个国家民用、商业和军事空间部门的130多名空间专家建立了空间安全指数,以评估空间安全。该指数提供了背景资料,并对空间安全的主要趋势和九项安全指标发展情况进行了深入分析。

空间安全指数的定义是安全和可持续地进入和利用太空以及免受天基威胁。空间安全指数的9项指标如下:

(1)空间环境;
(2)空间态势感知;
(3)空间安全法律、政策和学说;
(4)民用航天计划和全球公用事业;
(5)商业航天;
(6)为地面军事行动提供空间支持;
(7)航天系统保护;

(8)航天系统否决;

(9)天基打击武器。

Marshall Will 在其题为"空间安全:前进之路"的演讲中列出了9个漏洞(摘自 de Blois 等的《国际安全》,2004年秋季)[36]:

(1)T1 – 电子战,如干扰或欺骗卫星通信;

(2)T2 – 对卫星地面站的物理攻击,这方面的一个例子是,在伊拉克对伊朗发动的8年战争中,伊拉克军方用空对地导弹袭击了伊朗哈马丹唯一的地面站;

(3)T3 – 使卫星传感器眩晕或致盲;

(4)T4 – 射频(RF)武器(如高功率微波,HPM);

(5)T5 – "热杀伤"陆基激光反卫星(ASAT)武器;

(6)T6 – 对低轨道卫星的弹丸云攻击;

(7)T7 – 微卫星在空间的攻击;

(8)T8 – 打击杀伤反卫星武器;

(9)T9 – 高空核爆炸(HAND)。

NASA 一些专家认为,空间物体与更大碎片之间的碰撞只有在未来10年才会发生,该评估仍在讨论进行中。表2.2 显示了截至2010年5月的前10次解体。图2.3 显示了按发射国列举的在轨碎片总数,图2.4 显示了按类型列举的地球轨道上每月物体数量[37]。

表2.2 前10次卫星解体

通用名	年度	解体高度/km	编目碎片①	碎片轨道①	解体原因
"风云" – 1C	2007	850	2841	2756	故意碰撞
"宇宙"2251	2009	790	1267	1215	意外碰撞
STEP 2 火箭体	1996	625	713	63	意外爆炸
铱 33	2009	790	521	498	意外碰撞
"宇宙"2421	2008	410	509	18	原因不明
SPOT 1 火箭体	1986	805	492	33	意外爆炸
OV 2 – 1/LCS 2 火箭体	1965	740	473	36	意外爆炸
Nimbus 4 火箭体	1970	1075	374	248	意外爆炸
TES 火箭体	2001	670	370	116	意外爆炸
CBERS 1 火箭体	2000	740	343	189	意外爆炸
①截至2010年5月			总数:7903	总数:5172	

(Marshall, Will, 2008, 空间安全前进之路, 加利福尼亚州 SETI 研究所, 10月12日[36])

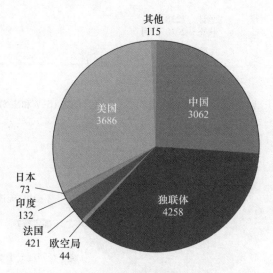

图 2.3 2009 年按发射国列举的在轨碎片总数

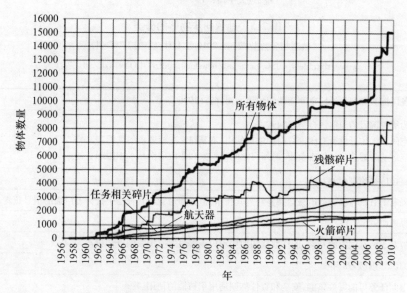

图 2.4 按类型列举的每月地球轨道上的物体数量

("轨道箱分数数据"表,2010 年 1 月,轨道碎片季刊,
www.orbitaldebris.JSC.nasa.gov/newsletter/pdfs/ODQNv14i1.pdf.[37])

图 2.5 显示了地球同步物体的分类。除条约外,联合国大会还就空间活动类别通过了被称为联合国原则的五项联合国决议。图 2.6 显示了这些关键的联合国空间原则,这些行为准则反映了国际社会对这些问题的信念。

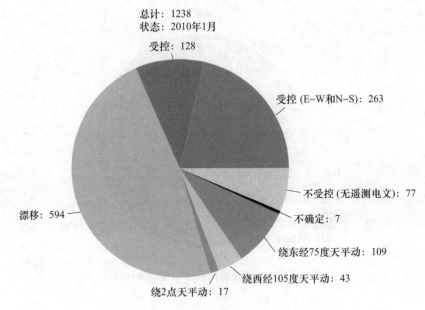

图 2.5　地球同步物体的分类

("轨道箱分数数据"表,2010 年 1 月,轨道碎片季刊, www.orbitaldebris.JSC.nasa.gov/newsletter/pdfs/ODQNv14i1.pdf.[37])

关于各国探索和利用外层空间活动的法律原则宣言(1936 年)
应当为所有国家的利益进行空间探索。 外层空间和天体可供所有国家自由探索和使用,不受国家主权要求的支配。 各国应对航天器造成的损害负责,对外层空间的国家和非政府活动承担国际责任。
卫星直接广播原则(1982 年)
所有国家都有权直接进行电视广播并获得其技术,但必须对其或其管辖下行为者广播的信号负责。
遥感原理(1986 年)
遥感应基于所有国家的利益,遥感数据的使用不应损害被遥感国家的合法权益。
核动力源原则(1992 年)
某些空间任务可能需要核能,安全和责任准则适用于核能的使用。
外层空间利益宣言(1996 年)
开展空间方面的国际合作应符合所有国家的利益,并应特别注意发展中国家的需要。
联合国空间碎片缓减准则(2007 年)
航天器和运载火箭轨道级任务规划、设计、制造和运行阶段的自愿性原则,以尽量减少碎片量的产生。

图 2.6　联合国的主要空间原则

(SpaceSecurity.org,2010 年,加拿大图书馆和档案馆出版物编目数据,空间安全[35])

尽管美国和俄罗斯在20世纪50年代开始了空间探索,但在随后的几十年中,仅有少数一些国家发展了独立轨道发射能力。表2.3列出了这些国家及其截至2009年的发射能力。

表2.3 具有独立轨道发射能力的国家

国家/行动者	轨道发射元年	运载火箭	卫星
苏联/俄罗斯	1957	R-7火箭	Sputnik1号
美国	1958	"木星"-C	"探险家"1号
法国*	1965	"钻石"	"阿斯特里克斯"
日本	1970	"兰姆达"	"奥苏米"
中国	1970	"长征"	"东方红"1号
英国*	1971	"黑箭"	"普洛斯彼罗"X-3
印度	1980	SLV	"罗希尼"
以色列	1988	"沙维特"	Ofeq 1
伊朗	2009	"萨菲尔"-2	"奥米德"

(*法国和*英国不再进行独立发射,但法国国家空间研究中心制造阿里亚娜航天公司/ESA使用的阿里亚娜发射器)

图2.7显示了2009年全球轨道发射事件,图2.8列出了国际空间安全相关机构,即联合国相关机构。

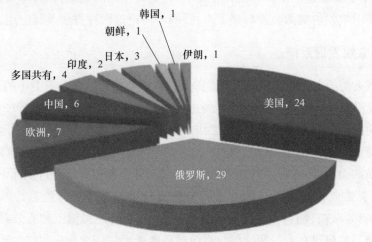

图2.7 2009年全球轨道发射活动

(朝鲜和韩国的发射尝试没有成功,其各自有效载荷未进入轨道)

资料来源:Security.org,2010年,图书馆和加拿大档案馆出版物编目数据,空间安全[35]

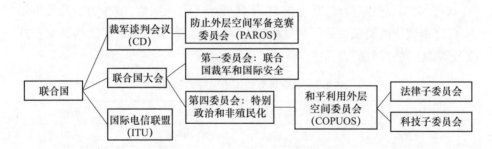

图 2.8　国际空间安全联合国相关机构

（SpaceSecurity.org,2010 年,图书馆和加拿大档案馆出版物编目数据,空间安全[35]）

2.3　可达空间

在本节中,可达空间指的是人类可以进入进行维修、运输和研究等空间活动的高度。在以下章节中,将介绍航天飞机计划、苏联航天飞机 Buran、和平号空间站、国际空间站以及其他一些国家的空间活动。

2.3.1　发射系统

发射系统一般有两种类别。第一类是常规发射方法,仍然是将卫星发射到低轨道、中或高轨道的主要方法;第二类是可重复使用的运载火箭,不太常见,主要用于将卫星发射到低轨道。接下来,我们将讨论这两种方法及其应用。

2.3.2　常规发射系统

运载火箭的主要功能是将航天器送入轨道或亚轨道。在发射卫星的过程中,大多数火箭级依次脱落,直到航天器到达其预定轨道。在常规发射过程中,第一级火箭推动火箭离开发射台,然后第二级火箭将有效载荷提升到轨道。运载火箭一般只使用一次,但下一节将讨论可重复使用的运载火箭。图 2.9 是典型运载火箭的横截面图,即联合发射联盟 Atlas V.[38],其主要组成部分自上而下包括:

(1)鼻锥或整流罩。一种由通风铝蜂窝芯和石墨环氧树覆盖物制成的结构,承载有效载荷,制造商根据有效载荷的大小,为客户提供三种有效载荷整流罩的选择。整流罩在发射期间保护有效载荷免受大气压力变化和空气动力加热的影响。

(2)第二级火箭由燃料和氧气罐、控制系统和将有效载荷送入轨道的火箭发动机组成。Atlas V 由一台 RL 10 Centaur 发动机和不锈钢油箱推进,提供

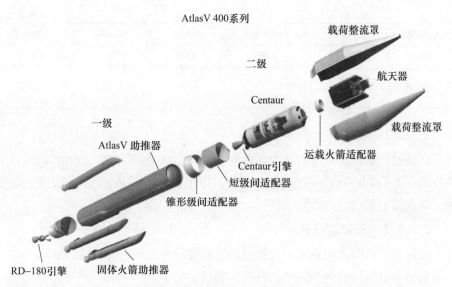

图 2.9 发射场和射程的典型布置,典型运载火箭的横截面

资料来源:图片由联合发射联盟提供 http://www.ulalaunch.com/products_atlasv.aspx.

22300磅的推力(lbf),由液氢和液氧提供燃料。不锈钢罐壁是绝缘的,非常薄,在加压之前无法承受自身重量,这是为使发动机性能最大化而开发的设计。

(3)适配器连接火箭的第一级和第二级,并提供容纳运载工具电子设备的结构。

(4)第一级包括附加的燃料和氧气罐、控制系统及火箭发动机。有时会附加 strapon 推进器,Atlas V 主助推器由特殊的铝制成,其结构稳定,与二级罐体不同。运载火箭由火箭推进剂(或高纯度煤油)和提供860300磅推力的液氧提供燃料。RD-180 发动机是在俄罗斯开发的,由美俄合资企业生产。

表 2.4 所示为不同轨道发射系统示例。

表2.4 不同轨道的发射系统示例

发射系统	上面级	LEO/kg	GTO/kg	GEO/kg	极轨/kg
Atlas IIAS	Centaur	8640	3606	1050	7300
Deata II 7920/25	PAM-D	5089	1840	910	3890
Pegasus XL		460			345
Shuttle	— IUS	24400	5900		

续表

发射系统	上面级	LEO/kg	GTO/kg	GEO/kg	极轨/kg
Taurus	Star 37	1400	450	2360	1060
Titan IV	— Centaur		8620	4540	14110

2.3.2.1 概述

典型的运载火箭系统由几个基本的子系统组成,包括推进、动力、制导、导航和控制(GNC)、有效载荷适配器、整流罩。以下重点介绍推进子系统,特别是美国运载火箭上使用的火箭发动机。

2.3.2.2 火箭发动机

火箭发动机通常根据使用的推进剂类型进行分组,分为固体或液体,还有一些以固体和液体推进剂为特征的混合发动机的例子。

燃烧固体推进剂的火箭发动机结构更简单,价格相对便宜,并且可以长期储存,特别适合于导弹。然而一旦点燃,燃烧固体推进剂的发动机就不能随意节流或关闭。这些特点使其成为载人发射系统的潜在争议选择。

以下固体发动机用于美国目前可用的运载火箭:

五段式固体火箭推进器(SRB)。五段式 SRB 源自 1981—2011 年用于空间运输系统(STS)的四段式 SRB。

STAR 发动机。STAR 系列固体发动机,最初由 Thiokol 生产,现在由 Orbital ATK 制造,用于运载火箭的上级元件。

GEM 捆绑式助推系统。1991 年,Orbital ATK 推出石墨环氧发动机(GEM),以补充 Delta II 运载火箭的第一级推力。

AJ-60A 固体火箭发动机。AJ-60A 固体发动机由 Aerojet Rocketdyne 制造,自 2002 年以来一直用于补充 Atlas V 的第一级推力。

以下液体火箭发动机用于美国目前可用的运载火箭,还包括指定用于正在开发的运载工具的发动机。

BE-4 发动机。BE-4 是 Blue Origin 正在开发的发动机。它燃烧液氧(LOX)和液化天然气(LNG)(主要由甲烷组成)的混合物,产生 2447kN(550000lbf)的推力。这是该公司轨道运载火箭的基准发动机,也是 ULA Vulcan 的第一级。

AR-1 发动机。AR-1 是目前由 Aerojet Rocketdyne 开发的发动机。该发动机将燃烧液氧-煤油混合物,其设计可产生约 2224kN(500000lbf)的推力。

FRE-1 和 FRE-2 发动机。Fire Fly Space 开发了 FRE 系列发动机，为其 Alpha 运载火箭的第一级和第二级提供动力。FRE-2 是一款 aerospike 发动机，如果成功，可能会成为第一款用于实际发射系统的 aerospike 发动机。

Merlin 1D 发动机。Merlin 1D 发动机用于为 SpaceX 的"猎鹰"-9 和"猎鹰"重型运载火箭的第一级和第二级提供动力。该发动机产生约 756kN（185500lbf）的推力，并燃烧液氧-煤油混合物，其中九个发动机为"猎鹰"-9 第一级提供动力（总推力约 6806kN 或 1530000lbf），一个用于为第二级提供动力。Merlin 1D 是第四代 SpaceX 发动机，可追溯到为"猎鹰"1 号飞行器提供动力的 Merlin 1A。

牛顿系列发动机。Virgin Galactic 正在开发的牛顿系列发动机将为该公司的空基发射器提供动力。这些发动机使用液氧和煤油作为推进剂。"牛顿"-3 可产生 327kN（73500lbf）的推力，将为第一级发射器提供动力。"牛顿"-4 发动机能产生 22kN（5000lbf）推力，将为第二级提供动力，使其进入轨道。

RD-180 发动机。RD-180 是俄罗斯制造的发动机，使用液氧-煤油推进剂混合物为 Atlas V 飞行器的共芯助推器（CCB）提供动力。它产生的推力约为 3830kN（860000lbf）。该发动机由 RD AMROSS 公司制造。

RD-181 发动机。RD-181 是动力机械科研生产联合体为 Orbital ATK 制造和提供的 Antares 飞行器开发的发动机。最初的 Antares 用于四次任务，第一级别使用两台 AJ26 发动机。AJ26 本质上是一款经过重大改装的 NK-33 发动机。

RL10 发动机。1959 年，普惠公司（现在是 Aerojet Rocketdyne 的一部分）设计了 RL10 发动机的第一个变型。1962 年，它第一次被用作 Atlas 导弹 Centaur 上一级的发动机，该导弹被改装为运载火箭。发动机燃烧液氧液氢，产生约 110kN（25000lbf）的推力。该发动机的当前型号为 RL10A-4-2，继续为 Atlas V 的 Centaur 上级提供动力。RL10B-2 用于 Delta IV 飞行器的低温上级。RL10 的进一步开发正在进行中，以支持 ULA 公司 Vulcan 运载火箭的高级低温进化级（ACES）。

RS-25E 发动机。RS-25E 由 Aerojet Rocketdyne 制造，是 RS-25 的可消耗型，也称为航天飞机主机（SSME）。四台 RS-25E 发动机将用于 NASA 即将推出的 SLS 的每个核心级。已退役的 STS 计划中的 16 个 SSME 已翻新并储存，用于 2018 年底开始的四次 SLS 任务。RS-25E 将用于后续 SLS 飞行器。每个 RS-25E 将燃烧液氧-液氢推进剂混合物，约产生 2277kN（512000lbf）的推力。

RS-27A 发动机。RS-27A 是用于为 Delta II 核心级提供动力的发动机。

RS-27A 同样由 Aerojet Rocketdyne 开发,燃烧液氧-煤油,产生约 890kN(200100lbf)的推力。

RS-68 发动机。Aerojet Rocketdyne 还生产 RS-68,这是一种比 RS-27 更强大的发动机,它燃烧液氧-液氢推进剂混合物。从 2002 年到 2012 年,Delta Ⅳ 的每个通用助推器核心(CBC)都由一台 RS-68 发动机提供动力,产生约 2950kN(660000lbf)的推力。2012 年推出了一款升级版的 RS-68A 发动机,作为 RS-68 的替代品。它可以产生 3137kN(705000lbf)的推力。

卢瑟福发动机。火箭实验室设计了卢瑟福发动机,用于本公司电子飞行器的第一阶段。发动机燃烧液氧-煤油的混合物,产生约 22kN(5000lbf)的推力。火箭实验室在卢瑟福所有主要部件的制造中采用增材制造(3D 打印),使其成为行业中的一个独特示例。3D 打印通过简化制造过程降低了成本。

XR 系列发动机。自 2000 年以来,XCOR 航空公司一直在开发发动机,当时该公司将 XR-3A2 和 XR-4A3 完全集成到 EZ 火箭试验机中。目前,XCOR 正在为该公司的 Lynx 亚轨道飞行器开发 XR-5K18 发动机。XR-5K18 燃烧液氧-煤油推进剂混合物,产生约 13kN(2900lbf)的推力。

2.3.2.2.1 运载火箭集成与处理

对应各种不同类型的运载火箭,有许多不同的集成和发射方式。通常情况下,运载火箭组件和子系统在多个地点制造,然后通过铁路、航空或海运到发射场,在那里,各部分零件组装为一个完整的运载火箭。图 2.10 以通用运载火箭为例说明基本思路。

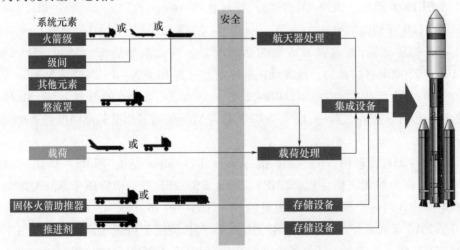

图 2.10 典型的运载火箭集成和处理方案

运载火箭完成集成后,再将其与有效载荷连接,这个过程称为有效负载集成。有效载荷是将从制造或检验场到达发射场地中用于处理有效载荷独特需求而设计的专用设施,如有效载荷可能需要加油、最后一分钟与组件集成或最终测试和检验,然后将其连接到有效载荷适配器。有效载荷适配器是有效载荷和运载火箭之间的物理连接,可根据需求与运载火箭水平或垂直集成。集成后,安装有效载荷整流罩,然后,运载火箭和有效载荷进入发射台,在倒计时技术检查期间,该组合体继续被监控。通常在发射前一刻,在发射台上使用液体推进剂为火箭加油。

在发射场处理运载火箭和有效载荷的同时,会同步进行其他操作以支持发射活动。这些操作由发射场处理,其主要目的是确保发射高效安全实施。发射场负责管理场址周围的空域、附近或发射航向的任何地面或海上交通,并在发生紧急情况时支持发射进行。

2.3.2.2.2 在轨运行运载火箭

截至2015年底,全世界共有112种不同轨道运载火箭在运行。本书定义包括一系列火箭的变型,例如,有18种Atlas V变型,根据使用的固体火箭助推器数量、直径整流罩类型和Centaur上级(单引擎或双引擎)类型确定。有些火箭并不用于商业,因此有效载荷用户可以进入轨道"四处逛逛"。

美国发射供应商可提供六种消耗性商业运载火箭,如表2.5所列。Delta Ⅱ在2015年曾试飞过一次,现在已经不可用了。美国发射服务提供商包括马里兰州的洛克希德·马丁公司、弗吉尼亚州的Orbital ATK公司、加利福尼亚州的SpaceX公司和科罗拉多州的ULA公司。过去,ULA仅为美国政府客户提供服务,但目前已表示计划开放其Atlas V、Delta Ⅳ和未来的Vulcan运载火箭,以用于国际竞争。另一款美国火箭,超级SrPyi,是由夏威夷大学(UH)桑迪亚国家实验室开发和制造。

表2.5 国际空间站特点

全体乘员	完成时六个
长度	356ft(108.55m)
宽度	239ft(72.8m)
总质量	927316lb(420623kg)
适居容积	14400ft^3(408m^3)
太阳能电池板面积	32528ft^2(3023m^2)
能源	80kW
首次组装发射	1998年11月20日

在美国以外,有 13 种可供商业使用的消耗性运载火箭类型:"阿丽亚娜"-5、第聂伯、埃普西隆、GSLV、H-ⅡA/B、"长征"2D、"长征"3A、质子 M 型、PSLV、洛克特、"联盟"-2、"维加和泽尼特"3SL/SLB。

2.3.2.2.3 全球有效载荷行业

全世界拥有功能性和运营性本土有效载荷制造部门的国家和管辖区包括中国、欧盟、印度、日本、俄罗斯和美国。已经开发和建造了自己的航天器的国家包括阿根廷、伊朗、以色列、朝鲜、韩国和乌克兰。总共有 30 多个国家开发和建造了至少一个轨道有效载荷,通常是一颗卫星[39]。其中一半以上国家的有效载荷制造能力仅限于立方体卫星,这些卫星是由大学、政府和非营利组织用预制套件制造。

表 2.6 显示了 2015 年按制造商所属国家/组织划分的民用、军用和商用轨道有效载荷。2015 年,42 颗立方体卫星作为后续部署货物从国际空间站发射,其中大部分是商用的。4 月,商业遥感运营商行星实验室的 16 颗立方体卫星在 Spx-6 任务中发射。8 月,18 颗立方体卫星在 HTV 货运飞船上发射,其中 14 颗用于行星实验室,另有 4 颗立方体卫星用于研发目的。6 月,8 颗行星实验室的立方体卫星在 Spx-7 发射事故中丢失。这些卫星是分开计数的,因为它们在与运载火箭分离时没有部署在各自的轨道上,而是储存在在轨货运飞船内。

表 2.6 2015 年制造商所属国家/组织发射的民用、军用、非营利和商用有效载荷数量

制造商所属国家/组织	民用	军用	非盈利	商用	合计
阿根廷	0	0	0	1	1
加拿大	0	0	0	1	1
中国	7	8	24	6	45
欧洲	11	1	1	10	23
印度	4	0	0	0	4
印度尼西亚	1	0	0	0	1
伊朗	1	0	0	0	1
日本	1	2	0	1	4
俄罗斯	12	13	0	0	25
新加坡	1	0	4	1	6
韩国	1	0	0	0	1
美国	18	14	19	33	84
合计	57	38	48	53	196

2.3.2.2.4 商用在轨飞行器和平台

NASA 启动了商业船员和货物计划,以帮助商业公司开发将船员和货物运送到国际空间站(ISS)的新能力[40]。这些服务旨在取代航天飞机提供的一些 ISS 再补给服务。SpaceX 的 Dragon 作为第一个飞行器,于 2012 年投入使用,恢复了 NASA 在低轨道上运送和取回货物的能力。载人航天器在 2015 年取得了许多进步,但预计在 2017 年之前不会投入使用。

波音公司继续开发 CST-100 星际客机,SpaceX 公司正在为 NASA 商业机组运输能力(CCtCap)项目开发载人龙。正在研发"追梦者"的内华达山脉公司,发誓将继续研发其有翼飞行器。

表 2.7 显示了 2015 年按国家划分的民用、军用和商用轨道发射情况,图 2.11 显示了 2015 年全球发射活动总量。

表 2.7 2015 年按国家和类型划分的轨道发射总量

国家/区域	民用	军用	商用	合计
俄罗斯	14	7	5	26
美国	4	8	8	20
中国	12	7	0	19
欧洲	5	0	6	11
印度	3	0	2	5
日本	1	2	1	4
伊朗	1	0	0	1
合计	40	24	22	86

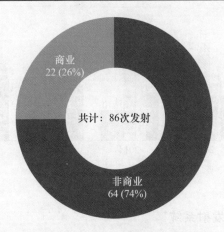

图 2.11 2015 年全球发射活动总量

2.3.2.2.5 火箭质量等级

小型运载火箭的定义是在185km(100nmi,1nmi=1.852km)高度和28.5°倾角下,有效载荷容量小于2268kg(5000磅)的运载火箭。中型至重型运载火箭能够在185km高度和28.5°倾角下运载2269kg以上。

2.3.2.2.6 有效载荷质量等级

表2.8提供了FAA AST使用的有效载荷质量等级。

表2.8 有效载荷质量等级

等级名称	千克/kg	英镑/lb
毫微微型	0.01~0.1	0.02~0.2
微微型	0.09~1	0.19~2
毫微型	1.1~10	3~22
微型	11~200	23~441
微小型	201~600	442~1323
小型	601~1200	1324~2646
中型	1201~2500	2647~5512
中大型	2501~4200	5513~9259
大型	4201~5400	9260~11905
重型	5401~7000	11906~15432
超重型	>7001	>15433

密集发射:2011年至2016年,中国长征运载火箭完成91次发射任务,平均每年发射18次,成功率97.8%,均处于世界领先地位,如图2.12所示。

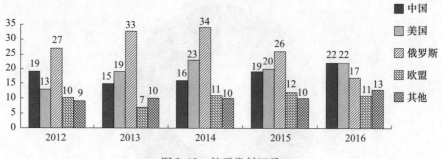

图2.12 航天发射记录

2.3.3 可重复使用发射系统

可重复使用发射系统(RLS,或可回收运载火箭RLV)是一种能够将有效载荷多次发射到太空的发射系统[41]。这与一次性发射系统形成对比,在一次性发射系统中,每个运载火箭发射一次,然后丢弃。

完全可重复使用的轨道发射系统还没有创造出来,已开发的有两个部分可重复使用的发射系统,航天飞机和"猎鹰"-9。航天飞机是部分可重复使用的,是轨道器(包括航天飞机主发动机和轨道机动系统发动机)和两个固体火箭助推器,在每次发射后经过几个月的改装工作后可重复使用,每次飞行后都会丢弃外部油箱[42]。

"猎鹰"-9火箭第一级可重复使用,已有一些第一级在发射后安全返回地面。2017年3月30日,一艘重复使用的"猎鹰"-9在第二次发射后成功降落在一艘自主太空港无人机飞船(ASDS)上,标志着一架使用过的轨道级助推器首次成功重新发射和着陆。

目前正在开发一些可重复使用火箭部件的系统,如"新格伦"的第一级以及"阿丽亚娜"-6和Vulcan的发动机部分。一个完全可重复使用的系统,行星际运输系统,也在开发中。

轨道可重复使用运载火箭提供了低成本和高可靠进入太空的可能性。可重用性意味着重量损失,如无障碍加入防护、着陆所需的额外燃料和火箭组件,以及可能更坚固的结构以承受多次使用。鉴于缺乏使用这些火箭的经验,实际成本和可靠性尚待观察。

2.3.3.1　航天飞机计划

航天飞机是NASA在20世纪70年代开发的。航天飞机系统由四个主要部件组成,一个轨道飞行器、两个SRB、一个储存燃料和氧化剂的外部油箱以及三个航天飞机主发动机。航天飞机将货物送入离地球100～217nmi(115～250mile)的近地轨道。航天飞机垂直发射,由三个航天飞机发动机和两个SRB提供推力,2min后,两个助推器耗尽,并与外部油箱分离;它们在预定地点落入海洋,并被回收再利用。航天飞机的主发动机持续点火约8min,在航天飞机进入轨道前关闭,然后将外部油箱与轨道器分离;它沿着弹道进入一个偏远的海洋区域,不再被回收。航天飞机的规格如图2.13所示。轨道飞行器在轨道上的速度约为25405ft/s(17322mile/h)。

航天飞机轨道器是迄今为止发射入轨道的最大航天器。虽然其主发动机仅在发射期间使用,但由二次推进器和机动发动机组成的复杂系统使轨道器在轨道上具有机动性和多功能性。有效载荷舱最多可将两颗卫星或空间实验室送入轨道,而遥控操作器系统用于卫星部署或回收以及轨道建设任务。NASA的STS由4个航天飞机轨道器组成,分别是亚特兰蒂斯号、发现号、哥伦比亚号和奋进号。

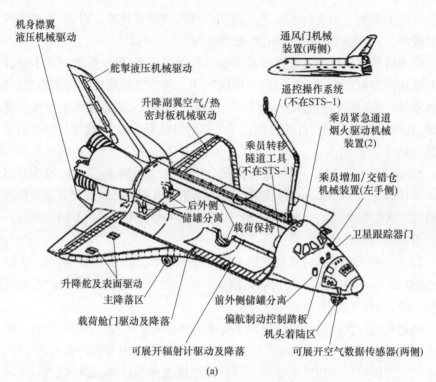

(a)

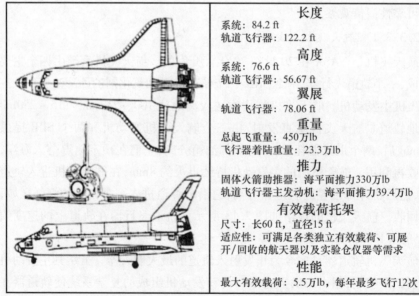

(b)

图 2.13　航天飞机机械子系统

(https://history.nasa.gov/diagrams/shuttle.htm)

航天飞机可以将卫星、实验和空间站部件送入轨道并返回地球。遥控机械臂可以处理地球上重量超过 30t 的物体,它还可以作为一个高度机动的平台,用于在太空行走的宇航员周围移动。航天飞机中止和正常任务程序如图 2.14 所示。如上所述,在发射期间,SRB 和轨道器的三个主发动机同时点火超过 2min,然后,SRB 被丢弃,同时航天飞机发动机继续点火 6min 或更长时间,当他们停下来时,大型外部油箱被丢弃。紧急情况下,在发射过程中,飞行员根据其高度有几种中止选择:中止入轨(ATO),在这种情况下,仍然可以实现安全但较低的轨道;单次环绕中止着陆(AAO),航天飞机执行一个轨道并返回地球;越洋中止着陆,航天飞机降落在欧洲或非洲的几个地点之一着陆;返回原场(RTLS),这是最绝望的选择。

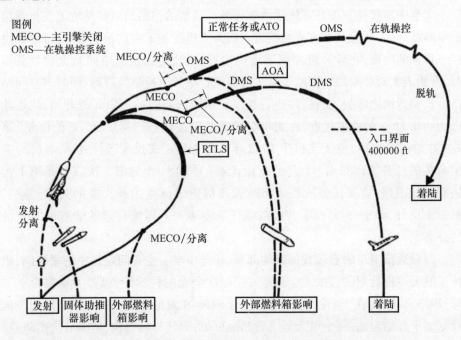

图 2.14　航天飞机中止和正常任务程序概述
(航天飞机详细分段计划 http://www.google.com/search? hl = en&client = firefoxa&rls = org.mozilla:enUS:official&channel = np&q = space + shuttle + detailed + block + diagram&bav = on.2或.r_gc.r_pw&um = 1&ie = UTF8&tbm = isch&source = og&sa = N&tab = wi&biw = 1366&bih = 624.[44])

　　ESA 开发了太空实验室模块,根据研究任务的不同,该模块可以以不同的配置安装在货舱中。宇航员通过一个隧道进入舱内进行生命科学、材料加工、天文学和地球科学实验。在国际空间站进入轨道之前,不同的空间实验室配置执行了 25 次航天飞机任务。航天飞机轨道飞行器内的宇航员被限制在一个大约相当于一个普通起居室大小的空间内,最多有七名机组人员执行飞行任务,飞行时间从 5~18 天不等。轨道飞行器的电力由燃料电池产生,燃料电池将储存的氢和氧结合起来,化学反应产生电,同时产生副产品水确保船员所需。航天飞机发射前,必须准备好轨道飞行器,并对机组人员进行培训。

飞行器的准备工作在佛罗里达州的约翰·F·肯尼迪航天中心进行,为期 3~6 个月,从轨道飞行器完成上一次任务返回开始。随后,在庞大的火箭装配大楼(VAB)中进行整修、与外部油箱和固体火箭助推器对接以及对下一次任务的有效载荷进行整合。

对于一项复杂的任务来说,机组人员的培训可能需要几年时间[44]。大多数机组人员的培训都在得克萨斯州休斯敦的约翰逊航天中心进行。

太空中对接是一项具有挑战性的任务。典型的空间站对接从轨道飞行器接近空间站开始,通常从下方开始接近。航天飞机配备了雷达导航系统,可以提供接近目标的距离,在计算机控制下逐步接近,当轨道器距离空间站大约半英里时,开始人工对接阶段。宇航员从飞行器飞行甲板上控制轨道器,同时与空间站指令长和返回地球的飞行指挥进行通信。从距离空间站约 30ft 处开始,轨道器以大约 0.1ft/s 的速度接近,直到与空间站的对接设备连接。继"哥伦比亚"第 4 次在轨试飞之后,航天飞机于 1982 年 7 月 4 日正式投入运行,执行各种与卫星有关的任务。1982 年 11 月,"哥伦比亚"号 STS – 5 的第 5 次飞行是第 1 次搭载商业卫星,这项任务被视为将航天飞机建成商业运载火箭的关键。除了机组人员外,STS – 5 完成了首次搭载任务专家——训练有素的非驾驶宇航员的任务。

两颗通信卫星的有效载荷完美部署,任务中唯一主要问题是宇航服缺陷,阻止了航天飞机计划的首次太空行走。第一次全面的科学任务是"太空实验室"1 号,1983 年 11 月在"哥伦比亚"号上进行 STS – 9 发射。到 1985 年底,航天飞机计划似乎开始启动,每个航天器飞行间隔更短,周转时间更快,但随后灾难降临。1986 年 1 月 28 日,"挑战者"号 STS – 51L 任务的发射引起了非同寻常的关注。这是第 25 次飞行,搭载了来自新罕布什尔州的著名乘客克里斯塔·麦考利夫,她被选为第一位太空教师,将通过电视直播从航天飞机向美国各地的学校授课,但发射 73s 后,挑战者号在飞行途中爆炸,机上 7 名宇航员全部遇难,残骸横穿大西洋。后来调查显示,发射前一天晚上,航天飞机上形成了霜冻,橡胶圆形密封圈变得易碎,在发射应力下无法正确填充接头。"奋进"号在航天飞机着陆 32 个月后取代了"挑战者"号。1988 年底,航天飞机计划恢复发射 TDRS 数据卫星网络,并继续发射与国防有关的机密卫星。1990 年,随着 ASTRO – 1 天文学任务的完成,空间实验室任务重新启动。作为"挑战者"号的替代者 NASA,"奋进"号终于在 1992 年 5 月凭借 STS-49 任务升空。太空实验室由 ESA 建造,以适应航天飞机货舱。如前所述,太空实验室模块于 1983 年首次飞行,有助于解决 NASA 缺乏永久性空间站的问题。1973 年,NASA 和 ESA 就开发这种模块达成协议。该实验室进行了广泛的实验,调查从物理和材料科学到空间生物学和天文学的一切,其总体目标是证明在轨道上进行此类研究的可行性。2000 年发射的"奋进"号 STS-99 携带了雷达,该雷达绘制了 80% 的地球表面高度。在第一次太空实验室任务中采集的血液样本显示,失重会影响红细胞的生成。航天飞机的失重环境使物理学家能够观察材料在远离重力影响情况下的行为。NASA 决定在 2011 年终止航天飞机计划,依靠俄罗斯向国际空间站运送有效载荷。2011 年 2 月 24 日,NASA 最后一次任务终于发射。在下午壮观的发射中,"发现"号航天飞机于 2 月 24 日完成了最后一次任务,结束了其 27 年丰富多彩的太空飞行。

美国东部时间下午 4 点 53 分(格林尼治标准时间 2153),天空晴朗,气候温暖,"发现"号于从 NASA 肯尼迪航天中心 39A 发射台升空。"倒计时的最后几分钟令人激动。尽管我们中的一些人已经经历了很多次倒计时,但这是一次创纪录的倒计时。"NASA 航天飞机发射主任迈克·莱因巴赫说。"我们还有几秒钟就要失去窗口了。"在最后一刻,发射场安全计算机出现故障,眼看要威胁发射任务进行,除非发射场安全官员对卡纳维拉尔角上空进行清理,否则 NASA 无法发射航天飞机,这一问题在发射前几分钟内得到解决,最终发现号得以飞行。这次发射最终让人松了一口气。

最近,美国一家私营公司将一艘航天器送入轨道,并将其带入一次开创性的测试飞行中。NASA 希望在 2011 年航天飞机退役后,能够为国际空间站提供补给[45]。这项由 NASA 支持的任务旨在试验一种新系统,以便有朝一日将货物和机组人员运送到轨道前哨站。这是私人公司首次从轨道上发射和返回太空舱。2010 年 12 月 8 日,空间探索技术公司的"猎鹰"-9 火箭于上午 10 点 43 分从佛罗里达州卡纳维拉尔角升空,绕地球两周,在 6 个多小时后空降在太平洋上。该公司打算用发射逃生系统对其太空舱进行升级,并希望它能为宇航员和其他想乘坐飞船前往空间站的人提供"出租车"式的服务。

2.3.3.2 布鲁恩(Buran)——苏联航天飞机

对于苏联来说,拥有一个与美国航天飞机相似的系统以保持平等是很重要的,而苏联在 1974 年宣布了建造和发射太空运输系统的决定,这在当时似乎是非常合乎逻辑的。该航天器最终看起来与美国的相似,但其工作原理和发射硬件却大不相同。设计团队没有建造大型固体火箭助推器，而是决定建造一个完全由液体燃料驱动的火箭系统，最终称为"能源"号(Energia)，这是苏联的可重复使用空间系统。"布鲁恩"号轨道器的设计目的是，与航天飞机相比，它可以携带额外5t有效载荷，"能源"号可以作为一个独立发射器，携带除轨道器以外的有效载荷。由于财政困难和削减成本等目的，尽管"布鲁恩"号在1988年成功绕地球轨道飞行两次并实现完美着陆，但该计划在1993年正式取消。

2.3.4 俄罗斯和平号空间站

在美国空间计划失去"挑战者"号不到一个月，苏联发射了和平号空间站。20世纪70年代中期，非营利组织恩纳吉亚公司(科罗廖夫，莫斯科地区)开始了复杂模块化空间站的开发工作。整个20世纪80年代早期，该项目有一些进展，但因"货运渡轮"和"布鲁恩"等其他航天器项目的进展而被边缘化，直到1986年春季，它才被优先考虑。"和平"号计划成为第一个或多或少连续使用的空间站。和平号是世界上第一个模块化空间站，它使用了最早的民用空间站(DOS，长持续时间轨道站；俄语缩写为"DOS")的组件，以及其他实验室和模块。到1990年底，"和平"号已连续运行近十年，其间发生的一系列事故使该站的未来受到怀疑，最危险的事故是1997年2月的火灾。

俄罗斯空间站进入第二个十年后，尽管"和平"号在连续服务中仍然无与伦比，但因其事故多发而声名狼藉。1997年2月，一个制氧装置发生了15min的火灾而危及该站。Elektron公司的电解制氧装置故障以及海拔和环境控制问题似乎常常与计算机故障和断电交替出现。

1997年6月，与"进步"号补给车的碰撞破坏了Spektr船体的完整性，使该舱无法居住，但和平号仍然存在，它的太空探险家们也容忍了。在其生命周期中，空间站接待了来自12个不同国家的125名宇航员，它支持了17次太空探险，包括28名长期工作的宇航员。

2.3.5 国际空间站

1984年，里根总统宣布美国最终要建立一个永久性空间站。很快，欧洲、日本和加拿大的空间计划都加入了这个命名为"自由号"的项目，同意提供他们的实验室模块和其他元件。随着美国和俄罗斯关系的改善，它引领了一条新的前进道路，俄罗斯人拥有空间站经验，可以帮助NASA实现空间站。1993年，美国和俄罗斯航天局官员举行会面，商定了一项联合计划；由此产生的空间站将是"自由"号和俄罗斯停滞不前的"和平"号-2的混合体，起初它被称为阿尔法空间站,不久就变成了国际空间站。第一个进入轨道的组件是俄罗斯制造的功能性货舱。

Zarya 模块有双重用途:发电和提供动力,并在早期建设阶段充当空间站的心脏。随着国际空间站越来越大,这些功能转移到其他地方,Zarya 成为存储设施。

随着欧洲、日本和加拿大的加入,国际空间站的设计发生了变化。表 2.5 给出了国际空间站特点,图 2.15 是国际空间站配置示意图。

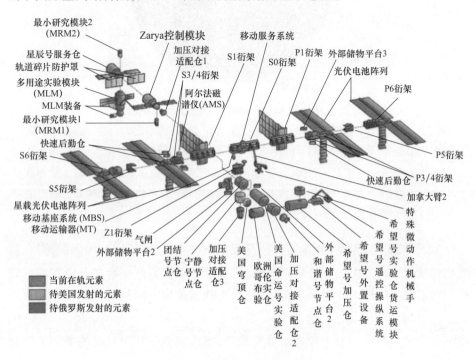

图 2.15　国际空间站配置示意图

自 2000 年 10 月第一批宇航员抵达以来,国际空间站一直有人值守。除了正在进行的建设外,船上的宇航员还进行了各种各样的科学实验。以下总结了在国际空间站上进行的一些实验,这些实验拥有最先进的科学设施,支持物理和生物科学领域的基础研究和应用研究。从"远征"1~15 号,国际空间站已经进行了 138 次实验,支持了数百名来自美国和国际合作伙伴的地面人员的研究,图 2.16 显示了各学科的实验分布情况。如今,主要研究装备已发展到包括 18 个机架和实验室空间内的设施,如图 2.17 所示。

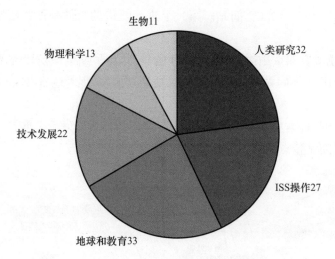

图 2.16 NASA 国际空间站实验的学科分布

(国际空间站组装年的科学研究成就:对 2000 年至 2008 年结果的分析。辛西娅 A. 埃文斯和朱莉 A. 罗宾逊,NASA 约翰逊航天中心国际空间站项目科学家办公室,得克萨斯州休斯敦;朱迪·泰特·布朗、特蕾西·图姆和杰西卡·克雷斯波·里奇,工程和科学合同小组,得克萨斯州休斯敦;大卫·鲍曼和詹妮弗·拉蒂根,NASA 约翰逊航天中心,得克萨斯州休斯敦,2009 年 6 月[46])

NASA 国际空间站研究的重点已从战略上改变,以支持空间探索的修订,虽然仍包括微重力方面的一些基础研究,但重点已经转移到了旨在开发和测试新探测技术以及降低人类探险家在月球、火星和其他地方执行任务的风险的项目上。在 2008 日历年期间,随着 ESA 哥伦布和日本航空航天探索局(JAXA)的 Kibo 科学模块加入 NASA 的命运号实验室,实验室空间和研究设施变成了原来的三倍。

根据科学主题,调查分为以下几类[46]:

(1)技术发展,研究和测试未来探索任务中使用的新技术。重点领域包括航天器材料和系统,以及国际空间站微重力环境的表征和控制。

(2)物理科学,微重力物理和化学研究。重点领域包括材料科学实验,包括聚合物和胶体的物理性质和相变、流体物理和晶体生长实验。

(3)生物科学,利用微重力条件进行生物学研究,以深入了解空间环境对生物的影响。重点领域包括细胞生物学、生物技术和植物生物学。

(4)人类探索研究,人类医学研究是为了发展人类在地球轨道以外执行探索任务所需的知识。这些研究侧重于空间生活对人类健康的影响以及减少未来

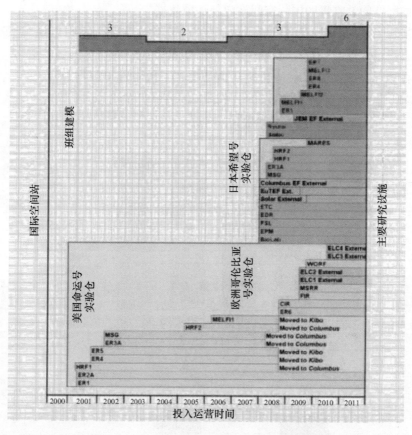

图 2.17 18 个机架和实验室空间内的设施

(国际空间站组装年的科学研究成就:对 2000 年至 2008 年结果的分析。辛西娅 A. 埃文斯和朱莉 A. 罗宾逊,NASA 约翰逊航天中心国际空间站项目科学家办公室,得克萨斯州休斯敦;朱迪·泰特·布朗、特蕾西·图姆和杰西卡·克雷斯波·里奇,工程和科学合同小组,得克萨斯州休斯敦;大卫·鲍曼和詹妮弗·拉蒂根,NASA 约翰逊航天中心,得克萨斯州休斯敦,2009 年 6 月[46])

空间生活可能带来健康风险的对策。重点领域包括与微重力对骨骼和肌肉的影响相关的生理学研究、空间飞行的其他生理学影响、心理社会研究和辐射研究。

(5)观察地球和教育,这些活动和调查使学生和公众能够与国际空间站任务联系起来,激发学生在科学、技术、工程和数学方面表现更加出色,并与科学家和公众分享宇航员对地球系统的独特看法。

(6)国际空间站运行结果,除了正式的、同行评审的科学研究和实验外,国际空间站还利用其运行数据支持大量研究,包括对机组人员的常规医疗监测以及在国际空间站收集的国际空间站内外环境数据。

最近完成的国际空间站远征是"远征"–52,2017年6月2日,该"远征"随着载有机组成员的"联盟"号 MS–03 的解锁开始。

在国际空间站上开展的研究活动已发表了数百份出版物,涉及多个学科。图 2.18(a)和(b)显示了国际空间站科学成果的出版物[46]。

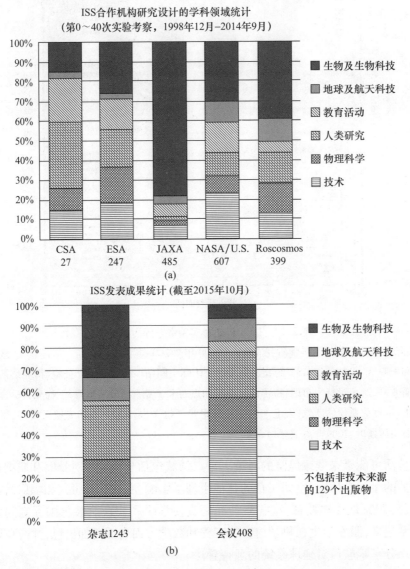

图 2.18 (a)按学科分布的 NASA 国际空间站实验考察 0~40(图由 JSC/NASA 提供);
(b)国际空间站研究成果出版物数量汇编,每个学科都产生了稳定的成果

https://www.nasa.gov/sites/default/files/atoms/files/iss_technical_publication_030116.pdf

2.3.5.1 下一代空间站

自 2000 年 11 月以来,人们一直在国际空间站上生活和工作,并为改善地球生活和促进未来太空飞行活动做出了重大贡献[47]。然而,国际空间站计划在 2020 年或 2024 年销毁,尽管有理由相信它至少可以持续到 2028 年。如果那一刻没有能取而代之的,那么美国和人类将失去来之不易的低地球轨道立足点。如果没有充分的规划,国际空间站项目的结束将导致一系列非常有价值的能力和活动的丧失,比如促进商业、科学、太空运营和太空定居的发展。这些研究包括人类材料研究、生物研究、物理研究、机器人技术、卫星发射、地球观测和天文学,所有这些都是由世界各地的商业公司、学术机构和政府进行的。我们还将失去唯一一家接待过付费客人的太空酒店,以及广泛、和平国际合作的宝贵范例。NSS(国家空间协会)建议如下:

(1)可变重力研究,包括针对月球和火星的生命支持开发,以及月球和火星重力水平对动植物的影响;

(2)微重力研究,包括材料和生物研究,随着研究成果的转化,大规模制造分拆到其他商业站;

(3)空间作业(燃料库、货物/机组人员转移、月球运输和配对/翻新设施),可以在高轨道定期进入低地球轨道,为国际空间站或未来的空间站带来新的实验和材料,并将实验成果和产品返回地球,对低地球轨道的科学和商业利用至关重要。

自航天飞机退役后,只有按照商业再补给服务(CRS)计划,美国航天器才能定期进出国际空间站,这对于充分利用 ISS 国家实验室至关重要。因此,当我们展望国际空间站向多个商业空间站的后向过渡时,NASA 对常规通道通过 CRS 进入低地球轨道的持续支持是一项基本要求。最近宣布,除了 SpaceX 和轨道科学两家公司外,波音公司、内华达山脉公司和洛克希德·马丁公司均表示将竞购 CRS-2。

2.3.6 纳米卫星和微卫星

在前几节中,简要介绍了不同类型的小型卫星。在这里,我们更详细地了解卫星领域,并讨论立方体卫星的技术和潜力。

图 2.19 ~ 图 2.21 显示了到 2020 年为止已发和计划的纳米/微型卫星。

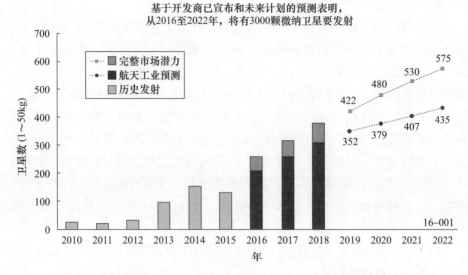

图 2.19　基于 SpaceWorks 预测数据集的 2016 年完整市场潜力数据集

http://aacmicrotec.com//spacecraft-bus-and-subsystems/.

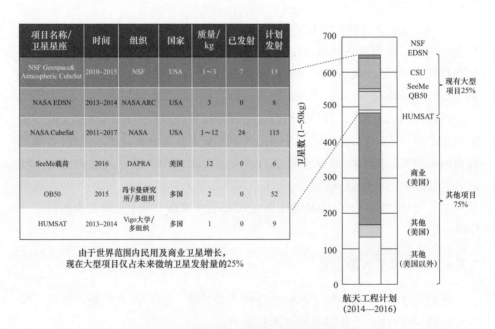

图 2.20　纳米/微卫星未来计划及市场评估

https://www.emaze.com/@AFZTOZW/Nanosatellite-Industry-Overview-updated-022014.pptx.

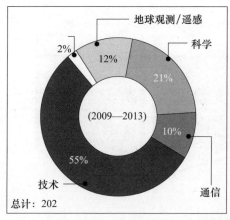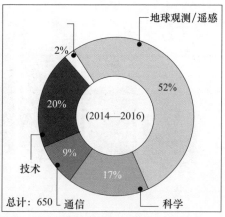

未来几年将会建成一小部分技术研发/验证微纳卫星(占比由2009年的20%提高到2013年的55%)

图 2.21　按用途分列的纳米/微卫星趋势(1～50kg)

https://www.slideshare.net/prateepbasu/nano-and-microsatellite-market-assessment2014

　　1999 年,立方体卫星作为大学 STEM 教育工具出现。随着它们受欢迎程度的提高,围绕这种形状因素开发了生态系统,同时也是当今不断扩大的纳米卫星市场的关键驱动力。2010 年至 2014 年间发射的纳米卫星和微型卫星中,有四分之一是 1 单位(1U)的立方体卫星($10cm^3$),运营商队伍已从大学发展到商业、政府和军事领域。但随着小型卫星市场的持续增长,1U 立方体卫星将继续作为一种标准,还是将被认为不足以支持更大/更强大的卫星?

　　评估 1U 的效用。

　　对于小型卫星运营商而言,任务成本、利用 COTS 组件的能力、发射机会以及最终有效载荷能力决定了形状因子。伴随着更大的尺寸和更大的有效载荷能力而来的,通常是成本、时间和任务复杂性的增加。最佳平衡点在哪里?

　　图 2.22 显示了不同立方体卫星的尺寸比较[48]。

　　1)太大

　　很少有潜在用户认为 1U 卫星太大。也就是说,皮卫星和飞秒卫星,包括标准化的小球形状因子,已经被教育用户以及业余无线电和太空爱好者所追求。到目前为止,主要的吸引因素是在更易于管理的范围内获得空间体验,且与完整的立方体卫星相比制造和发射价格降低,这将导致以前在 1U 目标市场的一小部分玩家转向更小的平台。

　　2)太小

　　关于 1U 外形尺寸的最大担忧是其有限的有效载荷适应能力(质量、体积和

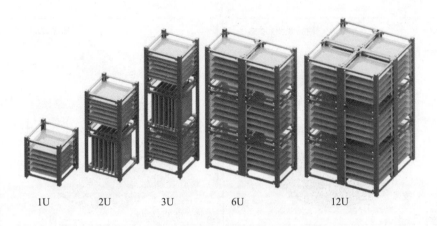

图2.22 不同立方体卫星的尺寸比较

功率)。尽管之前的商业和政府任务中使用了1U外形,但预计这些用户将来会选择更大的平台,只有一家商业企业宣布冒险使用了1U设计。美国国家科学基金会最近指出,1U立方体卫星太小,无法完成有意义的科学研究。增长最快的纳米和微型卫星运营商群体属于这一类。

3)恰到好处

大学作为1U立方体卫星的原始目标用户,仍然是关键市场。1U卫星为学生团队和(低)大学资源提供了低成本、有限的项目复杂性和时间线以及实际操作经验的适当平衡。随着经验积累并逐步建立资金流,大学能够执行更雄心勃勃的大项目,新手大学甚至高级学校正在崛起,开始在1U运营商领域占据一席之地。尽管计划使用200个1U立方体卫星进行商用外网星座,北方天空研究组织(NSR)预计不会完全部署该系统,也不会继续将该平台用于商业。

NSR的《纳米和微型卫星市场》第二版发现,主要由1U立方体卫星组成的1~3kg纳米卫星部分,在未来十年内将以3%的年复合增长率增长。预计到2024年,将有超过500颗这样的卫星发射。虽然这代表了积极的增长,但也掩盖了这一大规模市场份额的减少,如图2.23所示,从2010年的38%下降到2024年的12%。相反,唯一最活跃的小型卫星部分预计是3~10kg的平台,较大的10~100kg平台的增长是最快的,年复合增长率为14%。

(1)对较大形状因子的偏好。

2014年,1U立方体卫星的更大版本3U成为该市场最流行的外形尺寸。这主要与行星实验室星座的部署有关,但该平台还集成在其他商业系统以及稳定的政府和大学科学应用计划中。虽然使用3U平台的星座将在未来十年内保持

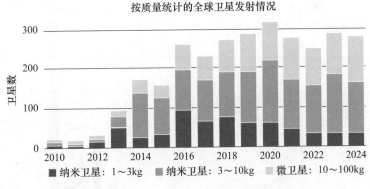

图 2.23　2010 年—2024 年全球卫星发射质量

该市场的活跃,但 NSR 预计 6U 和 12U 立方体卫星将出现下一波增长。这些更大的立方体卫星在实现能力更强的有效载荷、限制制造和发布成本以及利用标准化带来的好处之间取得了平衡。

（2）底线。

1U 立方体卫星是当今人们对小型卫星重新产生兴趣的驱动力。通过 1U 立方体卫星倡导的简洁性、标准化概念和 COTS 组件,为不同用户打开了卫星市场,相同的理念现在正成功地应用于更大的外形尺寸,包括多 U 立方体及其他卫星。然而,对有效载荷容量增加以支持多种应用和更高性能仪器的需求正在将市场引向更大的外形尺寸,并使 1U 平台能够实现其作为教育工具的最初目的。但在这个充满活力且快速发展的市场中,技术小型化的持续发展已在 2020 年及以后恢复 1U 的使用。（来源：www.nsr.com/news resources/the bottomline/mass challenge for cubesats/）。立方体卫星的发布量在 15 年内急剧增长,如图 2.24 所示。从图 2.25 和之前提供的数据可以看出,地球观测是立方体卫星发展最快的应用。

2.3.6.1　小卫星的部署日益增多

由于卫星部件已经小型化和标准化,现在可以开发用于地球成像和从低地球轨道建立天基互联网的小型卫星[49]。小卫星群被称为星座,例如,行星实验室（Planet Labs）有一个由 36 颗在轨小卫星组成的星座,为用户提供有偿服务。相比更高轨道上更大的卫星,用户可以在距离地球较近的地方拍摄图像。一些观察家认为,数据需求与新技术一样,可能正在推动小型卫星市场的发展[50]。

小卫星允许负担不起更大航天器的研究人员、公司和政府能够进入太空。由于小卫星可以作为许多运载火箭上的辅助有效载荷飞行,因此每颗卫星的发

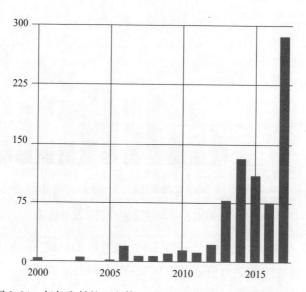

图 2.24 每年发射的立方体卫星(2000 年至今,798 艘航天器)
资料来源:https://sites.google.com/a/slu.edu/swartwout/home/cubesat-database

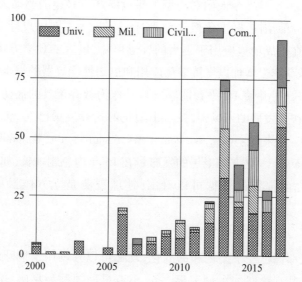

图 2.25 按任务类型划分的立方体卫星(2000 年至今,403 艘航天器,无星座)
https://sites.google.com/a/slu.edu/swartwout/home/cubesat-database

射成本可能只有几百万美元,诸多的用途可能需要很多颗小卫星[48]。

一些希望能够在提供宽带、远程成像或通信等方面服务取得成功的初创公司,如得克萨斯州的 Firefly Space Systems、加利福尼亚州的 Rocket Lab 和弗吉尼亚州的 OneWeb,都致力于小卫星市场。虽然小卫星通常是由可以搭载更大有效载荷的火箭发射的,但维珍银河提出了一种新型发射器——一种安装在改进型商用 747 飞机机翼上的火箭,当飞机到达 35000ft 高度时将有效载荷发射入轨。维珍银河认为这种使用小型火箭的运载火箭,可以大大降低将小卫星送入轨道的成本。

NASA 还利用所谓的立方体卫星来解决科学问题,并扩大学生和研究人员的参与。2015 年,42 颗以商业功能为主的小卫星作为货物发射到国际空间站供后续部署使用。NASA 宣布将帮助开发新的立方体卫星技术,并将发射 6 颗小型地球观测卫星。

2.3.7 国际空间活动

为了了解全球空间活动市场,我们查看一些当前状态数据以及截至 2022 年的预测。图 2.26 显示,全球支出已从 1994 年的 300 亿美元增加到 2022 年的 800 多亿美元。图 2.26 还显示了美国在民用和国防领域的航天支出,其中民用领域呈现稳定状态并略有增加,国防支出有减少。图 2.27 显示了 1961 年初至 2014 年间几个国家的非国防卫星发射数量。

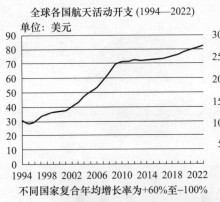
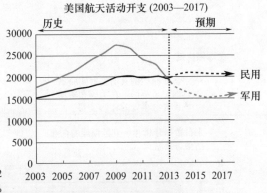

	全球平均开支	CAGR	国家数	民用/军用
1994—2003	$ 33 billion	4.3%	33	61%/39%
2004—2013	$ 63 billion	4.8%	68	55%/45%
2014—2023	$ 77 billion	1.5%	86	62%/38%

图 2.26　不断增长的全球公共支出

资料来源:Euroconsult Government Space Programs:Forecast and Benchmarks 2014

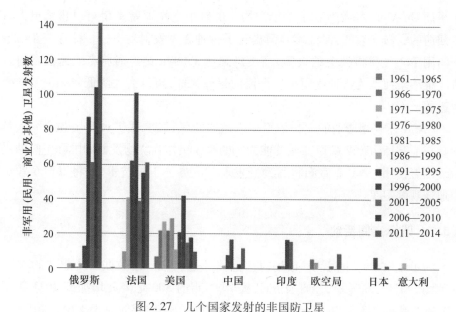

图 2.27 几个国家发射的非国防卫星

资料来源:STPI generated using data from McDowell 2015

图 2.28 显示了美国在几个国家小卫星和数据分析领域的创业活动增长情况。

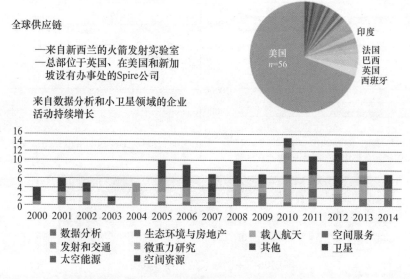

图 2.28 小卫星领域美国企业活动增长

图 2.29 显示了全世界几个区域参与空间活动的国家,列出了一些应用领域以及小卫星、发射等空间活动。这些颜色表示各国从事空间活动的阶段。

图 2.30 显示了 2014 年全球总发射次数非军用(民用、商业及其他)卫星发射数。

		地球观测	通信卫星服务	航天科技与探索	发射与进入太空	导航定位	载人航天	太空环境感知	小卫星
非洲与中东	阿尔及利亚								
	阿曼								
	以色列								
	尼日利亚								
	南非								
	土耳其								
	阿拉伯联合酋长国								
	安哥拉								
	刚果								
	埃及								
	加蓬								
	加纳								
	肯尼亚								
	摩洛哥								
	沙特阿拉伯								
	突尼斯								
亚洲	澳大利亚								
	中国								
	印度								
	印度尼西亚								
	日本								
	马来西亚								
	韩国								
	中国台湾								
	泰国								
	越南								
	孟加拉国								
	老挝								
	朝鲜								
	巴勒斯坦								
	新加坡								

		地球观测	通信卫星服务	航天科技与探索	发射与进入太空	导航定位	载人航天	太空环境感知	小卫星
东欧	奥地利								
	比利时								
	捷克								
	丹麦								
	欧空局								
	欧洲气象卫星组织								
	欧盟								
	芬兰								
	法国								
	德国								
	意大利								
	卢森堡								
	荷兰								
	挪威								
	波兰								
	西班牙								
	瑞典								
	瑞士								
	英国								
西欧	保加利亚								
	塞浦路斯								
	爱沙尼亚								
	希腊								
	匈牙利								
	波黑								
	拉脱维亚								
	立陶宛								
	葡萄牙								
	罗马尼亚								
	塞尔维亚								
	斯洛文尼亚								

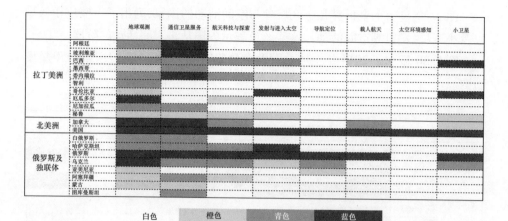

图 2.29　参与空间活动的国家

资料来源：STPI analysis using data from Euroconsult(2014a)

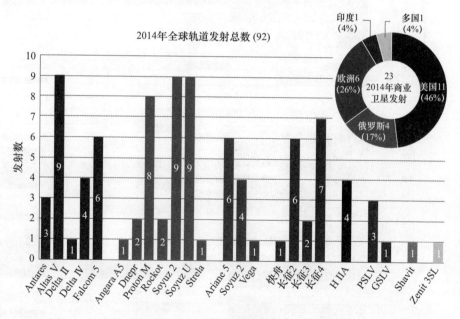

图 2.30　2014 年总（非军用）发射数量

资料来源：FAA 2015，http://space.taurigroup.com/reports/FAA_Annual_Compendium_2014.pdf

空间活动在 21 世纪初扩展到其他国家，在后续章节将提到其中一些国家，当然在这一领域有更多的新兴国家。

2.3.7.1 俄罗斯空间活动

俄罗斯的航天计划是围绕联邦航天局、俄罗斯航天国家集团公司以及一个专门负责所有军用卫星和发射设施的武装部队分支组织的。该机构专注于实际应用,如通信、遥感和导航,其优先事项主要包括重组老化的卫星舰队群、空间科学和人类航天。俄罗斯在商业发射服务方面一直处于世界领先地位,并持续对发射基础设施和系统方面进行投资。俄罗斯还持续拨款支持国际空间站,包括人员和货物运输。随着美国航天飞机退役,未来,俄罗斯将全权负责宇航员往返国际空间站的运输。最资深和参与最广泛的机构是联合国外空事务高级专员办事处,它为解决、利用和探索外层空间所产生的广泛政策和法律问题提供了一个平台。地球观测小组和国际空间探索协调小组也是各国越来越愿意在多国层面进行合作的典型例子。

图2.31显示了从2010年到2040年俄罗斯在几个关键领域的空间计划[51]。

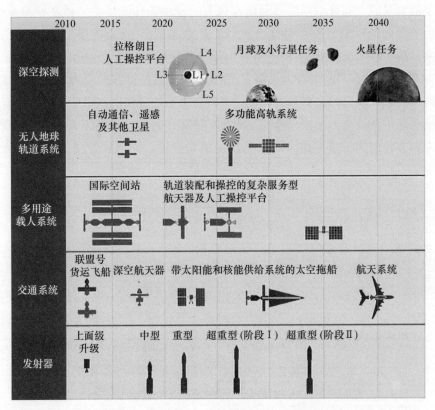

图2.31 俄罗斯航天局于2013年公布的时间表概述了俄罗斯航天计划的总体方向

1957年，苏联将第一颗人造卫星Sputnik送入轨道。1961年，它将第一个宇航员尤里·加加林送入太空。从那时起直到1991年解体，苏联一直保持着强大的空间计划，其发展路线通常与主要竞争对手美国截然不同。由于苏联时期在俄罗斯的空间活动中仍有大量遗产，无论俄罗斯政治和经济格局变化有多快，空间计划的变化速度和方向都受到苏联时期发展方式的制约。

俄罗斯的民用航天计划仍在使用苏联解体前制造和储存的设备及材料，如质子火箭、卫星和和平号空间站。推动高水平生产的部分原因是希望达到或超过美国在太空领域的成就。图2.32给出了自1957年以来美国和苏联的发射次数，不仅表明了苏联航天工业的生产能力，也显示了两国在设计理念上的差异。美国制造长寿命、技术先进的有效载荷，而苏联制造寿命短、需要频繁更换的卫星。两国在设计理念上的差异可以追溯到其空间计划的起源。第二次世界大战结束时，来自佩内穆德负责的V-2火箭的德国火箭科学家是美国和苏联之间战争战利品的一部分。两国都利用这些人的经验和技能建立了弹道导弹项目。因为苏联的氢弹比美国研制的氢弹大得多，也重得多，所以需要更大、更强的火箭来运载。事实上，苏联生产了世界上第一枚洲际弹道导弹（ICBM），在西方被称为R-7。具有研制大升力火箭方面的专业知识，使得苏联成为第一个能够生产将人类送入轨道的发射器的国家。大升力火箭的成功研制降低了使有效载荷紧凑和轻量化的动力。时至今日，俄罗斯卫星的电子设备还不太复杂（苏联卫星在西方转向固态组件很久之后仍在使用真空管），并且比西方卫星更重。苏

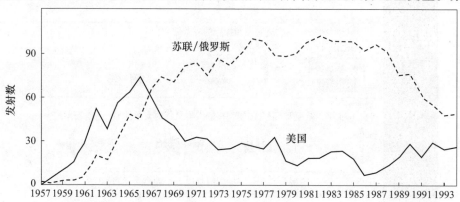

图2.32　成功实施的美国长寿命周期发射和苏联短寿命周期发射

http://link.library.missouri.edu/portal/Space-activities-of-the-United-States-CIS-and/_y_Zz-aHjzQ/.

资料来源：Marcia S. Smith，Space Activities of the United States，CIS，and Other Launching Countries/Organizations：1957-1993，Congressional Research Service Issue Briefs，Washington，DC，March 29，1994.

联制造的卫星设计寿命比美国的典型卫星要短得多。维护这些太空系统的需求导致苏联(以西方标准衡量)具有更换受损或过时卫星的非凡能力。对于某些类型的卫星,苏联能够在 24～48h 内发射替换卫星。在美国和苏联,空间计划都是该国技术优势和生产能力的象征。美国将其军事计划排除在公众视线之外,并创建了 NASA 作为一个独立的民用空间计划,拥有自己的预算,作为国家民用空间工作的重点。

然而,苏联从未创建过独立的民用和军用空间计划,而是用同一预算支持这两个方面的计划。大部分相同的基础设施、生产组织、设计局和人员同时为这两个方面的计划提供服务。

2.3.7.2 美国空间活动

在近现代史上,美国一直并将继续处于空间活动的前沿。美国的空间活动涉及技术广泛,这些技术本身就值得大量研究。本书中,不同的章节和每一个主题中都会接触到这些技术。

2010 年 6 月公布的《美国国家空间政策》,在其目标声明中概述了这些活动,具体如下。

根据该文件中规定的原则[1],美国将在其国家空间计划中追求以下目标。

(1)激励有竞争力的国内产业参与全球市场,并推动以下方面的发展包括卫星制造业、卫星服务、空间发射、地面应用、增加创业精神。

(2)扩大互利空间活动方面的国际合作,以实现扩展太空利益、促进和平利用空间、在共享天基信息方面加强收集和合作。

(3)通过以下方式加强空间稳定。采取国内和国际措施促进安全和负责任的空间操作;加强信息收集和共享以避免空间物体碰撞;保护关键的空间系统和辅助基础设施,特别注意空间和信息系统之间的关键依存关系;加强减少轨道碎片的措施。

(4)提高商业、民用、科学和国家安全航天器及其配套基础设施对实现任务基本功能的保障和恢复能力,以防止环境、机械、电子或敌对原因造成的中断、退化和破坏。

(5)追求人类和机器人的主动性,开发创新技术,培育新产业,加强国际伙伴关系,激励我们的国家和世界,增加人类对地球的了解,促进科学发现,探索我们的太阳系和宇宙。

(6)提高开展科学研究、预测地球和近地空间天气、监测气候和全球变化、

---

[1] https://www.nasa.gov/sites/default/fles/national_space_policy_6-28-10.pdf.

管理自然资源以及支持灾害应对和恢复所需的天基地球和太阳观测能力。

2.3.7.3 中国空间活动

中国与航天有关的政府组织包括国家科学技术管理局的内部机构——中国国家航天局(CNSA)[52]、国防科技工业局(SASTIND)和国有中国航天科技集团公司(CASC)。载人航天飞行计划由中国载人航天工程办公室(CMSEO)实施。中国的目标包括促进经济发展、确保自力更生、提升国家威信和投射力量。项目重点关注载人航天飞行和空间应用,如遥感、通信、导航和空间科学技术。与此同时,中国已经发展了在危机或冲突期间限制或防止潜在对手使用天基资产的能力。2003年中国将其第一名宇航员送入地球轨道,2007年在老化的气象卫星上进行了反卫星试验,2008年进行了首次太空行走。2010年,中国成功部署了第二颗月球探测器"嫦娥"二号,为"嫦娥"三号无人驾驶任务侦察可能的着陆点。

中国开始了一项雄心勃勃的计划,旨在与20世纪超级大国的成就相媲美,将人类送入轨道甚至更远。尽管中国早在1960年就计划了载人航天飞行项目,但中国政府在1992年批准了一项新的载人航天计划,最初称为921项目。新成立的国家航天局得益于1994年与俄罗斯签署的协议,该协议允许他们获得联盟号太空舱、计划蓝图和俄罗斯专家。尽管有俄罗斯的帮助,一种名为"神舟"的中国新型航天器在设计和制造上完全是中国式的。神舟有三个独立组件:轨道舱、返回舱和服务舱。它比俄罗斯的"联盟"号大得多,装有两套太阳能电池板,一对安装在服务舱上,另一对安装在轨道舱上。

"神舟"一号是一次无人搭载试验,于1999年11月由"长征"火箭CZ-2F发射。它绕地球运行了14圈,其返回舱在内蒙古安全着陆。2003年10月15日,"神舟"五号发射升空,搭载了一名中国航天员。与"神舟"一号任务一样,它绕地球运行了14圈后在内蒙古着陆。在整个飞行过程中,航天员一直留在返回舱中,但在飞行器被遗弃在太空后,轨道舱上的实验继续进行了5个月。"神舟"六号于2005年发射,这次有两名航天员在轨道上停留了近5天。中国的未来计划如下:

(1)2010年代初,空间站;

(2)2024年,载人登月;

(3)2040年后,火星探测。

中国在1970年发射了第一颗绕地球运行的卫星,这颗卫星相当于俄罗斯的人造卫星1号。运载火箭是"长征"(简称CZ或LM设计),至今仍在使用。CZ火箭的成功使中国于1985年进入了商业发射市场。早期客户包括通信卫星公司(COMSAT)、香港Asiasat公司和澳大利亚的Optus公司以及瑞典和巴基斯坦的组织。大部分铱星电话网卫星也是从中国发射的。自首次发射以来,中国已将50多颗卫星送入轨道,应用范围广泛,包括遥感大气研究和区域通信卫星系统(也称为中星通信卫星)。

中国于2010年10月27日宣布,计划在2016年前发射载人空间站的第一部分,并在2020年左右建成一个"相对较大"的实验室。在2003年发射了第一名航天员之后,中国计划在2025年成为继美国之后第二个将人类送上月球的国家。与此同时,美国取消载人登月计划(2010年2月)并于2011年使其航天飞机停飞,至少在这十年的前五年,美国完全依靠俄罗斯将宇航员送上国际空间站[53]。

具有以下规格的中国空间站(CSS)正在建设中。CSS模块和新型运载火箭以及其他相关设施正在开发中[54]。

中国空间站设计规格包括

(1)模块数量:3。

(2)倾角:42°~43°。

(3)高度:340~450km。

(4)寿命:不少于10年。

(5)机组人员:3名,轮换期间最多为6名机组成员。

CSS建设计划如下:

(1)2018年推出试验核心舱计划,发射多艘载人飞船和货运飞船访问试验核心舱,进行在轨组装、EVA、长期载人飞行等关键技术试验;

(2)随后将推出试验模块Ⅰ和Ⅱ;

(3)带有3个模块的空间站于2022年左右投入运行。

CSS设想的实验包括以下内容,如图2.33所示。

中国还正在开发回收和再利用航天火箭的系统,这一举措将降低空间计划的成本,并降低发射碎片坠落地球的风险。

据参与该项目的研究人员称,该计划旨在回收用于太空发射的火箭部件,以降低成本,提高空间计划的商业竞争力。该系统将使火箭发动机和助推器安全返回地面,以便在未来的发射中重复使用。研究人员说,除了节省运营成本外,回收还将减少碎片掉落地面引入的安全威胁。中国运载火箭技术研究院正在开发该回收系统。它涉及使用一套多个降落伞,这些降落伞被存储在火箭的第一级,在火箭燃烧穿过地球大气层之前,从飞船的其余部分释放出来。一个安全气囊在火箭被丢弃部分的下面充气,当火箭最终撞到地面时,它可以减缓冲击。

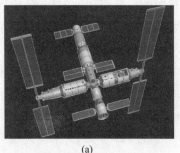
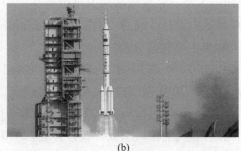

(a)　　　　　　　　　　　　(b)

```
CSS的三个模块将采用先进技术,并配备符合国际空间科学标准的多用途设施。

空间生命科学与生物技术            空间材料科学
  ● 生态科学实验架 (ESER)          ● 材料炉实验架 (MFER)
  ● 生物技术实验架 (BER)           ● 无容器材料实验 (CMER)
  ● 科学手套箱和冰箱架 (SGRR)
                                微重力基础物理学
微重力流体物理与燃烧                ● 冷原子实验架 (CAER)
  ● 流体物理实验架 (FPER)          ● 高精度时频架 (HTFR)
  ● 两相系统实验架 (TSER)
  ● 燃烧实验架 (CER)              多用途设施
                                  ● 高微重力水平架 (HMGR)
                                  ● 变重力实验架 (VGER)
                                  ● 模块化实验架 (MER)
```

(c)

图 2.33　CSS 空间科学实验

中国正计划发射其最强大的火箭,以缩小与美国的差距。中国将使用与商业公司 SpaceX 在"猎鹰"-9 火箭上使用的系统不同的技术。当"猎鹰"-9 的第一级返回地球,速度达到 3km/s 时,它的引擎重新启动,当它垂直降落在地面上时,它会减速以减少冲击。

在中国科学院网站上的一篇文章中,中国火箭回收计划研究员邓新宇表示,垂直着陆涉及许多挑战,实现起来极其困难。SpaceX 进行了一系列成功的垂直着陆,证明了该技术的可行性,但中国研究人员拒绝了该方法。垂直着陆系统需要携带额外的燃料才能着陆,这意味着火箭只能携带较小的有效载荷进入太空。"猎鹰"火箭还使用 9 个小型火箭发动机产生推力,这降低了运载火箭的整体可靠性和效率。"现代火箭的主流发展趋势是增加推力和减少火箭发动机的数量。这也是中国以及空客、波音和洛克希德·马丁没有使用这项技术的原因。"在集中精力研究降落伞系统之前,中国政府已经资助了这两种方法的研究。

中国正在进行的另一项活动是研制从飞机上发射的太空火箭。两年前进行了使用该技术的大规模测试试验。北京大学教授、中国航天科技集团公司科学顾问包为民对官方通讯社新华社表示,火箭的再利用对降低成本至关重要。他说:"与海外主流火箭相比,中国"长征"火箭的成本更低,但随着中国空间探索的增加,成本必须进一步削减"。据新华社报道,中国尚未正式排除采用垂直着陆技术回收火箭的可能性。报告称,最终决定在2020年前做出。中国运载火箭技术研究院的研究人员在其网站上表示,降落伞安全气囊系统将由多个传感器和一个复杂的飞行控制系统辅助引导下降。最终目标是达到垂直着陆技术所能达到的最小回收区。

图2.34是1970年至2025年中国空间活动的快照。

> 1970年:中国发射了第一颗卫星。
> 2003年:第一个中国航天员被送入轨道。
> 2007年:中国击落了自己的气象卫星,以测试其弹道导弹能力。
> 2007年:中国第一艘无人月球探测器发射升空。
> 2008年:首次实施航天员太空行走。
> 2016年:中国计划发射空间站的第一部分。
> 2017年:中国计划将月球火箭带回地球。
> 2025年:中国计划实现第一名航天员登陆月球。

图2.34 中国的空间竞赛

2.3.7.4 日本空间活动

日本国家航天发展局(NASDA)成立于1969年,由政府负责,旨在将日本发展为一个主要的航天大国。NASDA是在20世纪50年代空间和宇航科学研究所(ISAS)获得资助后成立的。ISAS专注于航天项目研究,如天文卫星和行星探测器,而NASDA专注于商业运载火箭、其他卫星应用和载人航天的发展。

2003年,日本航空航天探索局(JAXA)由ISAS、NASDA和日本国家航空航天实验室NAL合并而成。JAXA计划对金星进行探测,并参与了与ESA的一项合资项目——Bepicolombo水星任务(图2.35和图2.36)。JAXA目前的运载火箭是H-IIA,这是一种基本的两级火箭,由高效的液氢和氧气提供燃料,必要时可根据有效载荷的大小及其目的地添加各种助推器模块。JAXA的路线图如图2.35所示。H-IIA是从NASDA早期的H-II发展而来的,H-II使用相似的燃料,具有相似的灵活性。JAXA目前正在基于H-IIA的能源技术开发更强大的H-IIB。

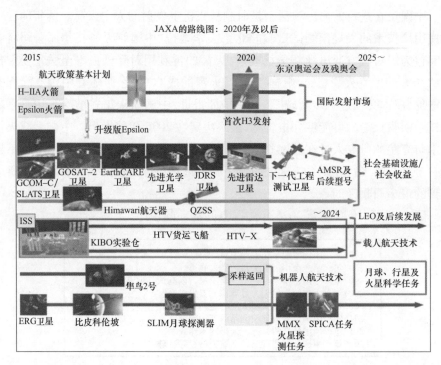

图 2.35　JAXA 路线图:2020 年及以后[55]

图 2.36　JAXA 空间探索:2020 年及以后[55]

土地、基础设施、交通和旅游部负责政策和规划的实施,而教育、文化、体育、科学和教育部(MEXT)负责日本的航天预算。日本海上自卫队(SDF)和日本防卫厅(现为防卫省)一直与JAXA保持合作,JAXA的首批两名宇航员担任SDF官员。然而,根据1969年议会关于和平利用空间的决议,为国家安全目的利用空间受到严格限制,仅限于准商业性空间资产。

随着《日本空间基本法》的颁布,日本空间计划的管理结构、政策制定以及日本对和平利用空间的定义发生了重大变化。《空间基本法》设立了空间政策战略总部。这是一个新的更高级别空间治理机构的日语术语。日本民主党政府提高了空间政策战略总部的重要性,宣布"其主席将是首相,执行主席是内阁官房长官和空间发展厅长"。《空间基本法》还规定,空间将用于"根据国际形势,特别是东北亚的情况,改进和加强信息收集功能,加强预警和监视活动。"这表明日本政策发生了重大转变,取消了对国防部参与空间活动的长期限制。

2009年6月,空间政策战略总部发布了《空间政策基本计划》。这是一个5年计划,为期10年。该计划阐述了以下"日本利用和开发空间的六大基本支柱"。

(1)确保富有、安全和稳定的生活:改善国家天基基础设施,以便实现更有效的天气预报、远程通信、粮食和能源管理、定位和导航服务等。

(2)有助于加强安全:加强国家信息收集能力。

(3)促进利用空间进行外交:向亚洲邻国提供卫星图像,用于灾害预测和管理、气候变化研究和其他全球环境问题。

(4)通过推动前沿领域的研发创造充满活力的未来:以日本的空间科学成就和世界一流的专业知识为基础,如月球和小行星科学任务、人类空间活动(ISS)和空间太阳能项目。

(5)培育21世纪的战略性产业:"政府将把航天工业置于21世纪的战略产业之列,通过推进航天机械的小型化、系列化、公有化和标准化来提高竞争力"。

(6)考虑环境:"政府将针对将全球和空间环境采取措施,如空间碎片问题。"该计划承诺日本开发以下4个系统供利用。

① 陆地和海洋观测卫星。
② 全球环境变化和天气观测卫星系统。
③ 先进的通信卫星系统。
④ 国家安全卫星系统和4个研发项目:空间科学、人类空间活动、空间太阳能、小型演示卫星。

2.3.7.5 欧洲空间活动

欧洲空间研究组织(ESRO)成立于1964年。法国、英国和德国是其主要贡献者,还有其他7个初始成员国:意大利、比利时、荷兰、瑞典、丹麦、西班牙和瑞士。欧洲空间研究组织的主要目的是协调欧洲空间政策,指导和平利用空间的研究工作。在随后10年中,该组织开发了7颗科学卫星,其中4颗研究地球上层大气和极光(北极光和南极光),2颗研究地球磁场和太阳风,以及1个轨道紫外线天文台。为了能够发射自己的卫星,成立了欧洲发射器发展组织(ELDO),以协调其发展。1975年5月,欧洲大国将其所有的联合空间活动统一在一个新的组织——ESA。在新的ESA组织下发射的首批卫星之一是伽马射线天文观测台COS-B。ESA的COS-B任务以及NASA的SAS-2提供了伽马射线下空间的首批详细视图。COS-B于1975年8月9日发射,最初预计寿命为2年,但它成功运行了6年零8个月,并提供了第一张完整的伽马射线星系图。自1975年成立以来,ESA已成为商业发射行业的主要参与者。它还开发了许多开创性的卫星和探测器,并与另一个名为Vega的空间发射器合作将宇航员送入太空,以获得更小的有效载荷。该组织成员数也从最初的10个增加到现在的17个。ESA成功研制了一系列遥感卫星。地球资源卫星ERS-1是最早携带能源的卫星之一。ESA开发了"阿丽亚娜"1~5号,目前正在开发一种固体火箭。

以下简要介绍参加ESA的欧洲国家。

(1)法国。法国国家航天机构是国家空间研究中心(CNES),该中心为阿丽亚娜航天公司提供部分资金,该中心是生产和运营阿丽亚娜发射器的商业实体。该国一直重点关注进入空间、空间民用、可持续发展、科学技术研究以及安全和国防。2009年,法国宣布了一项多年战略,即与其他欧洲国家协调,增加军民两用空间技术及其应用的资金和利用。

(2)德国。德国航空航天中心(DLR)是德国的国家航天机构,负责航空、航天、运输和能源领域的研发工作。该机构的重点是观测地球和宇宙,研究保护环境和开发环境友好型技术,以促进移动、通信和安全。德国的主要空间计划继续强调地球观测。

(3)意大利。意大利国家航天机构是意大利航天局(ASI),负责促进、协调和开展意大利的空间活动,包括发展空间技术。意大利航天局在欧洲一级发挥着关键作用,意大利是ESA的第三大捐助国。2010年,意大利发射了COSMO-SkyMed地球观测卫星星座中的第四颗也是最后一颗卫星。COSMO-SkyMed提供两用雷达对地观测数据,以满足民用和军用需求。ASI正在领导欧洲开发Vega小型发射器,旨在补充较大的"阿丽亚娜"-5发射器。

(4)英国。英国航天局(UKSA)于2010年成立,旨在取代英国国家航天中心,并将英国所有民用空间活动置于独立管理之下。它协调英国的民用空间活动,支持学术研究,培育英国航天产业,提高国内外对英国空间活动的认识,努力提高对空间科学及其实际效益的理解,并激励英国下一代科学家和工程师。在协调和促进学术、工业、科学和教育领域的英国民用空间活动中,英国空间领导委员会为英国航天局提供战略指导。

2.3.7.6 印度空间活动

1962年,印度成立了国家空间研究委员会(INCOSPAR),1969年成立了印度空间研究组织(ISRO)。ISRO将印度的空间活动制度化[56]。

近50年来,印度空间计划一直按照Vikram Sarabhai博士的愿景推动,他被视为印度空间计划之父。他在一定程度上指出:"我们如果要在国家和国际社会中发挥有意义的作用,就必须在将先进技术应用于解决人类和社会实际问题方面首屈一指。"随着印度即将庆祝成为航天国家50周年,其计划已经超越了对空间应用的历史性关注,扩展到更复杂的科学任务,甚至有可能进入人类太空飞行领域。在此以及其他方面,印度特别成功。

印度没有统一的国家空间政策,根据印度政府网站,其最新的科学技术政策是在2003年发布的。印度院士和其他专家呼吁制定国家空间政策。如今,印度主要民用航天项目是由1972年6月成立的空间部(DoS)管理。ISRO是DoS的主要研发机构,DoS的其他机构包括物理研究实验室(PRL)、国家大气研究实验室(NARL)、东北太空应用中心(NE-SAC)以及半导体实验室(SCL)。DoS下的印度空间计划旨在促进空间科学技术的发展和应用,以造福国家社会经济。2003年至2010年,印度的航天预算从每年4.73亿美元增加到12.5亿美元。目前,印度在航天国家中排名第六,仅次于美国、欧洲、俄罗斯、中国和日本。

印度在"将航天带给人民"方面处于世界领先地位。它设立了一些项目,将地球观测数据带到印度农村,以帮助农作物生产。ISRO还在印度各地建立了一个令人羡慕的远程教育和远程医疗服务网络。ISRO成功地创建了国家通信、电视广播和气象服务能力,以及用于资源监测和管理的印度遥感卫星(IRS)系统。ISRO的商业分支Antrix公司销售遥感图像以及卫星和发射服务。

从一开始,印度就热衷于开发自己的发射能力,以确保其航天计划能够自主运作。发射计划始于探空火箭,1980年印度第2次发射了4级运载火箭(SLV-3),促成了5级增强卫星运载火箭的研制,该运载火箭能够将1颗150kg的卫星送入低轨道。随后,极轨卫星运载火箭(PSLV)获得了巨大成功。

尽管 PSLV 的设计目的是将 IRS 送入太阳同步轨道，但它也将有效载荷送入地球同步轨道。迄今为止，PSLV 已将 25 颗印度卫星和 27 颗外国卫星送入轨道。然而，地球同步卫星运载火箭（GSLV-2）不太成功，印度现在将希望寄托在 GSLV-3 上，该火箭是由 ISRO 于 2017 年 6 月 5 日在安得拉邦萨蒂什·达旺航天中心发射成功的。GSLV-3 的成功将使印度能够发射自己的通信卫星，该卫星目前通过商业途径由"阿丽亚娜"-5 发射。GSLV-3 还将使印度能够执行月球科学任务计划。在印度政府的支持下，ISRO 于 2007 年 8 月宣布计划发展载人航天项目。然而，在 ISRO 领导层更换后，该项目陷入了困境，或者用其前任主管的话说，"新的管理层在向政府推动并获得其批准方面做得不够"。该项目始于 2007 年 1 月太空舱回收实验的开发和发射。

鉴于印度科学界的强烈兴趣，ISRO 已开始执行专门的科学任务。2008 年 10 月，印度加入中国和日本的行列，一起发射了"月船"-1 号，这是一系列月球轨道飞行器中的第一个。"月船"-1 号是一个复杂的航天器，有 11 个仪器，包括来自欧洲（ESA）、美国（NASA）和保加利亚的仪器。该任务旨在测量月球，特别是测量南极的化学和矿物学特性，取得了巨大的成功，有助于发现月球上的水。ISRO 计划进行了一次专门的天文学任务（Astrosat）、一次太阳任务（Aditya-1），第 2 次"月船"登月任务最初计划在 2013 年进行，但现在计划在 2018 年第一季度进行。然而，"月船"-2 号的发射时间在一定程度上取决于 GSLV-3 的成功研制，如上文所述，GSLV-3 是最近才成功发射或者是准许发射的。未来，ISRO 计划在每 3~5 年执行 1 次专门的空间科学任务。

2011 年 1 月在新德里举行的一次空间科学和安全会议上强调，尽管印度只有一个民用航天项目，但卫星技术固有的双重用途性质使其可用于军事目的。事实上，印度军队对空间技术的依赖是一个无可争议的事实，然而，在这方面没有具体信息来精确量化。印度分析人士认为，目前这种用途仅限于通信和导航等领域，但在未来，对监控甚至反太空能力的依赖可能会增加。目前，印度已经建立了一个由综合防务司令部指挥的"太空单元"。这是一个单一的三方服务窗口，供包括外部机构在内的所有机构在太空进行互动。它也是武装部队、DoS 和 ISRO 一体化的单一组织。

印度政府的空间计划是围绕着管理民用空间计划的 ISRO 制定的。印度的空间计划通常侧重于通过空间能力实现技术、科学和社会发展。直到最近，该国才转向空间探索和军事应用等项目。印度经常强调其与主要航天大国的国际合作战略，并在将其发射能力商业化的活动中加强了与欧洲的联系。印度还与俄罗斯合作开发了自己的地球静止运载火箭，并在 2008 年成功将自己的航天器发射到月球上。

文中概述了 ESA 的 3 个主要捐助国,即德国、法国和意大利。英国也被包含在内,因为其空间部门正在获得政治上的知名度和支持。在大多数情况下,ESA 成员国的空间计划日益受到欧洲整体空间政策的影响。

2016—2017 年业绩指标如图 2.37 所示。

成果 1:有明确的空间政策和立场。

编号	计划	考核标准
1.1	利用并持续发展英国航天局对英国航天部门的影响,与利益相关者合作,为英国创造最大价值	三季度末发布采用的规模与健康报告 到四季度末,完成 3 个项目的评估报告
1.2	建立部长级委员会,负责白厅空间安全和繁荣战略	三季度末之前,为政府各部门商定需优先处理的三大问题 三季度之前,协调白厅和其他支撑实施部门间的职责范围
1.3	确定英国航天部门的优先事项,以满足经济增长、增加出口和工业可持续性的需要	第三季度,民用空间战略 2016—2020 年前到位,列出 5 年内的政府规划
1.4	在地球观测政策和战略方面实现国内和国际领导力	四季度末完成地球观测战略实施计划
1.5	协调和发展可能保证英国出口和内部投资方面的国际协定	第四季度末,展示与 50% 的新兴空间经济体的有效联系; 作为未来所有国际伙伴关系计划呼吁的一部分,制定国际准则 与 UKTI 和工业界合作,第四季度末促进对四个关键市场的出口

成果 2:英国的空间政策和政策立场在国家和国际层面上得到有效代表。

编号	计划	考核标准
2.1	继续促进与欧盟委员会的关系,确保英国实现在欧盟委员会空间战略中的目标	一季度结束前,制定英国的欧洲空间政策目标,以配合委员会预期的协商进程 第二季度末,影响欧洲空间政策,以便最好地反映英国的目标
2.2	做好空间方面的准备,确保英国在 2017 年担任欧洲理事会主席	三季度末,商定一项促进欧洲空间政策的活动计划
2.3	利用航天数据,使英国进一步发展气候服务	一季度结束前,确定英国航天局的角色和资金需求

续表

编号	计划	考核标准
2.4	保持一个具有国际竞争力的英国空间监管制度	四季度末之前,正式提出关于制定地球观测数据管理监管框架的建议 四季度末之前,执行第三方责任保险要求的规定,保护卫星星座运营商利益
2.5	开始空间许可证、税制和收费的经济成本改革,并为申请人制定清晰的收费制度	二季度末,就可能的收费改革进行咨询 四季度末,公布政府对咨询的回应
2.6	确定伽利略系统公共管理服务(PRS)部分的早期采用者	四季度末,完成PRS监管初步概念验证

成果3:英国将保持和发展其空间能力。

编号	计划	考核标准
3.1	在2016年12月的欧洲空间局部长理事会上提出英国的项目优先获得投资,并实现这一目标	2016年11月底前,批准业务案例和分配财政资源,以支持英国CMin 16的目标
3.2	2016年6月1日前建立初步能力,提供欧盟早期的太空监视和跟踪(SST)服务	在欧盟SST计划下,二季度末为伽利略和天网建立初步的太空监视服务 四季度末,与国防部建立民事/军事SST的协调机制
3.3	识别空间部门中,如果受损将对国家复原力产生最严重影响的资产	四季度末建立英国空间部门资产数据库,并评估其对国家基础设施贡献的重要性
3.4	与政府、工业界和主要国际论坛的合作伙伴一起,进一步发展空间相关频谱管理方法	四季度末,确立英国部门对2019年世界无线电会议的初步立场 通过中央管理部门,重新评估频谱收费,并考虑第四季度末根据HMT目标释放潜在的频谱
3.5	实施一项增长活动计划,支持发展相互连接的地方空间集群网络和位于哈维尔的英国空间门户	二季度,支持制定一项计划,使各公司能够更好地利用位于英国空间门户的设施和技术 四季度末,有8家公司使用该计划 二季度末,对新的规模和健康数据进行分析,以确定英国各地空间活动的基线和趋势,利用这些信息来支持与地方政府合作 四季度末,积极支持发展三个空间区域中心和六个空间孵化项目,与上游和下游部门的公司合作并提供支持
3.6	启动国家空间计划,逐步在英国实现商业小卫星发射能力。初步能力是实现对从英国太空港出发的亚轨道科学空间飞行	二季度末之前,制定出解决英国国家太空飞行优先事项的行动

续表

编号	计划	考核标准
3.7	与航天工业部门接触,以促进英国现有和新的中小企业的发展	与业界合作,确保英国中小企业界第四季度末参与英国航天局的活动
3.8	使英国成为探索哨兵和其他地球观测数据的关键全球接入点	四季度末,制定一项计划,通过地球观测地面部分持续提供数据

成果4:英国的空间投资有效且有针对性,带来切实的经济或社会效益。

编号	计划	考核标准
4.1	资助并监测原子能机构商定的国家和国际空间计划的发展和交付的进展	确保所有项目保持在批准的性能、时间和成本参数之内
4.2	向欧洲生命和物理科学计划(ELIPS)基础设施提供英国研究设施	确保 ESA 三季度末将英国的研究设施纳入 ELIPS 计划
4.3	对照 NovaSAR 项目的批准参数,保持性能、时间和成本的进展	二季度末进行航天器飞行准备情况审查
4.4	根据协同喷气式火箭发动机(SABRB)项目的核定参数,保持性能、时间和成本的进展	四季度末,完成子系统基线设计审查
4.5	按照绩效、时间和成本成功地交付国际伙伴关系计划(IPP)	一季度前,确定并同意一个计算成本的 2 年计划 三季度前,向业界发出交付计划所需的相关呼吁 四季度末,确保财政支出与计划一致
4.6	继续通过国家空间技术计划(NSTP)引领整个英国的空间技术发展	承诺三季度末启用快速通道电话
4.7	考虑实现更加灵活有效的空间天气操作能力,减轻政府的空间天气风险	评估由英国主导的国际空间天气任务,四季度末交付初步分析结果
4.8	根据批准的国家空间推进器发展计划,保持在性能、时间和成本方面的进展	四季度末完成北爱尔兰设施的验收和最终审查 四季度末完成韦斯特考特中高空测试设施的升级工作

成果5:决策者、商业和公众越来越理解空间部门对科学、企业和经济增长的重要性和效用。

编号	计划	考核标准
5.1	通过 SSGP,促进公共部门利用卫星服务进行更智能、更有效的运作,并刺激经济增长	三季度末,公布空间应用计划 四季度末之前,交付至少两份专题路线图,涉及至少 8 个国家和地区的政府组织和部门,重点关注航天如何为英国节省资金并增加产出 在跨政府产品方面取得进展,包括第四季度末交付航天目录和联合航天培训包

续表

编号	计划	考核标准
5.2	利用 Princpia 任务、范堡罗和"科学是伟大的"运动的独特机会,展示航天与日常生活和英国工业的作用,提供对英国空间活动的认识,实施鼓舞人心的教育计划	根据 2015/16 年度的基准,评估英国对空间活动的看法 到四季度末,将年轻人参与 Princpia 教育项目的总人数增加到 1000000 人
5.3	为 2016/17 年度提供一个有效的正式和非正式教育方案	四季度末,让超过 14 万名年轻人参与正式和非正式的空间教育 三季度结束之前,计划利用即将到来的任务,如火星和韦伯太空望远镜,开展教育活动
5.4	支持英国航天部门关于 STEM 毕业生拥有适当的技能和属性的计划	第四季度末,职业网站将投入使用,开放大学将推出一个技能门户网站

成果 6:英国航天局将有能力和文化来实施民用空间战略。

编号	计划	考核标准
6.1	制定一个劳动力计划,使该机构能够更好地应对 BIS2020 的挑战,并解决持续的员工继任问题	一季度末制定包含继任计划的员工队伍计划
6.2	继续发展工作人员的能力	确保每个员工都有一个个人发展计划,每年至少有 5 天用于学习和提升 四季度末前实施学习和提升战略 二季度末实施工作人员调查行动计划
6.3	制定可操作的业务预算,为 BIS 2020 年的目标做出贡献	实现 2 万欧元的业务预算
6.4	对 2016/2017 年度的机构方案、资本和行政预算进行管理,以实现企业计划目标	机构商定的结果在预算范围内(容忍度为 +0 和 -1%)
6.5	编制 2015/2016 年度报告和账户	一季度末,对 2015/2016 年度账户提供无保留的意见 2016 年 6 月 30 日之前,提交 2015/2016 年度报告和账户

图 2.37 业绩指标

2.3.7.7 其他国家空间活动

2.3.7.7.1 加拿大

政府项目包括加拿大航天局(CSA)、加拿大遥感中心和加拿大军队。加拿大采用利基战略,重点关注三个领域的专业知识:空间机器人、地球观测雷达技术和先进卫星通信。预算主要集中在空间科学和地球观测以及人类太空飞行。

加拿大的空间计划与 ESA 以及美国的民用和军用计划有着独特的联系。加拿大与 ESA 签订了合作协议,与 NASA 合作执行多项任务,并且是国际空间站的贡献者。加拿大是第一个拥有自己卫星轨道的国家。Alouette 1 号于 1962 年 9 月由美国 Thor Agena B 火箭发射,随后又发射了一系列类似卫星,如 1972 年发射的第一颗国内卫星 ANIK 卫星。RADARSAT 是加拿大于 1995 年利用合成孔径雷达(SAR)研制和发射的第一颗主动遥感卫星。第 3 章将介绍有关 RADARSAT 的更多信息。

2.3.7.7.2 伊朗

伊朗空间活动是由伊朗航天局(ISA)负责协调,该局成立于 2004 年 2 月 1 日,重点发展通信和遥感卫星、运载火箭技术和天文学研究。2009 年,ISA 发射了第一颗研究和通信卫星。2010 年,ISA 在其实验生物舱上将活体送入了太空。伊朗研制了一种名为 Safir SLV 的一次性卫星运载火箭。SLV 高度为 22m,核心直径为 1.25m,具有两个液体推进剂级,一个单推力室的第一级和一个双推力室的阶梯节流第二级,升力质量超过 26t。Safir-1B 是 Safir SLV 的第二代,可将重达 60kg 的卫星送入 300~450km 的椭圆轨道。Safir-1B 火箭发动机的推力已从 32t 增加到 37t(1t=9800N)。2010 年,该国建造了一枚更强大的火箭"Simorgh"("凤凰"号)。它的任务是将更重的卫星送入轨道。Simorgh 火箭长 27m(89ft),质量为 77 公吨(85t)。2013 年 2 月 2 日,伊朗航天局局长法泽利提到,新的卫星运载火箭 Qoqnoos 将在 Simorgh SLV 之后用于更重的有效载荷。

Fajr 是一颗成像卫星,它还携带一个由伊朗电子工业公司制造的本地试验 GPS 系统。该卫星的寿命为 1.5 年,成像分辨率为 500~1000m。这是伊朗第一颗使用"冷气体推进器"并装有太阳能电池板的卫星。最初,计划于 2012 年推出。据称,伊朗于 2012 年 5 月 23 日和 10 月两次发射 Fajr 卫星失败,这两次失败均未公开。最后,Fajr 于 2015 年 2 月 2 日成功发射并进入轨道。

现在,我们已经研究了参与空间活动较多国家的一些相关活动,注意到了对促进可持续空间探索的国际协调至关重要的关键原则以及由此产生的机制要求示例,这是非常有趣的,如表 2.9 所列。

表 2.9　对可持续空间探索的国际协调至关重要的关键原则[57]

原则	产生的要求
开放包容	● 接受所有对空间探索活动感兴趣的参与机构的投入。 ● 提供在空间探索方面有既得利益的所有机构之间的协商,也提供没有具体相关能力的空间机构或国家政府机构之间的协商。

续表

原则	产生的要求
灵活且进化	• 考虑并可能整合现有的协商和协调机制 • 允许协商协调机构和机制随着这些活动需求增长而逐步建立和发展 • 允许在空间探索方面有既得利益和明确利害关系的政府指派代表进入 • 提供不同级别的咨询和协调
有效	• 鼓励参与机构接受协调,并根据协调机制的预期结果采取行动
共同利益	• 有助于实现共同的和平目标,并使所有参与者受益 • 尊重参与机构的国家特权 • 允许根据各机构的利益水平进行选择性参与

大会通过的决议 1962 年（XVIII）
关于各国探索和利用外层空间活动的法律原则宣言

——联合国文件，1963 年 12 月 13 日

大会，

受人类进入外层空间带来广阔前景的鼓舞，

认识到为和平目的探索和利用外层空间的进展符合全人类的共同利益，

相信外层空间的探索和利用应当是为了人类福祉和各国利益，而不论其经济或科学发展程度如何，

希望促进为和平目的探索和利用外层空间的科学和法律方面的广泛国际合作，

相信这种合作将有助于增进相互了解，加强各国和人民之间的友好关系，

回顾 1947 年 11 月 3 日第 110（Ⅱ）号决议，其中谴责旨在或可能挑起或鼓动任何威胁和平、破坏和平或侵略行为的宣传，并认为上述决议适用于外层空间，

考虑到联合国会员国一致通过的 1961 年 12 月 20 日第 1721（XVI）号和 1962 年 12 月 14 日第 1802（XVII）号决议，

郑重宣布各国在探索和利用外层空间时应遵循以下原则。

(1) 外层空间的探索和利用应为全人类的利益而进行。

(2) 根据国际法，所有国家在平等的基础上均可自由探索和利用外层空间和天体。

(3) 外层空间和天体不受国家以主权主张、使用或占领或任何其他方式的侵占。

(4) 各国探索和利用外层空间的活动应按照国际法，包括《联合国宪章》进行，以维护国际和平与安全，促进国际合作与理解。

(5) 各国对外层空间的国家活动，无论是由政府机构还是非政府实体进行的，都负有国际责任，并确保国家活动按照本宣言所载原则。非政府实体在外层空间的活动应得到有关国家的授权和持续监督。国际组织在外层空间开展活动时，该国际组织及其参加国应承担遵守本宣言所载原则的责任。

(6) 各国在探索和利用外层空间时，应以合作和互助原则为指导，并在适当顾及其他国家相应利益的情况下开展其所有外层空间活动。如果一国有理由认为其或其国民计划的外层空间活动或实验会对其他国家和平探索和利用外层空

间的活动造成潜在的有害干扰,则应在进行任何此类活动或实验之前进行适当的国际协商。一国有理由认为另一国计划的外层空间活动或实验会对和平探索和利用外层空间的活动造成潜在有害干扰的国家,可要求就该活动或实验进行磋商。

(7)载有射入外层空间物体的登记国应在外层空间保留对该物体及其任何人员的管辖权和控制权。射入外层空间的物体及其部件的所有权不受其通过外层空间或返回地球的影响。在登记国范围以外发现的此类物体或部件应归还登记国,登记国应在归还前根据要求提供识别数据。

(8)发射或促成外层空间物体发射以及从其领土或设施发射物体的每个国家,对该物体或其在地球、空中或外层空间的组件对外国或其自然人或法人造成的损害负有国际责任。

(9)各国应将宇航员视为人类在外层空间的使者,并应在发生事故、遇险或紧急降落在外国领土或公海时向他们提供一切可能的援助。着陆的宇航员应被安全、迅速地送回其航天器登记国。

第1280次全体会议
1963年12月13日

联合国文件,1966年12月19日

大会审议了和平利用外层空间委员会1966年工作报告,特别是法律小组委员会7月12日至8月4日在日内瓦和9月12日、9月16日在纽约举行的第五届会议期间完成的工作,还注意到联合国会员国随后通过协商取得的进展,重申在和平探索和利用包括月球和其他天体在内的外层空间活动领域开展国际合作的重要性,以及在人类努力的这一新领域发展法治的重要性。

(1)赞扬本决议所附《关于各国探索和利用外层空间包括月球和其他天体活动的原则条约》。

(2)请保存国政府尽早开放条约供签署和批准。

(3)表达尽可能广泛地加入本条约的期望。

(4)邀请和平利用外层空间委员会:

① 继续开展工作,拟订一项关于向外层空间发射物体所造成损害的赔偿责任的协定和一项关于协助和送回宇航员和航天器的协定,这些协定已列入委员会议程。

② 同时开始研究与外层空间定义及利用外层空间和天体有关的问题,包括空间通信的各种影响。

③ 向大会第二十二届会议报告其工作进展情况。

1499次全体会议

1966年12月19日

附件
关于各国探索和利用外层空间包括月球和其他天体活动的原则条约

本条约缔约国,

受人类进入外层空间带来广阔前景的鼓舞,

认识到为和平目的探索和利用外层空间的进展符合全人类的共同利益,

相信外层空间的探索和利用应造福于所有人民,不论其经济或科学发展程度如何,

希望促进为和平目的探索和利用外层空间的科学和法律方面的广泛国际合作,

相信这种合作将有助于增进相互了解,加强各国和人民之间的友好关系,

回顾联合国大会1963年12月13日一致通过的题为"关于各国探索和利用外层空间活动的法律原则宣言"的第1962(XVIII)号决议,

回顾联合国大会1963年10月17日一致通过的第1884(XVIII)号决议,其中呼吁各国不要在地球轨道上放置任何携带核武器或其他种类大规模毁灭性武器的物体,也不要在天体上安装此类武器,

考虑到联合国大会1947年11月3日第110(II)号决议,其中谴责旨在或可能挑起或鼓动任何对和平威胁、破坏和平或侵略行为的宣传,并认为上述决议适用于外层空间,

缔结一项关于各国探索和利用包括月球和其他天体在内的外层空间活动所应遵循原则的条约,必将进一步促进《联合国宪章》的宗旨和原则,

已达成协议如下。

第一条

探索和利用包括月球和其他天体在内的外层空间,应为所有国家的利益而进行,不论其经济或科学发展程度如何,并应属于全人类的范围。

包括月球和其他天体在内的外层空间,应在平等的基础上,根据国际法,由所有国家在不受任何歧视的情况下自由探索和利用,并应自由进入天体的所有区域。

在包括月球和其他天体在内的外层空间应有科学研究的自由,各国应促进和鼓励在这类研究中开展国际合作。

第二条

包括月球和其他天体的外层空间，不受国家以主权主张、使用或占领或任何其他方式的侵占。

第三条

本条约缔约国应按照包括《联合国宪章》在内的国际法，开展包括月球和其他天体的外层空间探索和利用活动，以维护国际和平与安全，促进国际合作与理解。

第四条

条约缔约国承诺不在地球轨道上放置任何携带核武器或其他种类大规模毁灭性武器的物体，不在天体上安装此类武器，也不以任何其他方式在外层空间部署此类武器。

本条约所有缔约国应将月球和其他天体专门用于和平目的。禁止在天体上建立军事基地、设施和防御工事、试验任何类型的武器和进行军事演习。不得禁止军事人员从事科学研究或任何其他和平目的。也不应禁止使用和平探索月球和其他天体所需的任何设备或设施。

第五条

条约缔约国应将宇航员视为人类在外层空间的使者，并应在发生事故、遇险或紧急降落在另一缔约国领土或公海时向他们提供一切可能的协助。宇航员着陆后，应被安全、迅速地送回其航天器的登记国。

在外层空间和天体上进行活动时，一个缔约国的宇航员应向其他缔约国的宇航员提供一切可能的协助。

条约缔约国应立即将其在包括月球和其他天体中的外层空间发现的任何可能危及宇航员生命或健康的现象通知其他缔约国或联合国秘书长。

第六条

条约缔约国应对包括月球和其他天体在内的外层空间的国家活动承担国际责任，无论这些活动是由政府机构还是由非政府实体进行的，并应确保按照本条约的规定开展国家活动。非政府实体在包括月球和其他天体的外层空间的活动，应得到条约有关缔约国的授权和持续监督。国际组织在包括月球和其他天体在内的外层空间进行活动时,该国际组织和参加该组织的条约缔约国应承担遵守本条约的责任。

第七条

发射或促成发射包括月球和其他天体在内的外层空间物体的各条约缔约国,以及从其领土或设施发射物体的各缔约国,对其在地球、空中或包括月球和其他天体的外层空间上的物体或其部件对条约另一缔约国或其自然人或法人造成的损害负有国际责任。

第八条

凡登记有射入外层空间物体的条约缔约国,应保留在外层空间或在天体上对该物体及其任何人员的管辖权和控制权。射入外层空间的物体,包括着陆或建造在天体上的物体及其部件的所有权,不受其存在外层空间或天体上或返回地球的影响。在其登记的条约缔约国范围以外发现的此类物体或部件应返还该缔约国,该缔约国应根据要求在返还前提供识别数据。

第九条

在探索和利用包括月球和其他天体的外层空间时,条约缔约国应以合作和互助原则为指导,并应在适当考虑到《条约》所有其他缔约国的相应利益情况下,在包括月球和其他天体在内的外层空间开展所有活动。

条约缔约国应继续研究包括月球和其他天体的外层空间,并对其进行探索,以避免因引入外星物质而造成的有害污染和对地球环境造成的不利变化,并在必要时为此采取适当措施。如果条约缔约国有理由认为其或其国民计划在包括月球和其他天体的外层空间进行的活动或实验可能会对其他缔约国和平探索和利用包括月球和其他天体在内的外层空间的活动造成有害干扰,应在开展任何此类活动或实验之前进行适当的国际磋商。

有理由认为另一缔约国计划在包括月球和其他天体在内的外层空间开展的活动或试验会对和平探索和利用包括月球和其他天体在内的外层空间的活动造成有害干扰的条约缔约国,可要求对活动或试验进行咨询。

第十条

为了按照本条约的宗旨促进探索和利用包括月球和其他天体在内的外层空间方面的国际合作,条约缔约国应在平等的基础上考虑条约其他缔约国的任何请求,使其有机会观察这些国家发射的空间物体的飞行。

这种观察机会的性质和条件应由相关国家之间的协议确定。

第十一条

为了促进和平探索和利用外层空间方面的国际合作,在包括月球和其他天体在内的外层空间开展活动的条约缔约国同意在切实可行的最大范围内通知联合国秘书长以及公众和国际科学界,包括此类活动的性质、行为、地点和结果。联合国秘书长收到上述信息后,应着手立即有效地进行传播。

第十二条

月球和其他天体上的所有空间站、设施、设备和航天器应在互惠基础上向条约其他缔约国的代表开放。此类代表应合理提前通知访问计划,以便进行适当的协商,并采取最大限度的预防措施以确保安全,避免干扰待访问设施的正常运行。

第十三条

本条约规定应适用于条约缔约国探索和利用包括月球和其他天体在内的外层空间的活动,无论这些活动是由条约的一个缔约国进行的还是与其他国家联合进行的,包括在国际政府间组织框架内进行的情况。

在探索和利用包括月球和其他天体在内的外层空间开展活动方面,与国际政府间组织有关的任何实际问题,应由条约缔约国与有关国际组织或该国际组织的一个或多个成员国(本条约缔约国)解决。

第十四条

(1)本条约应向所有国家开放签署。根据本条约第3款,未签署本条约的任何国家在本条约生效之前可随时加入本条约。

(2)本条约须经签署国批准。批准书和加入书应交存苏维埃社会主义共和国联盟、大不列颠及北爱尔兰联合王国和美利坚合众国政府,现指定为保存国政府。

(3)本条约在五个国家政府,包括根据本条约指定为保存国的政府交存批准书之日起生效。

(4)对于其批准书或加入书在本条约生效后交存的国家,自其批准书或加入书交存之日起生效。

(5) 保存国政府应立即通知所有签署国和加入国关于每一签署的日期、每项批准书和加入书的交存日期、条约生效日期和其他通知。

(6) 本条约应由保存国政府根据《联合国宪章》第一百零二条予以登记。

第十五条

本条约的任何缔约国均可对本条约提出修正案。修正案应在本条约多数缔约国接受后,对接受修正案的每个缔约国生效,此后在本条约其余每一缔约国接受之日起对其生效。

第十六条

条约任何缔约国均可在条约生效一年后以书面形式通知保存国政府退出条约。此类退出应自收到本通知之日起一年后生效。

第十七条

本条约的中文、英文、法文、俄文和西班牙文文本具有同等效力,应交保存国政府的档案。本条约经正式核证的副本应由保存国政府转交签署国和加入国政府。

以下签字人经正式授权签署本条约,特此为证。

一式三份,于××年××月××日在伦敦、莫斯科和华盛顿特区签署。

注

10/《大会正式记录,第二十一届会议,附件,议程项目30、89 和 91》,文件 A/6431 号文件。

11/该条约于1967年1月27日在伦敦、莫斯科和华盛顿签署。

R. H. 戈达德

2.4 问题

1. 描述牛顿第一、第二和第三运动定律。
2. 描述关于天球旋转的哥白尼定理。
3. 根据 NASA 的定义,地球大气层的高度是多少?
4. 描述地球大气层的各层及其特征。
5. 空间法包括哪些领域,这些法律何时以及为什么通过 ITU 公约在全球范围内实施?
6. 解释联合国和平利用外层空间委员会的宗旨。
7. 解释 1985 年和 1988 年 ITU/WARC 的目标及其得出的结论。
8. 解释 2007 年 5 月全球勘探战略的主要发现。
9. 亚瑟·C·克拉克是谁?他对空间科学技术的主要贡献是什么?
10. 解释未来的外层空间挑战。
11. 解释《外层空间活动行为准则国际协定》的实质。
12. 说出空间安全指数的九个指标。
13. 描述 2004 年秋季通过的九个空间脆弱性。
14. 解释两类运载火箭。
15. 简要介绍纳米卫星和微卫星及其应用。
16. 描述卫星通信中使用的不同类型的火箭发动机。
17. 国际空间站经过赤道上的同一点需要绕多少圈?
18. 考虑到人类在我们自己星球上的行为方式,关于对地球自然资源的使用或滥用、为了子孙后代保护环境或缺乏对环境的保护,一个合乎逻辑的问题是我们是否应该鼓励私人空间探索。写一篇文章表达你对这个问题的看法。

参考文献

1. Othman, E. 2006. Binomial coefficients and Nasir – al – Tusi. Scientific Research and Essay, 1(2): 28 – 32.
2. Al – Todhkira fiilm al – hay'a, See also Boyer (1947) and Dreyer (1953).
3. National Aeronautics and Space Administration (NASA). www.nasa.gov.
4. Zubrin, R. 1999. Entering Space: Creating a Spacefaring Civilization. New York: Penguin Group, Supra note 54, at 12, www.amazon.com/Entering – Space – Crea-

ting – Spacefaring – Civilization/dp/1585420360# reader_1585420360.

5. Resolution 1348(XIII):Question of the peaceful uses of outer space. Adopted by the General Assembly of the United Nation's 792nd plenary meeting, December 13,1958.

6. Resolution 1472(XIV):International co-operation in the peaceful uses of outer space. Adopted Resolution 1472 by the General Assembly of the United Nations, December 12,1959.

7. Resolution 1721(XVI):International co-operation in the peaceful uses of outer space. Adopted by the General Assembly of the United Nations, December 20,1961.

8. Resolution 3235(XXIX):Convention on the registration of objects launched into outer space. Adopted by the General Assembly of the United Nations, November 12,1974.

9. Addendum 3, Revision 2 of General Assembly, January 1,2010.

10. Resolution 1962(XVIII):Declaration of legal principles governing all activities of states in the exploration and use of outer space. Adopted by the General Assembly of the United Nations, December 1963.

11. Resolution 2222(XXI):Treaty on principles governing the activities of states in exploration and use of outer space, including the Moon and other celestial bodies,1966.

12. Kopal, V. 2008. Treaty on principles governing the activities of states in the exploration and use of outer space, including the Moon and other celestial bodies, United Nations, http://untreaty.un.org/cod/avl/pdf/ha/tos/tos_e.pdf.

13. Reynolds, G. H., and R. P. Merges. 1989. Outer Space:Problems of Law and Policy. Boulder, CO:Westview Press.

14. Cooper, S. B. 1990. Outer space law. Harvard Journal of Law and Technology, Spring:275 – 278.

15. United Nations/Thailand/European Space Agency(ESA) Workshop on Space Law. 2010. Activities of states in outer space in light of new developments:Meeting international responsibilities and establishing national legal and policy frameworks. Bangkok, Thailand, November 16 – 19.

16. https://sustainabledevelopment.un.org/intergovernmental/csd16.

17. www.lpi.usra.edu/lunar/strategies/ISECGLunarRefArchitectureJuly2010.pdf.

18. ww. nasa. gov/content/just – released – updates – to – the – global – exploration – roadmap.
19. Highfield, R. 2001. Colonies in space may be only hope, says Hawking, Science Editor, The Telegraph, October 16.
20. Clarke, A. C. 1950. Interplanetary Flight—An Introduction to Astronautics. New York: Harper and Brothers, Chapter 10.
21. Wikipedia. Space exploration, http://en. wikipedia. org/wiki/Space_exploration.
22. Wikipedia. Timeline of solar system exploration, http://en. wikipedia. org/ wiki/ Timeline_of_Solar_System_exploration.
23. 2222(XXI). Treaty on principles governing the activities of states in the exploration and use of outer space, including the Moon and other celestial bodies, www. oosa. unvienna. org/oosa/SpaceLaw/gares/html/gares_21_2222. html.
24. Report of the Scientific and Technical Subcommittee on its 47th Session, Vienna, February 8 – 19, 2010.
25. Report of the Third UN Conference on the Exploration and Peaceful Use of Outer Space, Vienna, July 19 to 30, 1999.
26. Goddard, R. H. 1914. Patent 1, 102, 653, Rocket apparatus, July 7, www. google. com/patents? id = ikBJAAAAEBAJ&printsec = abstract&zoom = 4&source = gbs_overview_r&cad = 0#v = onepage&q&f = false.
27. Secure World Foundation. 2008. Earth and space security: Progress and challenges ahead, December 31, www. newswise. com/articles/earth – and – spacesecurity – progress – and – challenges – ahead.
28. Doyle, R. J. 2003. Challenges and Opportunities for Information Technology on Future Space Missions. NASA/JPL, Presentation, RJD 10/30/02, April 1.
29. Scheiderer, G. 2010. Five challenges for future space exploration. Seattle Astronomy Examiner, April 20.
30. Preston, R. and J. Baker. 2002. Space challenges. In United States Air and Space Power in the 21st Century Strategic Appraisal (Chapter 5, pp. 143 – 185). Edited by Z. Khalilzad and J. Shapiro. Santa Monica, CA: RAND.
31. Secure World Foundation. 2008. A code of conduct for outer space: A step forward on managing satellite traffic, March 28.
32. Long – term sustainability of space activities, preliminary reflections, UNCOPUOS Scientific and Technical Subcommittee, February 2010.

33. Presentation by H. Klinkrad of the European Space Agency to the Scientific and Technical Subcommittee of the UNOPUOS, February 2008.

34. Weeden, B. and B. B. Walker. 2007. Space traffic management, p. 13, http://swfound.org/media/5167/spacetrafficmgmt-bw-2007.pdf.

35. Space Security Index. 2010, www.spacesecurity.org/spacesecurity.2010.reduced.pdf.

36. Marshall, W. 2008. Space security ways forward, SETI Institute, California, October 12.

37. Tabulation of "Orbital Box Score Data," Orbital Debris Quarterly(January 2010) www.orbitaldebris.JSC.nasa.gov/newsletter/pdfs/ODQNv14i1.pdf.

38. www.ulalaunch.com/products_atlasv.aspx.

39. www.faa.gov/about/office_org/headquarters_offices/ast/media/2016_Compendium.pdf.

40. www.faa.gov/about/office_org/headquarters_offices/ast/media/2016_Compendium.pdf.

41. https://en.m.wikipedia.org/wiki/Reusable_launch_system.

42. www.astronautix.com/craft/stsation.htm.

43. SpaceSecurity.org. 2010. Library and Archives Canada Cataloguing in Publications Data, Space Security. http:/spacesecurityindex.org/wp-content/uploads/2014/10/space.security.2010.reduced.pdf.

44. Space shuttle detailed block program, www.google.com/search? hl = en&client = firefox-a&rls = org.mozilla:enUS:official&channel = np&q = space + shuttle + tailed + block + diagram&bav = on.2,or.r_gc.r_pw.&um = 1&ie = UTF8&tbm = isch&source = og&sa = N&tab = wi&biw = 1366&bih = 624.

45. Private space missions a success, A. M. New York, December 9, 2010.

46. International Space Station Science research accomplishments during the assembly years: An analysis of results from 2000 to 2008. Cynthia A. Evans and Julie A. Robinson, Office of the International Space Station Program Scientist, NASA Johnson Space Center, Houston, Texas; Judy Tate-Brown, Tracy Thumm, and Jessica Crespo-Richey, Engineering and Science Contract Group, Houston, Texas; David Baumann and Jennifer Rhatigan, NASA Johnson Space Center, Houston, Texas, June 2009.

47. www.nss.org/legislative/positions/NSS_Position_Paper_Next_Generation_Space_Stations_2015.pdf.

48. www. nsr. com/news – resources/the – bottom – line/mass – challenge – for – cubesats/.

49. Small satellites are categorized as picosatellites(under 1 kilogram [kg]) , nanosatellites(1 ~ 10 kg) , and microsatellites(10 ~ 100 kg). CubeSats, which generally weigh less than 1. 3 kg, are in the shape of a cube that can fit in a person'shand. In the last 50 years,38 picosatellites,680 nanosatellites, and 860 microsatellites have been launched worldwide. Henry, H. and S. W. Janson. eds. , Small Satellites:Past, Present and Future. El Segundo, CA:Aerospace Press,2009.

50. Prateep Basu, 'Big Data' Leap in EO Markets, Northern Sky Research, October 1,2016,www. nsr. com/news – resources/the – bottom – line/big – data – leap – in – eo – markets/.

51. www. russianspaceweb. com/russia_2010s. html.

52. www. spacefoundation. org/programs/public – policy – and – government – affairs / introduction – space /global – space – programs.

53. Orbital paths of U. S. , China set to diverge, Jeremy Page, The Wall Street Journal, October 29,2010.

54. https://en. wikipedia. org/wiki/Chinese_space_program.

55. Japan's Current and Future Programs in Space Exploration 31 January 2017 54th Scientific and Technical Sub – Committee of COPUOS Vienna Masazumi Miyake Director, International Relations and Research Department Japan Aerospace Exploration Agency.

56. https://books. google. com/ books? id = u4nXqDvgGrIC&pg = PA303.

57. www. nasa. gov/pdf/296751main_GES_framework. pdf.

第3章 卫 星

3.1 基本概念

卫星是围绕较大的物体运行的任何较小的物体[1]。根据这一定义,月球是地球的卫星,地球是太阳的卫星。对于本书来说,卫星是指在太空中绕另一个物体在其轨道上运行的人造航天器,有些人把它称为人造卫星。一些航天器是载人的,如航天飞机,但大多数是无人的,如 NASA 的哈勃太空望远镜。如果卫星携有机载无线电发射机或其他能量信号,则被视为主动卫星,如果它们不发射而仅反射从地球上向它们发射的信号,则被视为被动卫星。

在简单介绍了有关卫星的一些基本概念之后,本章的重点涵盖的是遥感、气象、全球定位系统(GPS)、科学、研究和通信卫星的应用卫星。由于遥感和通信卫星在我们日常生活中发挥着重要作用,因此,对其进行了更详细的讨论。当我们在本章的不同章节中研究它们的技术和应用时,这一点就变得很清楚了。

科学卫星,也称为空间科学卫星,顾名思义,是携带仪器以研究物体或现象的卫星。例如:测量磁场,研究太阳活动,或在不同的电磁频谱下探索宇宙,如伽马射线、X 射线、紫外光、可见光、红外线、微波和无线电波,都是这些研究领域的一部分。

应用卫星主要对地球上的各类资源进行测量,包括地上、地下和水体内的资源;还可以利用卫星向预报员提供天气信息。

通信卫星被认为是太空中的中继,将电话和电视信号或数据传输到地球。本章将详细介绍上述各种类型的卫星。

卫星已经成为我们生活不可分割的一部分,它与我们的日常生活紧密地结合在一起,以至于我们有时忽视了它们的存在及其在我们生活中的重要作用。我们观看通过卫星播发得到较大地理区域的电视节目;根据卫星采集和分析的信息,我们知道未来几天的天气;我们使用一颗卫星或低轨道卫星进行全球通信;我们利用地球资源卫星采集的遥感数据来探测土壤湿度、雪覆盖率、分类作物等;我们也可以使用 GPS 卫星进行导航。

每一位研究卫星的人都可能会遇到的一个问题是,有多少颗卫星在绕着地球轨道运行?

根据联合国外层空间事务厅(UNOOSA)维护的射入外层空间物体索引[2],2016年8月,共有4256颗卫星绕地球运行,比2015年同期增加了4.39%。

根据这一数字得知,2015年发射了221颗卫星,尽管低于2014年发射的240颗卫星的记录,也是历年来发射卫星数量第二高的年份。由于卫星寿命有限,绕地球轨道运行的卫星数量的增加比前一年发射的数量要少。大型通信卫星的预期寿命为15~20年,而小型卫星,如立方体卫星,预期寿命要短得多,只有3~6个月。

关注科学家联盟(UCS)对在轨运行的卫星进行了详细的统计[3]。根据他们2016年6月的更新,只有1419颗在轨运行卫星——这只占所有在轨卫星的三分之一。这意味着有相当多无用的金属在地球上空飞行!这就是很多公司对如何用空间网、弹弓或太阳帆等方法来捕获和回收空间碎片很感兴趣的原因。根据UCS的数据,在轨运行卫星的主要目的及其数量如下。

(1) 通信:713颗卫星。

(2) 地球观测/科研:374颗卫星。

(3) 技术示范/开发:160颗卫星。

(4) 卫星导航与定位:105颗卫星。

(5) 空间科学:67颗卫星。

值得注意的是,如上所述,大多数卫星是通信和遥感卫星,占比77%。

由于数百颗卫星在其使用寿命结束后退役,清理太空中由此造成的碎片拥挤和对空间活动的威胁,仍然是一个很大的挑战。瑞士决定采取行动,创造了"看管卫星"来清理太空,来自洛桑的科学家们设计了"清洁空间一号"来清理环绕地球运行的碎片[4]。碎片包括但不限于长期失效的卫星和以18000mi/h的速度围绕地球运行的废弃火箭级。每一块碎片都对正在工作的卫星或宇航员构成潜在危险。

这家总部位于瑞士的航天公司计划在2018年发射一颗卫星用于清理太空垃圾。该公司正就私人航天飞机潜在发射地点与加拿大进行协商。另外,NASA追踪了16000块直径大于10cm(4in)的轨道垃圾。太空中可能有超过50万块尺寸1~10cm的碎片,还有数亿个更小的碎片。2009年2月,美国铱-33卫星意外击中俄罗斯长期遗弃的"宇宙"号COSMOS-2251卫星,在太空中造成碎片。

从不同的角度来看卫星的统计数据,会得到有趣的结果。截至2015年12月

31日,供有1381颗运行中的卫星,提供以下不同的功能,如图3.1所示。

(1) 商业通信:37%。

(2) 民用/军用通信:14%。

(3) 地球观测服务(遥感):14%。

(4) 研发:12%。

(5) 军事监视:8%。

(6) 导航:7%。

(7) 科学:5%。

(8) 气象:3%。

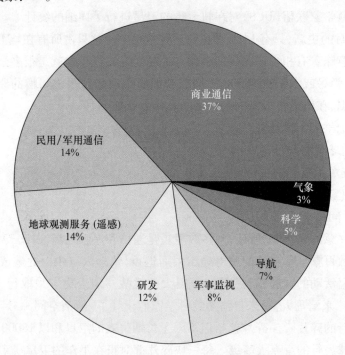

图3.1 按功能分类的2015年在轨运行卫星

资料来源:Satellite Industry Association,2016.

这些卫星中65%是通信和遥感卫星,其余是其他类型的卫星。与2011年报告的986颗运行卫星相比,2015年底探测到的运行卫星数量在5年内增加了39%。这一显著增长与许多原因有关:2011—2015年期间每年发射的卫星平均数量比过去5年增加了36%,小型和超小型卫星是这一增长的主要贡献者,尤其是在近地轨道(LEO)部署方面;此外,某些类型的卫星,如GEO通信卫星的平均运行寿命正在延长。目前有59个国家的运营商至少有一颗卫星,即使其中一些是区域联盟的一部分[5]。

3.1.1 卫星类型

2017年10月作者正在撰写本章,有趣的是本月历史上发生了两个极其重要的航天里程碑事件。72年前,1945年10月,亚瑟·克拉克在《无线电世界》(见本章末尾的文章)中讨论了地球静止轨道的概念,这篇文章后来非常著名,它预见了GEO通信卫星的到来。克拉克在《无线世界》的文章中建议,将三颗卫星置于赤道平面轨道,高度36000km,间隔120°,可提供全球通信。高度特别重要,因为在这个高度,卫星以与地球相同的角速度旋转,并与地球保持相同的旋转方向,就好像固定在地球表面上方的同一点上,因此相对地球是静止的。此外,距今正好60年,苏联于1957年10月4日发射了一颗篮球大小的卫星Sputnik。该领域的一些专家认为,Sputnik是互联网发展的起点,正如我们今天所知。

本章后面将讨论更多与卫星有关的概念。

本节简要介绍商业卫星的类型,并将以不同的顺序在后面各节中详细描述这些卫星。

(1)气象卫星(TIROS,COSMOS)。

(2)通信卫星(Telstar,Intelsat)。

(3)广播卫星(Direct TV)。

(4)科学卫星(哈勃望远镜)。

(5)导航卫星(GPS)。

(6)地球观测卫星(LANDSAT)。

气象卫星主要用于监测地球天气和气候。卫星可以是极轨道,以异步方式覆盖整个地球,也可以是地球静止轨道,在赤道上的同一地点盘旋[6]。气象卫星看到的不仅是云和云系统,还可以采集其他类型的环境信息,如城市灯光、火灾、污染影响、极光、沙尘暴、积雪、冰图、洋流边界、能量流动等。气象卫星图像有助于监测圣海伦斯火山的火山灰云和埃特纳火山等其他火山的活动[7]。美国西部,如科罗拉多州和犹他州等地的火灾烟雾也在监测范围内。

第一颗被认为成功的气象卫星是TIROS-1,由NASA于1960年4月1日发射[8]。TIROS运行了78天,被证明比"先锋"2号成功得多。TIROS为Nimbus项目铺平了道路。该项目的技术和发现为NASA和国家海洋大气管理局(NOAA)后续发射的大多数地球观测卫星留下了宝贵遗产。从1969年的Nimbus-3卫星开始,卫星从东大西洋和太平洋大部分地区获取对流层柱温度信息,从而大大改善了天气预报精度[9]。

从 20 世纪 60 年代末开始,ESA 和 NOAA 开始发展极地轨道卫星。从 20 世纪 60 年代末和 70 年代初,又开始发展 ATS 和 SMS 系列地球静止卫星,然后从 70 年代起是地球同步操作环境卫星(GOES)系列。从 20 世纪 70 年代末开始,QuikScat 和 TRMM 等极轨卫星开始传递海洋表面附近的风信息,其微波图像类似于雷达显示,这大大改善了 2000 年到 2010 年热带气旋、强度和位置的预测准确度。

通信卫星是提供语音、视频和数据服务的卫星。在一般的术语中,通信卫星是一种人造卫星,通过转发器中继和放大无线电通信信号;它在地球上不同位置的信源和信宿接收器之间创建一个通信信道。通信卫星用于电视、电话、无线电、互联网和军事应用。在地球轨道上有 2000 多颗通信卫星,供私人和政府组织使用[10]。

无线通信利用电磁波来传输信号。电磁波需要可视,因此受到地球曲率的阻碍。通信卫星的目的是围绕地球曲率传递信号,以便在相距较远的点之间进行通信[11]。通信卫星使用广泛的无线电和微波频率。为避免信号干扰,国际组织制定了允许某些组织使用一定频率范围或"波段"的规定。这种波段的分配将信号干扰的风险降至最低[12]。

本章稍后将讨论联合国(UN)专门机构 ITU(国际电信联盟)以及其他国内和区域监管组织在国际层面制定的此类条例的更多信息。

广播卫星或其他称为卫星电视的服务,通过绕地球轨道运行的通信卫星直接将信号传送到观众,向观众提供电视节目[13]。这些信号可以通过室外抛物面天线接收,通常称为卫星天线和低噪声下变频器。然后,卫星接收器解码电视节目,以便在电视机上观看。接收器可以是外部机顶盒,也可以是内置电视调谐器。卫星电视提供广泛的频道和服务,为许多没有地面电视或有线电视的偏远地区提供唯一可用的电视服务。

信号通过通信卫星在 Ku 波段频率(12~18GHz)上传输,只需要一个直径小于 1m 的小天线[14]。第一代卫星电视系统是一种过时的类型,现在被称为只接收电视(TVRO)。这些系统需要使用 2~3m 的大型天线,接收固定卫星系统(FSS)卫星在 C 波段(4~8GHz)传输的较弱的模拟信号。因此,这些系统被戏称为"大碟子"系统,价格更高,普及率更低[15]。

早期的系统使用模拟信号,但因为数字广播的频谱效率显著提高,最近的系统使用数字信号,允许传输高清电视信号。

科学卫星携带各种仪器,以获取磁场、空间辐射、地球及其大气层、太阳或其他恒星、行星及其卫星以及其他天体和天文现象数据[16]。本章稍后将介绍更多关于科学卫星的信息。

导航卫星或卫星导航系统是利用卫星提供自主地理空间定位的系统。它允许小型电子接收机利用卫星沿视线方向发射的时间信号,高精度(几米以内)地确定其位置(经度、纬度和高度/海拔)。该系统可用于提供位置、导航或跟踪装有接收机的物体的位置(卫星跟踪)。这些信号还允许接收机实时高精度计算当前本地时间,从而实现时间同步。卫星导航系统独立于任何电话或互联网接收工作,尽管这些技术可以提高生成的定位信息的可用性。具有全球覆盖范围的卫星导航系统可称为全球导航卫星系统(GNSS)。截至2016年12月,只有美国的GPS、俄罗斯的GLONASS和欧盟的Galileo是全球运行的GNSS。欧盟的"伽利略"全球导航卫星系统计划于2020年全面投入使用[17]。中国正在将其"北斗"区域卫星导航系统扩展为"北斗"全球卫星导航系统,计划2020年完成[18]。印度、法国和日本也在开发区域导航和增强系统。

地球观测卫星是专门为从轨道进行地球观测而设计的卫星,类似于间谍卫星,但用于环境监测、气象学、地图制作等非军事用途。

大多数携带仪器的地球观测卫星应在相对较低的高度运行。不过,通常应避免500~600km以下的高度,因为在如此低的高度上,空气阻力很大,需要频繁的轨道再升空机动。ESA的地球观测卫星——地球资源卫星ERS-1、ERS-2和Envisat以及欧洲气象卫星应用组织(EUMETSAT)的MetOp航天器都在约800km的高度运行。ESA的Proba-1、Proba-2和SMOS航天器在大约700km的高度上观测地球。阿联酋的地球观测卫星DubaiSat-1和DubaiSat-2也被放置在低地球轨道上,并提供地球各部分的卫星图像[19-20]。地球资源卫星也称为遥感卫星,是地球观测卫星的另一个术语。第一颗这样的卫星是始于1972年的地球资源卫星。本章后面将详细探讨这些卫星及其应用。

3.1.2 卫星的优势

自19世纪60年代诞生以来,卫星已经发展到许多不同的应用领域和学科。本书难以涵盖所有这些领域和学科,作者将尽最大努力,以涵盖当前或未来计划运行的主要和最具影响力的系统。

在过去50年中,卫星不仅提供了关于地球资源和地球周围大气层的信息,而且在向世界各地偏远、孤立和贫困地区提供通信方面发挥了重要作用。卫星用于远程医疗,用于培训和教育偏远地区的员工和学生、网络学习、远程学习或远程教育,为农民提供有用的信息来优化他们的产品,以上只是这些优势中的一小部分。科学卫星拓宽了人类对宇宙的认识;他们揭示了土星上的全行星大气风暴、附近星系中恒星的诞生、超新星的演化以及表明黑洞存在的现象。无论是只使用三颗地球同步轨道卫星就能覆盖整个地球的通信卫星,还是提供低地球轨道高分辨率图像的遥感卫星,卫星都能广泛覆盖研究区域。

与地面通信相比,卫星通信具有广泛性、通用性、可靠性、无缝性、快速可扩展性和灵活性等明显的优势。科研卫星帮助科学家找到未知问题的答案,或者使用 GPS 导航仪帮助游客找到他们的路。卫星可以向船只提供实时数据,帮助货船或客船在最佳的航线上航行。卫星电视为通过其他方式获取此类服务非常困难、极具挑战性或非常昂贵的地方提供了电视信号。卫星数字声音广播为旅途用户或因工作需要大部分时间在路上的用户提供数百个无线电频道,这些高质量的无线电信号不会随着他们从一个区域移动到另一个区域而消失或改变频道。正如前面所述,遥感卫星提供高分辨率图像,从中可获得广泛的应用领域。商业上,它们可以为农业提供更大规模的土壤湿度信息,可以预测地面上雪融化时产生的水量,可以检测出生病的植被或树木,并提供数百种其他有用的信息。非商业遥感卫星可以通过提供最薄冰层覆盖信息,来帮助确定从潜艇发射导弹的最佳位置,以及其他此类应用等。

3.1.3 卫星轨道

每颗卫星在地球大气层上方的空间中以预定路径移动,称为轨道。由于大气层中的空气会使卫星减速,卫星轨道至少在海平面 180mi(300km)以上。卫星发射的轨道多种多样,这取决于卫星的用途。大多数卫星是射入这三类主要轨道。地球同步轨道(GEO)位于赤道上方 22300mi(35888km),其特点是卫星的速度和运动方向与地球赤道上的某一个点相匹配,而且由于卫星在该轨道上的运动速度和方向与地球自转速度和方向相同,地面天线不需要跟踪设备。第二类轨道也经常使用,是介于低地球轨道和地球同步轨道之间的中地球轨道,GPS 卫星等卫星系统位于该轨道上。第三类经常使用的是低地球轨道,指在地球赤道上方约 200mi(320km)到约 620mi(1000km)的任何地方。如前所述,这是航天飞机和俄罗斯"和平"号空间站所在的高度。本章稍后讨论卫星应用时,将进一步讨论这些轨道。

卫星之所以留在轨道上,是因为两种效应的平衡:速度,即它沿直线行进的速度,以及地球与卫星之间的引力。

轨道中的卫星靠近它所环绕的行星或其他物体时移动速度更快,远离行星时移动速度较慢。当卫星从高海拔下降到低海拔时,它会加快速度;当它从低海拔上升到高海拔时,会减慢速度。在圆形轨道上的卫星具有恒定速度,该速度仅取决于行星质量和卫星与行星中心之间的距离,这将在本章后面讨论。图 3.2 显示了卫星在地球圆形轨道上的速度,表 3.1 给出了这些卫星的其他特性。

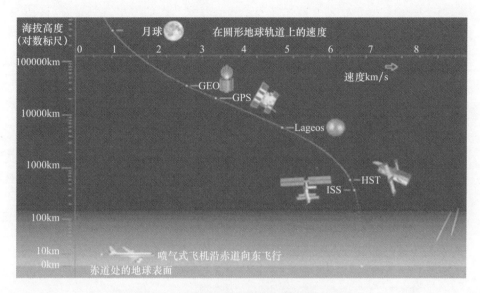

图 3.2　卫星在圆形地球轨道上的速度

(Root, Jeff, 2004, Orbital Speed, www.freemars.org/jeff/speed/index.htm.[21])

表 3.1　卫星其他特性

	高度/km	R/km	速度/(km/s)	周期	寿命
月球	385000 100000	391370 106370	1.01 1.94	27.3d 4d	数十亿年 数十亿年
GEO	35800	42170	3.07	1d	数百万年
Navstar	20200 10000	26570 16370	3.87 4.93	12h 5.8h	数百万年 数百万年
Lageos	5900 2000 1000	12270 8370 7370	5.70 6.90 7.35	3.8h 2.1h 105min	数百万年 一千年
"哈勃" 国际空间站	600 380 200 100	6970 6750 6570 6470	7.56 7.68 7.78 7.84	97min 92min 89min 87min	几十年 年 几天或几周 几分钟
海平面	0	6370	7.90	84min	几秒

卫星轨道离地球最远的点称为远地点,离地球最近的点称为近地点。近地点和远地点之间的差异显示了轨道的偏心程度。图 3.3 给出了这些参数,图 3.4 描述了不同的轨道。

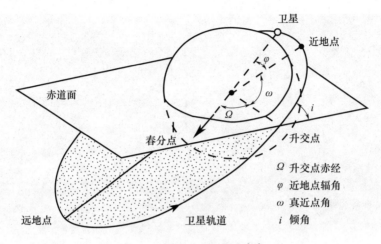

图 3.3 远地点和近地点[22]

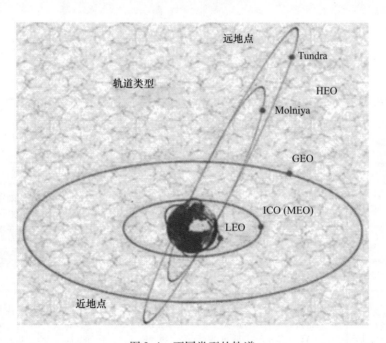

图 3.4 不同类型的轨道

3.1.4 飞行任务分析

卫星飞行任务分析的主要目的是选择适合卫星和有效载荷执行任务的最佳轨道。如果飞行任务可行,则进行权衡,以找到符合飞行任务目标的适当轨道。为了计算人造卫星的近似轨道,需要用到开普勒定律。这些定律描述了任何两个物体相互绕转的运动。在所有情况下,两个物体都绕着共同的质心旋转,这两个物体各自的质心并不精确位于椭圆的焦点上。然而,这两个轨道都是椭圆,并且有一个焦点位于质心。环绕地球运行的卫星也遵循开普勒定律,该定律同样适用于行星围绕太阳的运动。

约翰内斯·开普勒(1571—1630)推导出了描述行星运动的三个定律,它们通常适用于空间中通过引力相互作用的任何两个物体。这两个物体中体积较大的称为主体,另一个称为副体或卫星。开普勒推导出的三个运动定律如下。

1. 开普勒第一定律

该定律规定:"卫星环绕主体的路径是一个椭圆[23]。"图 3.5 显示了焦点为 F_1 和 F_2 的椭圆。质心与地球中心重合,这两个物体(地球和卫星)中质量较大的一个位于椭圆的一个焦点。偏心率 e 可用椭圆的长半轴 a 和短半轴 b 表示为以下方程:

$$e = \sqrt{\frac{a^2 - b^2}{a^2}} \tag{3.1}$$

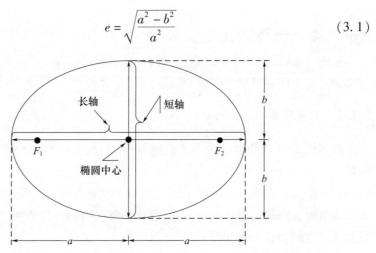

图 3.5 开普勒第一定律:焦点为 F_1 和 F_2,长半轴 a 和短半轴 b 的椭圆

偏心率 e 的范围为 $0 < e < 1$。当 $e = 0$,即 $a = b$ 时,轨道变为圆形;当 $e = 1$,即 $b = 0$ 时,轨道变为直线。因此,偏心率给出了这两个极限之间的椭圆形状。

2. 开普勒第二定律

开普勒第二定律指出:"在相同的时间间隔内,以质心为焦点,卫星在轨道平面上扫过的面积相等。"图 3.6 以图形方式显示了该定律。假设卫星 1s 内移动距离 S_1m 和 S_2m,则面积 A_1 和 A_2 相等。两种情况下平均速度分别为 S_1m/s 和 S_2m/s,根据等面积定律,速度 S_2 小于 S_1。这也可以看出,由于重力较弱,卫星距离地球较远时,在给定距离内所需的运行时间较长。

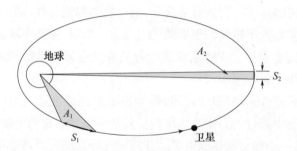

图3.6 开普勒第二定律:单位时间内扫过的面积 A_1 和 A_2 相等

3. 开普勒第三定律

开普勒第三定律指出:"轨道周期时间的平方与两个物体之间平均距离的立方成正比。"对于绕地球运行的人造卫星来说,开普勒第三定律可表示为

$$a^3 = \frac{\mu}{n^2} \tag{3.2}$$

式中 n——卫星的平均运动,单位为弧度/秒(rad/s);

μ——地球的地心引力常数,即 $\mu = 3.986 \times 10^{14} \mathrm{m}^3/\mathrm{s}^2$。

当卫星上没有摄动力时,用式(3.2)的形式。

3.1.5 卫星软件

许多组织开发的软件让卫星产业从中受益,有些可以免费下载,有些需要收费。

以下是一些学术界或其他培训机构用于辅助教授卫星课程的软件。

本书对这些软件进行简要描述,教师和学生可以此作为参考进行探索,以享受这些软件的完整下载和测试。

在教授卫星通信课程30年后,我认为这些软件包对于课堂环境是非常有用的工具,可以直观地学习一些难以理解的概念和原理,以补充基于实验室的卫星实验。

1. SATSOFT:卫星天线设计软件

SATSOFT用于通信卫星天线设计、分析和覆盖规划。它可以快速评估天线覆盖范围和增益,进行天线优化研究,研究赋形波束和多波束天线设计,并执行其他卫星有效载荷工程任务。

SATSOFT是为系统工程师和天线专家编写的。它的图形用户界面(GUI)旨在使拥有天线基础知识的用户能够有效地使用该软件,也为天线专家提供了先进工具。SATSOFT为规划GEO、MEO或LEO卫星通信系统提供了必要的工具。

它有三种基本视图类型,复合视图下,在其左侧窗格中有一个层次树,显示当前建模的所有对象;右侧窗格是地球地图,显示所有卫星的天线轮廓和多边形。双击树中的对象可以进入天线视图,用于设计多波束天线,也可以进入多边形视图,用于天线中覆盖多边形的设计。该软件为各种类型的天基通信系统分析和设计提供了许多工具,基本功能包括地图和等高线绘图、坐标转换、文件导入/导出、视距旋转、城市定点框、可见性等高线、地面轨迹、EIRP表和其他功能。通过从任何菜单或对话框中单击"帮助",可以随时访问上下文相关帮助。

SATSOFT是其他软件的补充,但它适合自己使用或与GRASP和POS(丹麦哥本哈根TICRA工程顾问公司)等天线建模程序或其他建模软件一起使用。虽然SATSOFT包含强大的分析和设计能力,但该程序旨在与其他分析软件进行接口和补充,例如,使用SATSOFT生成的天线模式可以与卫星工具包(STK)一起使用。

该软件的主要功能包括以下两方面。

(1)简化天线覆盖合成。使用SATSOFT标准提供的高斯波束模型、可选反射器(SATSOFT/AR和SATSOFT/PO)或阵列(SATSOFT/PAM)模型,或从文件读取的模式数据,在覆盖区域创建矩形或三角形波束网格;然后创建合成站栅格,并指定每个站的所需增益。使用SATSOFT的mini-max优化器将组件波束合并到一个复合覆盖范围中,该优化器试图通过修改波束激励来实现每个合成站的目标增益。双模式优化器也可额外购买,它提供了许多工具实现覆盖率自动化设计过程,通过填充覆盖多边形,可以自动创建构件梁和合成桩号栅格,提供了一个图形编辑器,只需指向并单击鼠标即可交互添加、删除、移动或重新指定单个或多个梁或桩号的参数。过去需要几个小时的工作现在可以在几分钟内完成。此外,由于32位操作和用于绘制地图、轮廓图案和计算光束的高度优化算法,计算速度非常快,可以同时处理任意数量的天线波束组件和合成站。每颗卫星可以包含所有所需数量的天线,每个天线都是一个独立的对象,具有自己的设计视图。选项卡式工作簿界面使您可以轻松地在视图之间切换。

(2)EIRP、G/T、C/I和其他参数的等高线图。SATSOFT中的快速轮廓绘制引擎可以快速准确地生成绘图。智能自动测距和放大/缩小功能便于查看所需数据范围,也可以按精确比例创建用于覆盖的绘图。通过在轮廓绘制之前指定应用于天线方向图的dB偏移来完成从方向性或增益到其他参数的转换。通过应用倾斜范围损失补偿,可以计算流量密度等值线。SATSOFT还将绘制矢量天线模式的copol/crosspol比率。

2. STK

Analytical Graphics,Inc.(AGI)(宾夕法尼亚州,埃克斯顿)通过其核心产品

STK 和一整套 STK 附加模块,向 28000 多名航空航天、国防和情报界专业人员提供商用现货(COTS)分析和可视化软件[24]。由于整合了陆、海、空、天等要素,STK 软件套件技术是复杂行业程序的理想之选,可用于从系统概念设计到实时操作等所有阶段。在一个为期 5 天的研讨会上,作者有机会探索了该软件包的潜力和能力,会上提供了构建 STK 各种特性和功能的操作体验。AGI 的 GUI 介绍了 STK 软件套件中集成的陆、海、空、天各类对象及其属性和工具,这些都是STK 软件套件的一部分。本课程演示了如何对各种任务进行准确建模、分析、评估和规划。这些任务包括轨道/轨迹设计、姿态模拟、通信平台以及全球和自定义地面和目标覆盖范围。

STK 在陆、海、空和天分析方面的一些能力概括如下[25]。

(1)联合分析。

① 空间对象目录每日更新;

② 近距离进近确定;

③ 碰撞概率;

④ 在轨运行;

⑤ 激光交换所;

⑥ 发射窗口分析。

(2)通信链路分析。

① 单跳和多跳链路;

② 分析和用户定义的功率谱密度和滤波器;

③ 相邻信道干扰;

④ 光速信号传播延迟建模;

⑤ 地面传播;

⑥ 干扰和堵塞;

⑦ 激光通信模型;

⑧ 内置发射机和接收机型号集合;

⑨ 发射机、接收机、天线和相控阵的用户定义模型。

(3)航天器设计与操作。

① 太阳能电池阵功率分析;

② 航天器暴露于电离粒子和热辐射;

③ 任务计划与实时数据比较;

④ 姿态建模;

⑤ 系统性能分析;

⑥ 月球和行星间分析；

⑦ 轨道确定。

STK 由 AGI 通过签订合同免费提供给教育机构使用，许多大学正将这一非常强大、可靠、全面和注重细节的软件用于教育。

3. SMW

SMWlink 对于卫星通信专业人员来说是非常有用的卫星链路预算计算器。从系统噪声系数到 G/T，瑞典微波公司的 SMWlink 软件使卫星通信专业人员更容易进行日常链路预算分析。在这个用户友好型软件中，可直观地观察到降雨、天线仰角、频段等各类因素对 G/T 值和图片质量的影响。

4. SatSoft

SatSoft 加快了通信卫星有效载荷的规划、设计和市场营销过程。它可以快速评估天线的覆盖范围和增益，进行天线优化研究，进行赋形波束和多波束天线设计开发，并完成有效载荷设计和监管所需要的其他一些任务。

它的 GUI 甚至可以使仅具备天线基本知识的用户也能够有效地使用软件，也为天线专家提供了先进的工具。

(1) 通信卫星天线设计、分析和覆盖规划的首选工具；

(2) 使您能够快速评估天线覆盖范围和增益，进行天线优化研究，赋形波束和多波束天线设计开发，以及执行其他卫星有效载荷工程任务；

(3) 为系统工程师和天线专家编写；

(4) 作为一种非常有效的工具，为用户提供天线基本知识；

(5) 为天线专家提供先进的工具；

(6) 如果您需要软件来对 GEO、LEO 或 MEO 星座进行建模，那么 SatSoft 就是为您编写的。

5. SatMaster

SatMaster Pro 是主要用于编制卫星链路预算和预测日凌事件的工具。官方提供了一个有限功能的演示版本供试用。

数字链路预算计算器。上下行全链路预算计算器，提供上行功率控制(UPC)、自动电平控制(ALC)、各种干扰和多载波等输入信息，能够计算高功率放大器(HPA)大小、上行链路功率要求、带宽和每个载波的功率使用情况；可查找高功率放大器(HPA)大小、上行链路功率要求、带宽和每个载波的功耗；可计算可用性所需的大气损耗和雨衰余量。对于 DVBS，DVBS2，DVBS2-X 和 NS3，使用 modcod（自适应编码与调制，一种自动更改链路调制和前向纠错的技术）选择器处理 1 比特/符号(BPSK)、QPSK、M-PSK/M-APSK 或 M-QAM；支持确定功率或带宽受限模式,并在合适的条件下计算功率等效带宽;支持配对载波、涡轮增压器和手动 modcods。

(1) 用于 NS3、NS4、DVBS 和 DVBS2(包括 DVBS2-X 扩展)的 Modcod 选择器;

(2) 优化上行和下行总可用性分解的选项;

(3) 能够将余量转化为更高的可用性;

(4) 用于计算载波 EIRP(波束峰值)和 PSD(波束峰)值的选项;

(5) 支持 ITU-R 的 P.618-12、P.676-11、P.836-5、P.839-4、P.840-6 建议;

(6) 在 C/I 或 Csat/Io 干扰输入之间进行选择;

(7) 强制 ACM 或飞机的上行和/或下行链路进行晴空计算;

(8) 支持 Crane 雨量模型;

(9) 计算大气吸收、雨/云衰减和对流层闪烁;

(10) 支持 P、L、S、C、X、Ku、Ka 和 K 波段;

(11) 为 LEO、MEO、HEO 和 GEO 卫星生成链路预算;

(12) 支持 UPC、ALC 和扩频;

(13) 用于再生转发器或快速确定 TVRO 天线尺寸的 1/2 链路预算模块;

(14) 针对 NS3、NS4、DVBS、DVBS2 和 DVBS2-X 的单独带宽计算器;

(15) 日凌预测(单站点和卫星);

(16) 日凌批处理文件(多个站点或多颗卫星);

(17) 天线对准;

(18) 双重/多重进给定位;

(19) 天线尺寸;

(20) 极性安装对齐;

(21) 高度和磁场变化自动计算;

(22) 太阳过境时间;

(23) 离轴增益;

(24) 加载并显示解码的两行星历(TLE)文件(SGP4/SDP4 模型);

(25) 用于批量处理多达 10000 个 GEO 链路预算的模块;

(26) 电离层闪烁估计器;

(27) GEO"弯管"链路预算模块内的可选四颗卫星 ASI 计算器;

(28) 自动天线噪声计算选项;

(29) 选定国家的 R0.01 值和降雨衰减列表;

(30) 突出显示关键环节预算结果；

(31) 接受非反射增益和有效孔径；

(32) 生成大量图形和表格；

(33) 许多基于卫星的计算工具，如 G/T、离轴天线增益和带宽。

6. 链路预算计算器

该网站旨在促进所有地点的人们能够合法访问卫星通信，这些人无法通过铜线或光纤电话线或电缆调制解调器使用地面 ADSL 访问卫星通信。卫星通信是另一种选择，它能够在极地地区以外的任何地方进行独立小型天线双向接入。该软件的许多功能使其成为一个学生用于学习的强大的工具。通过输入一些链路参数，如上行频率（GHz）、上行天线直径（m）、上行天线孔径效率、上行天线或馈电功率（W）、上行天线馈电功率，可以学习了解不同的卫星服务参数，并计算其余参数。

7. Sat – Coord

Sat – Coord 是一个模块化软件套件，它支持处理向国际电信联盟提交的卫星网络信息，系统间干扰计算（包括 ΔT/T 和 C/I）、IFIC 处理和频率协调支持。

在 12 多年的时间里，该软件经过了大量的测试和开发，已广泛用于支持 RPC Telecom 客户的卫星协调活动，包括 Intelsat、YahSat、VINASAT、THURAYA、TONGASAT、SingTel、HELLAS – SAT、SUPARCO、ETISALAT、SES Americom、ICO、Hughes Network Systems、O3B、JRANSA、DirecTV、塞浦路斯通信部、尼日利亚通信委员会、INDOSAT、Es′hailSat、ANGKASA、Paradigm、BRIsat、KACST 和澳大利亚政府。

Sat – Coord 可下载并免费注册使用功能齐全的 30 天试用版。

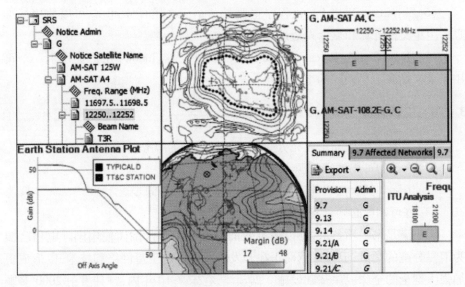

8. 卫星跟踪

J-Track 3D 卫星跟踪,这是 NASA 开发的一个很好的软件,直到最近才提供给用户。它提供了 LEO、MEO 和 GEO 卫星的实时跟踪功能,并具有许多有趣的特性可能很快就会上市。

下面简要介绍其他一些卫星软件。

(1) Quicksat。该程序使用两行星历来生成包括幅度估计等在内的预测信息。它基于文本从格式化文件中读取输入参数。软件自带全面的幅度文件。

(2) IDSat。IDSat 通过计算和列出已知卫星相对于观测时间和位置的近距离脉冲,辅助识别观测卫星。IDSat 还列出了运动方向、角速度和估计的预测精度。根据数据的可用性,它还可以估计预测的可视星等级。

(3) ObsReduce。ObsReduce 是一个面向位置观测者的 MS Windows 程序,它可以将卫星相对于背景恒星的观测值简化为精确坐标。观测者在模拟的双目显微镜或望远镜视场中识别其参考恒星,输入观测到的几何图形,程序会自动生成任何一种标准报告格式的观测报告。

(4) TrakSat 4.09。TrakSat 共享软件程序从 TLEs 生成预报信息。它还以各种投影形式生成星下点轨迹的图形显示,并绘制与当地(星空)天空相对的轨迹图。该软件在 MSDOS 下使用 GUI 界面,所用传播模型为 SGP4 和 SDP4。TrakSat 主页载有关于 TrakSat 最新版本的信息,并允许下载试用版。

(5) WinOrbit 3.4。该 Windows 程序使用两行或 AMSAT 格式星历生成地面轨迹图形,能够在延迟发射的情况下对星历进行修改。

(6) Sky Chart 2000.0。该程序主要是一个天文馆程序,但它可以使用标准 TLE 卫星文件计算和显示人造地球卫星。

(7) Home Planet(Release 2 and 3)。该程序为 Windows 用户提供了一个可用于天文学和卫星跟踪的组合程序。

3.1.6 卫星条例

为了使所有公民和企业充分受益于卫星提供的服务,需要以下条件。

(1) 充足的可用频谱资源,且使用效率最高。

(2) 国际和国家法规与不断发展的卫星服务保持同步。

(3) 许可制度必须具备灵活性。

为了满足第一项要求,并以最有效的方式在全球范围内使用国际电信联盟为卫星分配的频谱,卫星运营商正在开发和投资新的卫星网络和技术,以形成更加强大健全的全球卫星基础设施。据预测,在未来 10 年内,预计发射 2000 多颗

卫星,这些卫星采用可扩展传统 FSS 应用的技术,例如:

(1)可操控的大容量波束,可随时随地提供宽带卫星服务;

(2)通过跟踪地球站实现 FSS 频段中的移动操作,补充移动卫星服务(MSS)中提供的移动操作;

(3)平板天线,以便在更多地点提供卫星服务;

(4)编码率,以增加可用性和每赫兹传递更多信息。

这些技术以及许多其他技术,将能够优化利用天然有限的频谱资源。例如:卫星天线改进技术,使卫星能够更靠近 GEO 轨道且不会对邻近卫星造成干扰;频率复用技术,运行在更高的频率(Ka 波段)以增加可用带宽等。

为了满足第二项要求,即《卫星服务条例》,需要采取以下步骤。

(1)卫星服务覆盖相对较大的地理区域,同时满足所需的国际和国家法规。

(2)与卫星技术保持同步的法规,以便消费者能够从新的卫星服务中受益。

(3)遵循国际框架——国际电信联盟无线电条例(RR)条约,该条约对轨道和频谱资源的利用做出了规定,这些规定仅在世界无线电会议上进行修改(WRC,每 3~4 年召开一次)。

(4)每个国家都要建立自己的国家监管制度,并在区域一级加以协调。

在区域基础上,应在国际电信联盟确定的三个区域之间进行法规协调。

(1)在欧洲,卫星服务法规总体上是统一的。

(2)在美洲,卫星服务法规通常因国家而异;不同部门的卫星服务许可存在差异,如海事与航空,以及国内与国外航空站存在差异。

CITEL 已经采纳了一些建议,这些建议将促进在美洲更有力地部署卫星服务,例如:

- PCC. II/REC. 52(XXVII – 16)——广泛部署的卫星服务地球站许可制度;

- lPCC. II/REC. 50 (XXVII – 16)——授权在美洲 19.7 ~ 20.2 GHz/29.5 ~ 30.0GHz 波段内与 FSS 中的地球同步空间站进行动态通信的地球站。

国际电信联盟的任务是"确保所有使用地球同步卫星轨道或其他卫星轨道的无线电通信服务能够合理、公平、高效和经济地使用无线电频谱,并对无线电通信事项进行研究。"

国际电信联盟的法律框架可概述如下。

(1)《联合国外层空间条约》(1967 年)。

① 所有国家均可按照国际法规自由开发和利用外层空间;

② 各国对其射入外层空间的物体保留管辖权和控制权。

(2) ITU RR。

国际电信联盟行政法规和文书的一部分,是对国际电信联盟《章程》(CS)和《公约》(CV)中关于电信使用管理规定的补充。

① 法律条约——对所有会员国的约束力;

② 轨道/频谱使用原则(CS 和 RR);

③ 频段和服务分配;

④ 程序和计划;

⑤ 批准国际电信联盟《公约》(CV)意味着接受 ITU RR。

3.1.7 卫星系统经济学

根据我们所讨论的卫星系统,其经济因素会有所不同。例如,通过卫星将电视信号传输给一个或一百万个接收机的成本是相同的。

图3.7说明了卫星的投资回报率保持不变,因为它与人口密度无关。但是,对于地面系统,投资回报率随着人口密度的降低而下降。当绿线与蓝线交叉时,应该采用卫星而不是地面系统;当可接受的投资回报率与蓝线平行时,无论是农村还是城市地区,卫星都将是我们选择的技术。

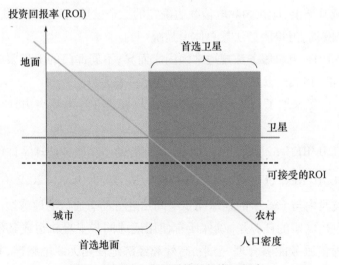

图 3.7 卫星和地面系统的投资回报率

资料来源:Satellite Executive Briefng, Volume 7 Number 8, September 2014.

与其他通信系统不同,卫星对距离不敏感,因此能够连接相距数千千米的地方。卫星的这一独特特征意味着,卫星通信链路的成本在短距离或长距离时保持不变。

由于通信卫星的距离不敏感特性,相对微波中继、同轴电缆和光纤电缆等地面通信,它们是某些应用中最好的选择。

由于服务成本和技术优势,通信卫星的应用场景包括但不限于需要全球覆盖、进入难以到达的地区、通信链路的快速安装和调试、直接广播电视或大规模电视/无线电分发;需要大量国家互联的长途海外电信服务(区域系统);机载移动通信;长途旅行中的船舶和陆地车辆;数据分发服务(如新闻、电子出版等);数字声音广播;农村和远程通信服务。

卫星通信的经济学也受到快速的技术创新和运营中的规模经济的影响[26]。

空间部门具有显著的特点,如为了项目的发展和投资回报,青睐使用尖端技术并注重长期性。这是一个由政府主导的部门,因为进入空间的费用高昂,涉及技术风险,而且空间服务的可行性需要庞大的用户市场。从空间时代一开始,与国防的联系就根深蒂固。在冷战期间,空间活动也是美国和苏联(USSR)之间政治和军事对抗的工具。如今,尽管商业航天部门的重要性日益增加,但由于航天技术的军民两用性,航天技术的军事应用依然显著。例如,天气预报也可用于早期预警,遥感在情报中的应用,全球导航也是精确的目标定位系统[26]。

3.1.7.1　空间价值链分解

根据定义,价值链是一系列的活动,包括设计、生产、营销、物流和分销,从构思到最终使用,支持组织将产品推向市场的最终客户。每一步都会增加某种形式的价值。

图 3.8 所示的空间部门价值链展示了如何在链的每个部分中添加价值。随着公共和私人投资者寻找新的经济增长和创新来源,空间经济正吸引全球越来越多的关注,成为与高科技创新,商业机会和战略目的相关的领域。如图 3.8 所示,不同类型的活动、投入和流程有助于塑造全球空间价值链。

全球航天工业稳步增长,2013 年全球空间活动总额达到 3141.7 亿美元[27],超过 60% 的航天相关经济活动来自商品和服务。商业航天基础设施和支持产业包括卫星制造、发射服务、地球站和相关设备,而商业航天产品和服务包括卫星广播、通信、地球观测、地理定位以及全球导航设备和服务。后者是航天工业增长最快的行业之一。

DTH(直接到户)电视服务占了商业航天产品和服务部门收入的大部分。卫星通信市场由卫星运营商组成,这些运营商将其卫星的传输能力(转发器)出租给需要此传输能力的私人和政府客户。根据国际电信联盟的划分,该部门可以分为固定卫星服务(FSS)和移动卫星服务(MSS)。FSS 是指向固定地面接收

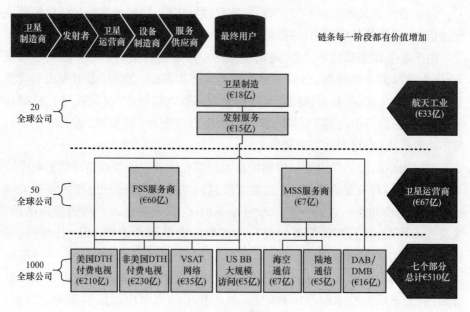

图 3.8 空间价值链
(来源：ESOA(欧洲卫星运营商协会))

机提供卫星通信,这些接收机可以从一个位置移动到另一个位置,但在运输过程中不工作。MSS 提供的功能是类似的,但通信链路与移动接收机相连,如卫星电话或空中通信。

支持地球观测和成像服务的卫星技术在全球航天经济占比很小,但却是非常重要的组成部分。它在不同领域提供了广泛的应用,其最大的收入增长来自国防、情报、农业、能源和自然资源领域。

航天系统在现代社会的经济发展和战略秩序中发挥着越来越重要的作用。卫星技术在导航、通信、气象学和地球观测等各种领域的应用已经并将继续在国家的经济发展中发挥重要作用。航天技术还影响着农业规划、灾害管理、医药、土地监测、交通和城市规划,这些都是各国经济基础设施的基石。卫星的不同应用领域使航天成为经济增长的引擎。"尽管存在经济危机,但航天部门预算面临的削减比其他生产部门少。经济组织强调,尽管航天行业以昂贵著称,但相比20 国集团各自的 GDP(国内生产总值),航天项目的投资只占很小的比例。航天资产令很多领域受益,从定性方面来说,如战略优势和基于卫星图像的决策改进过程;从货币量化方面来说,如将卫星导航用于海陆空所带来的成本效益和安全性提高。科技创新使更多的人获得航天应用,也使之成为发展中国家社会和经济增长的载体[28]。"

2015 年,全球航天产业收入超过 3230 亿美元,其中 76% 来自商业航天产品和服务以及商业基础设施。1998—2015 年,航天产业增长了近 10%,远远超过同期全球 GDP 增长。在这方面,卫星工业已被证明是增长的主要驱动力,2015 年占航天产业收入的 62% 以上,其中大部分是由电信、地球观测、科学和国家安全应用等卫星服务产生的。2009—2015 年,卫星应用以技术为主(47%),而预测趋势显示,从 2016 年开始,地球观测将以 73% 的应用市场领先。

2011—2015 年,全球每年发射的卫星平均数量比过去 5 年增加了 36%,2015 年运行卫星总数达到 1381 颗,而 2011 年为 986 颗。

小型卫星预计在行业增长中占相当份额,2008 年有 28 颗纳米/微卫星被送入轨道,2014 年增加到 141 颗,而 2016—2022 年预计将发射 3000 多颗。特别令人感兴趣的是立方体卫星标准被迅速采纳为小型卫星标准,这是第一个全球和学术界公认的、具有特定重量和体积要求的小型卫星标准。

3.2 应用卫星

如 3.1 节所述,大量的卫星被用于各种领域。这些应用包括遥感卫星、气象卫星和全球定位卫星。气象卫星在预测热带风暴、飓风、洪水、气旋、潮汐和森林火灾发生时间方面至关重要。掌握这些信息有助于我们为这些事件做好准备,避免灾难。如前所述,遥感卫星可以估计大量积雪融化时产生的水量,这有助于防止洪水可能造成的任何二次灾害。作物分类、土壤水分测量、植物病害检测、最佳收获计划的植物成熟时间等只是遥感卫星应用的一小部分。全球定位系统已经开发出数百种应用并影响到现代生活的各个方面。全球定位系统已应用于农业、航空、环境、海洋、公共安全和救灾、娱乐、铁路和公路、航天和测绘等。本章下文将对上述和更多应用领域进行更详细的讨论。

3.2.1 遥感卫星

根据定义,"遥感是一门科学和艺术,通过对与被调查对象、区域或现象不接触的设备所获取的数据进行分析,来获取有关物体、区域或现象的信息[28]。"这就是相关文献中提到的遥感的方式。许多不同的仪器可以用来采集遥感数据,如双目显微镜、望远镜或照相机。通过遥感这一重要手段,我们可以研究地球表面或地下的许多特征,而不需要和正在研究的目标接触。采集遥感数据的 3 种常用平台是地面实况、机载和星载。例如,地面平台使用遥感传感器(如辐射计、雷达、散射计等）从卡车的吊杆上采集数据。航空摄影被认为是一种机载遥感，传感器位于飞机的腹部，在低空或高空飞行，具体取决于调查区域。卫星作为星载平台，也可以采集遥感数据并将其转化为信息。遥感卫星在地球上空数百甚至数千英里的轨道上运行。由于大多数遥感卫星不使用胶片，所以从它们采集的数据中提取的图片通常被称为影像。卫星影像用于不太详细的大面积研究。近几十年来，航天遥感从实验应用发展成为我们在地球和行星研究的许多方面不可或缺的技术。卫星遥感系统为我们提供了对天气预报、农业预报、资源勘探和环境监测至关重要的数据。

作者认为，工程师和应用科学家应该认识到遥感技术的价值，特别是现在一些新的星载系统正在投入使用，而且这些系统的数据已经商业化。随着 Ikonos 和快鸟等高分辨率系统以及新一代 Landsat、Radarsat、Spot 和其他光学和微波遥感卫星系统的发射，这些系统正在生成一个巨大的数据库，可用于各种学科的众多应用。了解遥感技术和利用卫星生成的数据是每一位工程师和技术专家的必备技能。21 世纪初，最新的民用卫星成像工具非常具有革命性。这些系统通常包括分辨率低于 1m 的全色影像和分辨率高达 2.5m 的彩色影像。这比传统的遥感卫星（如 Landsat 和 Spot）具有更好的空间分辨率。这些新传感器产生了许多不同的产品和服务。

高分辨率影像为改善世界安全、环境和全人类生活质量带来了契机。如果客观积极利用，它可以有效威慑国际侵略行为。然而，它也为人类消极分子在全球、区域和地方范围内协助和鼓动犯罪活动以及商业间谍活动带来了机会[29]。

本节将简要介绍世界范围内一些更为广泛使用的遥感卫星系统。首先介绍高分辨率遥感卫星系统，然后介绍已运行 30 多年的低分辨率卫星系统。

遥感卫星工作在电磁频谱的不同部分。遥感卫星最常用的两个光谱波段是微波和光学波段。根据定义，电磁频谱是电磁辐射所有可能频率的范围。物体的电磁频谱是该特定物体发射或吸收电磁辐射的特征分布。

如图 3.9 所示，电磁频谱从现代无线电使用的低频延伸到短波长端的伽马辐射，覆盖波长数千千米到仅有原子大小的一小部分。

世界各地的遥感卫星（表 3.2 和图 3.10），既有低分辨率卫星又有商业可用的最高分辨率卫星"快鸟"。当然可以理解，这张图绝不是遥感卫星的全面清单。本章将更详细地讨论其中一些卫星。

第3章 卫星

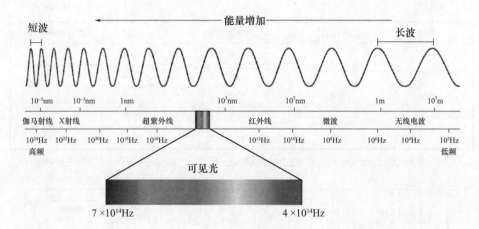

图 3.9 电磁频谱

表 3.2 世界范围内的遥感卫星

系统	操作者	当前卫星	类型	最高分辨率/m
EROS	ImageSat International	EROS A	光学	1.5
		EROS B	光学	0.7
		EROS C	光学	0.7
Ikonos	GeoEye	IKONOS-2	光学	0.8
OrbView	GeoEye	OrbView-2	光学	1000
GeoEye	GeoEye	GeoEye-1	光学	0.41
快鸟	DigitalGlobe	早鸟	光学	3
		快鸟-1	光学	1
		快鸟	光学	0.6
Radarsat	MDA	Radarsat-1	雷达	8
		Radarsat-2	雷达	3
SPOT	Spot Image	SPOT 2	光学	10
		SPOT 4	光学	10
		SPOT 5	光学	2.5
WorldView	DigitalGlobe	WorldView-1	光学	0.5
Disaster Monitoring Constellation	DMC International Imaging	AISAT-1(Algeria)	光学	32
		NigeriaSAT-1(Nigeria)	光学	32
		UK-DMC(英国)	光学	32
		北京-1(中国)	光学	4
TerraSar		TerraSar-X	雷达	1

续表

系统	操作者	当前卫星	类型	最高分辨率/m
快眼	快眼	快眼-1	光学	6
		快眼-2	光学	6
		快眼-3	光学	6
		快眼-4	光学	6
		快眼-5	光学	6

来源：改编自www.oneonta.edu/faculty/baumanpr/geosat2/RS-Introduction/RS-Introduction.html。

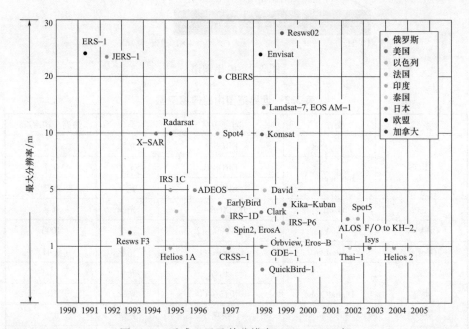

图3.10 遥感卫星及其分辨率：1990—2005年

3.2.1.1 卫星遥感与气候变化

20多年来，气候变化一直是全球研究和关注的焦点。本节在快速回顾这一领域的一些发展背景后，将探讨卫星的作用，特别是遥感卫星在监测和跟踪全球气候变化方面的作用。1992年，各国加入了一项国际公约，即《联合国气候变化框架公约》。作为国际合作的框架，通过限制全球平均气温上升和由此产生的气候变化以及应对当时不可避免的影响来应对气候变化。1995年，各国发起了加强全球应对气候变化的谈判，两年后通过了《京都议定书》。《京都议定书》对发达国家缔约方的减排目标具有法律约束力。议定书的第一个承诺期从2008年开始，到2012年结束。第二个承诺期从2013年1月1日开始,到2020年结束。现在有197个《公约》缔约方和192个《京都议定书》缔约方。

2015年12月12日通过的《2015年巴黎协定》标志着联合国气候变化管理体制演变的最新进展,并建立在以《公约》为依据开展工作的基础上。《巴黎协定》为全球应对气候变化的努力指明了新的方向[30]。

《巴黎协定》旨在加快和加强可持续低碳未来所需的行动和投资,其核心目标是加强全球应对气候变化威胁的能力,使21世纪的全球气温上升幅度远低于工业化前水平2°C,并努力将气温上升幅度进一步限制在1.5°C。该协定还旨在加强各国应对气候变化影响的能力。

根据专家组关于"监控化石燃料二氧化碳排放的欧洲运行观测系统"的最终报告[31],需要对来自空间的大气二氧化碳(CO_2)进行测量,以改进化石燃料CO_2排放量估值。该报告指出,未来十年将在低地球轨道部署一系列部分重叠的任务,这些任务具有CO_2和甲烷(CH_4)测量能力。每项任务都具有独特的使命,旨在提高测量精度和准确性,改善空间和时间分辨率,扩大覆盖范围,以更好地了解从大洲到区域尺度的温室气体(GHG)表面通量。目前的任务不是为了量化排放,而是为了量化自然通量。OCO-3是个例外,它的目的是在选定的热点区域重复拍摄XCO_2影像;Carbon Sat目的是拍摄刈幅宽度250km的XCO_2(和XCH_4)影像,用于量化卫星通过热点时的排放量。

根据报告中概述的三阶段路线图,第二阶段将使用卫星测量二氧化碳排放量:"第二阶段运行前阶段——第一次卫星任务。这一阶段将是需求驱动和用户驱动的运行前阶段,以开发第一个欧洲卫星任务为中心,该任务将首次提供高分辨率卫星数据,以量化化石燃料二氧化碳排放。该任务的数据将通过一个专用数据同化系统与地面数据相结合,以便在国家和国家以下各级部门提供第一套改进的排放量估计数据。包括数据共享协议和确定建立全球观测系统优化计划的国际合作,将有助于同化更多的卫星数据。例如,来自现有和计划中的美国(OCO-2、OCO-3)、法国MICROCARB(CNES)、中国(TanSat)和日本(GOSAT、GOSAT-2)任务的卫星数据。"在该路线图的第三阶段,第二阶段启动的运行阶段将使用一组低地球轨道卫星进行开发,并可能利用地球静止轨道成像仪进行补充,这些成像仪的化石燃料排放运行数据输入同化系统。图3.11显示,虽然1990—2010年期间二氧化碳排放量大致保持不变(在几个百分点之内),但全球排放量(包括不在附录I里的一些国家的贡献)呈现出显著增长。

图3.12显示了不同国家集团对全球化石二氧化碳排放的相对贡献。

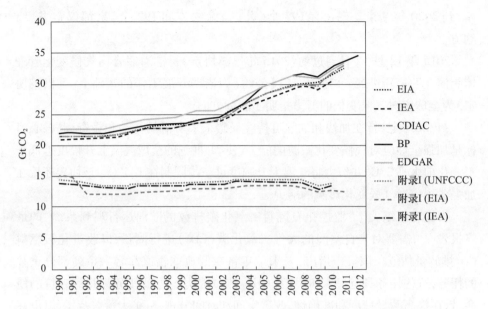

图 3.11　全球和发达国家(附录Ⅰ)使用化石燃料产生的二氧化碳排放

资料来源：BP(2013)；CDIAC(2013)；EIA(2013)；IEA(2012)；JRC/PBL(2011) UNFCCC(2013).
Units = Gt CO_2, i.e., billion tons of CO_2. (UNEP(2013) Appendix 2A. The Emissions Gap Report 2013. United Nations Environment Program(UNEP), Nairobi. © UNEP 2013.

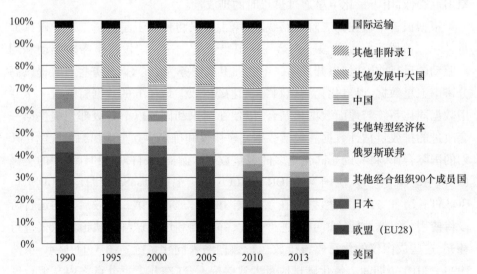

图 3.12　不同国家集团对全球化石二氧化碳排放的相对贡献

阴影线代表非附录Ⅰ罗列出的国家(图表基于 EDGAR v4.3(EC - JRC/PBL,2015)和 Olivier 等人(2014)的数据,该时期为 1990 年至 2013 年)

图 3.13 显示了近期、当前和计划中的几个卫星系统大气二氧化碳测量任务。需要注意的是,OCO-2 和 GOSAT、GOSAT-2 具有指向能力,如果需要,可以将重点放在一些排放热点区域,但这些任务的主要目标是量化自然通量的大规模分布。此外,还需要指出的是,ESA 的科学咨询委员会不建议将 CarbonSat 用于地球"探索者"-8 项目。

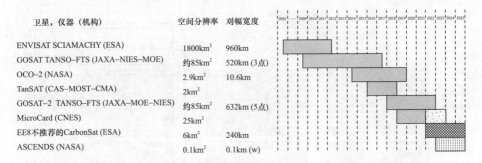

图 3.13　近期、当前和计划中的几个卫星系统的大气二氧化碳立柱观测量

图 3.14 给出了具有解决排放能力的全球卫星组合的概念时间表,以及欧洲计划在其中的贡献。

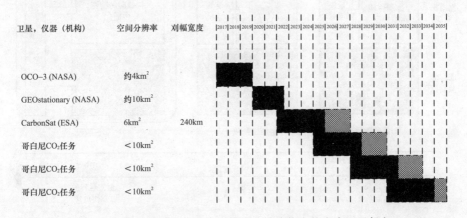

图 3.14　具有解决化石燃料二氧化碳排放能力的未来卫星任务

OCO-3 侧重于城市碳排放。另外三个被命名为"哥白尼 CO_2 任务",这可能是一系列哥白尼 CO_2 专项计划的一部分。

根据上述报告,在开发第一个欧洲 CO_2 卫星任务的同时,应通过详细的成本/效益和系统工程分析,对化石燃料 CO_2 排放观测系统的最优设计进行评估。理论上,系统应基于图 3.15 所示的三个开发阶段。

报告强调了基于卫星的平台在监测全球 CO_2 排放方面的重要性,特别是遥感技术和遥感卫星。遥感观测是一个关键组成部分,因为它通过单一仪器重复提供具有全球覆盖范围的二氧化碳立柱总观测量,克服了地面网络明显存在的逻辑问题(国家和私人主权、可及性)。从图3.15可以看出,到2030年,低地球轨道成像仪和地球静止轨道能力的结合将提高从高空收集空间数据的准确性、及时性和全局性。

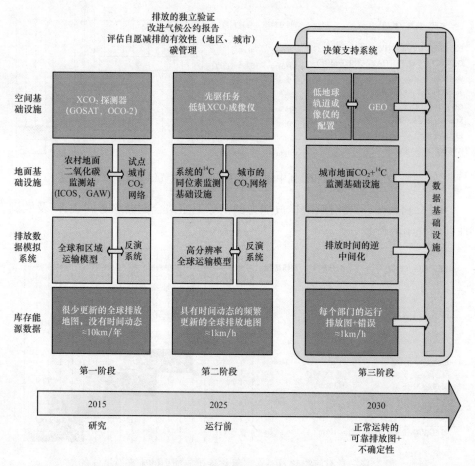

图3.15 欧洲在建立监测化石二氧化碳排放的运行观测系统做出贡献的三个阶段

3.2.1.2 早期卫星遥感

3.2.1.2.1 U-2飞机侦察计划[32]

1995年之后,克林顿总统下令解密机载影像,CORONA计划和U-2计划随之为世人所知。1954年制定的U-2计划旨在采集关于苏联军事实力的信息。图3.16取自1956年U-2飞机上的高分辨率摄像机。

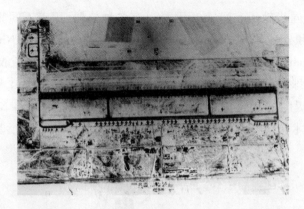

图 3.16　U-2 飞机拍摄的苏联某机场航空照片

3.2.1.2.2　CORONA 计划

1960 年 8 月,首个 CORONA 卫星系统成功发射,标志着空间侦察和遥感革命的开始。

与 U-2 照片相比,这张照片缺乏细节,这是由于其地面分辨率为 40ft×40ft。这种情况在几年内得到了纠正,KH-4 具有提供 5ft×5ft 分辨率数据的能力。表 3.3 展示了 CORONA 计划从开始直到 1972 年整个过程的总结。

表 3.3　CORONA 计划摘要(1959—1972 年)

	摄像机	发射	回收	时间周期
KH-1		10	1	1959—1960
KH-2	C′(Prime)	10	4	1960—1961
KH-3	C‴(Triple Prime)	6	5	1961—1962
KH-4	M(Mural)	26	20	1962—1963
KH-4A	J(J-1)	52	94	1964—1969
KH-4B	J-3	17	32	1967—1972

来源:Kevin C. Ruffner,CORONA:America's First Satellite Program and USGS. "Declassifed intelligence satellite photographs fact sheet 090-96" February 1998.

如图 3.17 所示,KH-4、KH-4A 和 KH-4B 任务携带两个全景摄像机,分离角度为 30°。这样就可以创建立体影像,使分析人员能够从三维角度观察地面特征。到 1967 年,KH-4 相机能够以 5ft×5ft 的分辨率记录影像。

3.2.1.2.3　Nimbus 卫星

Nimbus 卫星(图 3.18)是美国第二代机器人航天器,用于气象研究和开发。该航天器被设计为稳定的、面向地球的平台,用于对感知和采集大气科学数据的先进系统进行测试。从 1964 年 8 月 28 日开始,共有 7 颗 Nimbus 卫星发射到近极轨道和太阳同步轨道。Nimbus 卫星上有各种仪器,用于不同光谱区域的成像、水深测量和其他研究。Nimbus 卫星由 Thor – Agena 火箭(Nimbus1 ~ 4)和 Delta 火箭(Nimbus5 ~ 7)发射。在第 1 颗卫星发射后的 20 年里,Nimbus 系列任务是美国对地球进行卫星遥感的主要研究和开发平台。历时 14 年发射的 7 颗 Nimbus 卫星,提供了 30 年来对地球的天基观测数据。NASA 将 Nimbus 任务测试和改进的技术转让给了美国国家海洋大气管理局(NOAA),供其卫星仪器运

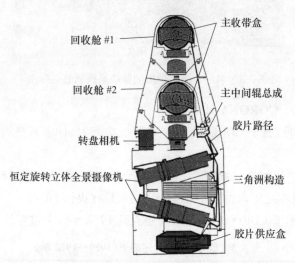

图 3.17　用于 KH – 4A 任务的立体全景摄像机系统

图 3.18　Nimbus 卫星

行。在过去三十年中,NASA 和 NOAA 发射的大多数地球观测卫星,都继承了从 Nimbus 任务中获得的技术和经验教训。

3.2.1.2.4 Landsat 计划

第 1 颗 Landsat 卫星(图 3.19)于 1972 年发射。此后,成功发射了更多卫星(图 3.20)。Landsat 具有重复的圆形太阳同步近极轨道,覆盖范围在 81°N~81°S。

图 3.19 Landsat 卫星

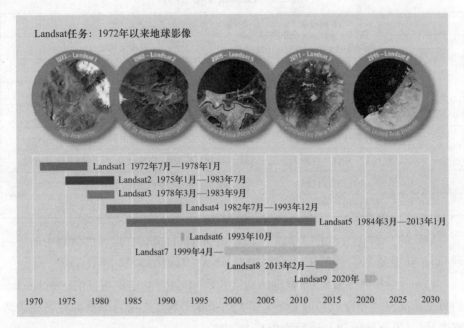

图 3.20 1972 年开始的 Landsat 卫星任务时间表和历史

(www.usgs.gov)

太阳同步轨道意味着每天可以在同一时间对给定区域进行数据采集,并在每年这个时候提供一致的阴影。Landsat-4 及其后代的轨道宽 183km,重复周期为 16 天。

Landsat1~3 号搭载了返回光束摄像机(RBV)和多光谱扫描仪(MSS)。1982 年开始的第二代 Landsat 卫星 Landsat-4 除 MSS 之外,还搭载了一个专题绘图仪(TM)。Landsat-7 配备了增强专题绘图仪(ETM+)。ETM+与其前身相比具有许多优点,全色波段,固有分辨率为 15m,并且具有多光谱波段,而热红外的分辨率已经提高到 60m。此外,还有一个机载固态记录器(SSR),具有 378GB(500 个完整场景)的数据容量。

Landsat 卫星时间表见图 3.20,2012 年 12 月启动了 Landsat 卫星数据连续性任务(LDCM)。

LDCM 是 Landsat 卫星的未来,它将继续获得用于农业、教育、商业、科学和政府的数据和影像,它们非常有价值。TM 和 ETM+传感器的光谱敏感度既与要监测现象的光谱响应特性同步,又与电磁能量能够穿透大气层的窗口同步。表 3.4 概述了每个波长的波段揭示的一些现象,这些现象在全色影像数据中不太明显[33]。

表 3.4 Landsat TM/ETM

不同波段 Landsat 卫星 TM/ETM 数据发现的现象	
波段/μm	发现的现象
0.45~0.52(可见蓝色)	海岸线和水深(这些波长渗透水)
0.52~0.60(可见绿色)	植物类型和活力(峰值植被强烈影响这些波长)
0.63~0.69(可见红色)	光合活性(植物在光合作用中吸收这些波长)
0.76~0.90(近红外线[IR])	植物活力(健康的植物组织强烈影响这些波长)
1.55~1.75(中红外线)	植物水分应力、土壤水分、岩石类型、云层与雪
10.40~12.50(热红外线)	相对热量,土壤湿度
2.08~2.35(中红外线)	植物水分应力、矿物和岩石类型

最近的 Landsat-8(图 3.21)于 2013 年发射,目前仍在运行。计划中的下一颗 Landsat 卫星是将于 2020 年发射的 Landsat-9,如图 3.22 所示。

Landsat-8 确保 Landsat 数据的持续获取和可用性,这将与目前标准 Landsat 的数据产品保持一致。它每天将采集大约 400 个场景。所有场景都被处理成数据产品,并可在接收和存档后的 24h 内下载。

Landsat-8 携带两个推扫式传感器:操作式地面成像仪(OLI)和热红外传感

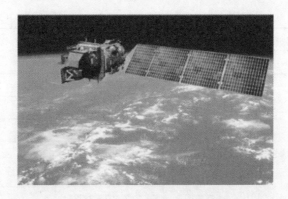

图 3.21 Landsat-8 卫星

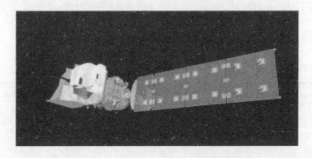

图 3.22 Landsat-9 航天器效果图

(图片来源:Orbital ATK)

器(TIRS),这两个传感器都能提高信噪比,并对数据进行 12 位辐射量化。

表 3.5 显示了 Landsat-7 和 Landsat-8 中使用的不同波段。

图 3.23 显示了 50 多年来 Landsat 卫星的发展情况。

表 3.5 Landsat-7 和 Landsat-8 使用的波段

卫星	传感器/s	波段(波长/μm)	空间分辨率/m
Landsat-7	增强型专题绘图仪(ETM+)	1(0.450~0.515)	30
		2(0.525~0.605)	30
		3(0.630~0.690)	30
		4(0.775~0.900)	30
		5(1.550~1.750)	30
		6(10.40~12.50)	60
		7(2.080~2.350)	30
		8(0.520~0.900)	15

续表

卫星	传感器/s	波段(波长/μm)	空间分辨率/m
Landsat-8	操作式地面成像仪(OLI)	1(0.435~0.451)	30
		2(0.452~0.512)	30
		3(0.533~0.590)	30
		4(0.636~0.673)	30
		5(0.851~0.879)	30
		6(1.566~1.651)	30
		7(2.107~2.294)	30
		8(0.503~0.676)	15
		9(1.363~1.384)	30
	热红外传感器(TIRS)	10(10.60~11.19)	100a
		11(11.50~12.51)	100a

来源:Table courtesy of B. Markham(July 2013). https://landsat.gsfc.nasa.gov/landsat-8/landsat-8-overview/.

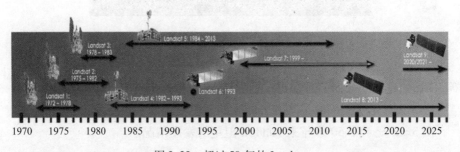

图 3.23 超过 50 年的 Landsat

3.2.1.2.5 SPOT

SPOT 计划由法国航天局(CNES)与比利时和瑞典合作开发。SPOT Image 公司创建于 1982 年,是第一家在全球范围内提供地球观测卫星地理信息数据的商业公司。

SPOT Image 的主要股东是 CNES 和私人工业集团,以及比利时、瑞典及意大利的政府和私营实体持有股份。SPOT 有效载荷由两个相同的 HRV(高分辨率可见光)成像仪、两个用于影像数据的磁带记录仪和一个用于向地面接收站传输影像的有效载荷遥测包组成。Spot 卫星的光谱波段汇总见表 3.6。

表 3.6　SPOT 1~5 光谱波段

波段	特殊范围(μm)	分辨率/m (SPOT 1-3)	分辨率/m (SPOT-4)	分辨率/m (SPOT-5)
1	0.50~0.59	20	20	10
2	0.61~0.68	20	20	10
3	0.79~0.89	20	20	10
SWIR	1.58~1.75		20	20
全色	0.51~0.73	10		
全色	0.61~0.68		10	
全色	0.49~0.69			2.5/5

2008 年,法国图卢兹的 SPOT Image 和合作伙伴(EADS Astrium)发起了一项倡议,建立一个新的商业 SPOT 任务系列,称为 SPOT-6/SPOT-7,以继续提供目前由 SPOT-5 任务提供的可持续宽刈幅高分辨率观测服务。在 EADS Astrium (Spot Image 的大股东)的全力支持下,Astrium Services 首席执行官 Eric Beranger 于 2009 年中期正式宣布制造双星座 SPOT-6 和 SPOT-7。第一次发射定于 2012 年。

2012 年 9 月发射的 SPOT-6 是一颗高分辨率光学地球观测卫星,提供 1.5m 分辨率影像产品。2014 年,与 SPOT-6 性能相同的姊妹星 SPOT-7 被送入轨道。SPOT-6 和 SPOT-7 将确保从 SPOT-4 和 SPOT-5 卫星开始提供服务的连续性,这两颗卫星自 1998 年以来一直在运行。由于价格低廉、目录极其庞大,这对于那些需要更大面积图像的人来说是一个很好的选择,尤其是那些进行变化检测和环境分析的人。

SPOT-4 有效载荷改进包括以下内容。

(1)在短波红外波段(1.58~1.75μm)中增加一个新的波段。

(2)所有光谱波段的机载注册。这是通过将全色波段(0.51~0.73μm)替换为在 10m 和 20m 分辨率模式下工作的波段 B2(0.61~0.68μm)。

(3)提高对地面反射的认识。

(4)两台 HR VIR 成像仪可编程用于独立影像采集,显著增加了成像机会总数。特别是,可以改变一台成像仪的观察方向,而不影响另一台成像仪同时采集的影像质量。

(5)两台机载记录仪的记录容量从 22min 增加到 40min。此外,还增加了约 10GB 的固态存储器,以提高机载记录的整体可靠性,延长设计寿命,同时确保更大的存储容量。

(6)增加对直接接收站有效载荷遥测传输的安全性,保护传输数据的商业机密性。

SPOT-5 增加了在 $0.49 \sim 0.69 \mu m$ 范围内的新波段。

SPOT 卫星简要历史。

(1)SPOT-1 于 1986 年 2 月 22 日发射,具有 10m 全色和 20m 多光谱能力。该卫星于 1990 年 12 月 31 日退出现役。

(2)SPOT-2 于 1990 年 1 月 22 日发射,目前仍在运行。

(3)SPOT-3 于 1993 年 9 月 26 日发射。1997 年 11 月 14 日发生了一次事故,卫星在轨运行 4 年后停止运行。

(4)SPOT-4 于 1998 年 3 月 24 日发射,包括一个超短波红外波段和一个(低分辨率)植被仪。

(5)SPOT-5 于 2002 年 5 月 4 日发射,具有 2.5m、5m 和 10m 分辨率能力,以及沿轨立体传感器。

(6)SPOT-6 和 SPOT-7 组成了一个地球成像卫星星座,旨在持续提供高分辨率、宽刈幅数据,直至 2023 年。2009 年,考虑到政府对此类数据的需求,EASD Astrium 决定建设该星座。Astrium 的子公司 SPOT Image 独立为卫星提供资金,并拥有该系统(卫星和地面部分)。表 3.7 列出了 SPOT-7 传感器的规格,表 3.8 给出了 SPOT 卫星和 Landsat 卫星的比较。

表 3.7　SPOT-7 卫星传感器规格

发射时间	2014 年 6 月 30 日
运载火箭	PSLV
发射地点	Satish Dhawan 航天中心(印度)
多光谱成像(4 波段)	蓝色($0.455 \sim 0.525 \mu m$) 绿色($0.530 \sim 0.590 \mu m$) 红色($0.625 \sim 0.695 \mu m$) 近红外($0.760 \sim 0.890 \mu m$)
分辨率(GSD)	全色 -1.5m 多光谱 -6.0m(B、G、R、NIR)
成像刈幅宽度	60km(Na)

来源:www.satimagingcorp.com/satellite-sensors/spot-7/.

表 3.8　SPOT 卫星和 Landsat 卫星的比较

	SPOT 卫星	Landsat 卫星
高度	822km	705km
倾角	98°	98.2°
周期	101.4min	98.8min
W 轨道漂移	2823km	2752km
Revs/天	14+5/26	14+9/16
循环周期	26days	16days
轨道周期	369	233
刈幅宽度	60km	185km

3.2.1.2.5.1　空间分辨率[34]

卫星传感器将物体相关信息以网格形式存储。数字数据是以单个图像点的形式从覆盖区域收集的,称为像素。像素是数字图像中最小的面积单位。

像素大小取决于传感器类型,并决定影像的分辨率。分辨率的测量是像素的边缘长度。分辨率越高,网格越细,地球表面可识别细节的程度就越大。

目前卫星系统的分辨率从几厘米(如军事用途)到几千米不等。采用:

(1)低分辨率大于 30m;

(2)中分辨率 2~30m;

(3)高分辨率 2m 以下。

根据预定用途和轨道来设计和发射不同的卫星。较低的分辨率通常伴随着较高的重复频率,这意味着卫星在较短的间隔内侦查同一区域。(如 METEO-SAT-8 每 15min 一次)。"粗糙"分辨率用于记录大范围或全球区域与气候有关的调查,如地球的辐射预算和天气监测。其他应用包括观测土地和海洋使用、海洋冰覆盖和地表温度。

中分辨率卫星,如 Landsat-7,用于全球地表观测(图 3.24)。30 多年来,Landsat 卫星一直在观察热带雨林及其毁林情况。

高分辨率数据主要用于地球表面较小的区域。商业和私人领域直到最近才获得此类数据。IKONOS 或"快鸟"(图 3.25)等卫星为地形和专题制图发送数据,如土地利用、植被,或作为城市、大型项目等的规划资源。相关信息也可以提前订购,因为卫星传感器的转动可以降低重复率,并可以更早地监测所需区域。

(a) 西欧低分辨率-METEOSAT（1km）
资料来源：2005EUMETSA版权所有

(b) 巴黎中分辨率-Landsat-7 ETM+ （30m）
资料来源：LANDSAT

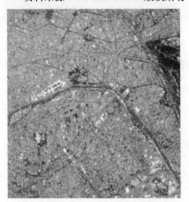
(c) 巴黎部分地区中分辨率-Landsat-7 ETM+
(30m) 资料来源：LANDSAT

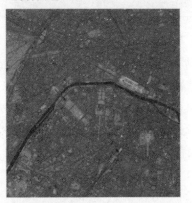
(d) 巴黎部分地区中分辨率-Landsat-7 ETM+
(15m全景) 资料来源：LANDSAT

图 3.24　卫星中低分辨率影像

图 3.25　高分辨率的埃菲尔铁塔 – "快鸟"(0.8m)

资料来源：快鸟卫星图像由 GeoEye 和卫星成像公司提供

3.2.1.3 低至中分辨率卫星遥感

3.2.1.3.1 Terra 卫星

Terra(EOS AM-1)是 NASA 的一颗多国科学研究卫星,沿着环绕地球的太阳同步轨道运行[35]。它是地球观测系统(EOS)的标志。"Terra"这个名字来自拉丁语中的地球。

1999 年 12 月 18 日,这颗卫星搭载"阿特拉斯"IIAS 运载工具从范登堡空军基地发射,并于 2000 年 2 月 24 日开始采集数据。它被置于高度 705km 的近极地太阳同步轨道上,下降点为上午 10 时 30 分。

Terra 携带 5 个远程传感器的有效载荷,用于监测地球环境状况及其气候系统的持续变化[36]。

(1) ASTER(高级星载热辐射和反射辐射计)[37];

(2) CERES(云和地球辐射能量系统);

(3) MISR(多角度成像光谱仪);

(4) MODIS(中分辨率成像光谱仪)[38];

(5) MOPITT(对流层污染测量)[39]。

卫星数据有助于科学家更好地了解污染在全球的蔓延。研究人员利用 Terra 来研究全球一氧化碳和气溶胶污染的趋势[40]。Terra 采集的数据最终将成为新一个 15 年全球数据集。

3.2.1.3.2 Aqua 卫星

另一颗中低等分辨率遥感卫星是 Aqua,它在拉丁语中代表水。Aqua 是 NASA 地球科学卫星,因其任务为收集大量关于地球水循环的信息而得名,这些信息包括海洋蒸发、大气中的水蒸气、云层、降水、土壤水分、海冰、陆地冰以及陆地和冰上的积雪[41]。Aqua 还测量其他变量,包括辐射通量、气溶胶、陆地植被覆盖、海洋中的浮游植物和溶解有机物,以及空气、陆地和水的温度。Aqua 任务是以 NASA 为中心的国际 EOS 的一部分。Aqua 以前被命名为 EOS PM,表示其午后赤道穿越时间。Aqua 于 2002 年 5 月 4 日发射,携带有 6 台地球观测仪器,采集全球各种数据集。Aqua 最初的设计寿命为 6 年,但现在已经远远超过了最初的目标。它连续不断地从 6 台仪器中的四台(AIRS、AMSU、CERES 和 MODIS)传输高质量数据,并从第 5 台仪器 AMSR-E 中输出较低质量的数据。第 6 台仪器 HSB 采集了大约 9 个月的高质量数据,于 2003 年 2 月失效。Aqua 是一组被称为"下午星座"的卫星中第 1 个发射的成员,有时也称为 A-Train。第 2 个成员是 2004 年 7 月发射的 Aura,第 3 个成员是 2004 年 12 月发射的 PARASOL,第 4 和第 5 个成员是 2006 年 5 月发射的 Cloud Sat 和 CALIPSO,第 6 个成员是 2012 年

5月发射的GCOM-W1。2013年12月,PARASOL完成使命并退出了A-Train。A-Train的最新补充成员是2014年7月发射的OCO-2。目前,A-Train由OCO-2领衔,接着是GCOM-W1、Aqua、CALIPSO、CloudSat,后面是Aura。

Aqua EOS卫星有助于我们更好地了解全球变化的原因和影响。来自科学仪器的数据使科学家们能够开始拼凑出一些基本问题的答案:哪些自然和人类的力量在起作用?他们是如何互动的?我们能预测什么?我们如何准备?我们能防止什么?

诺斯罗普·格鲁曼公司建造了Aqua太空平台,并整合了NASA提供的科学仪器。该航天器基于诺斯罗普·格鲁曼公司模块化和标准化的T330总线,其设计具有通用子系统,易于扩展,可满足本次和未来地球观测的特定任务需要。适宜的重量、功率和占地面积余量很容易适应有效载荷的更换/改进,而不影响基本设计或开发进度。

3.2.1.3.3 ADEOS

ADEOS(高级地球观测卫星)是由两颗日本地球资源卫星组成的系列[42]。ADEOS-1也被称为国名Midori,意为"绿色",是第1颗从太空以综合方式观测地球的资源卫星。它由日本NASDA开发和管理,搭载了由NASDA、NASA和CNES提供的8台仪器,这些仪器用于监测全球环境变化,包括全球变暖、臭氧层消耗和热带雨林萎缩。由于结构损坏,卫星在轨运行仅9个月后就下线了。ADEOS-2继续其前身的工作,但也研究了能源和水的全球循环。它为NASA的EOS做出了贡献,通过搭载NASA的"海鹰"散射仪,一种用于测量近地表风速和海洋云条件的微波雷达,科学家们希望能提高他们预测和模拟全球天气的能力。然而,2003年10月,与ADEOS-2的通信全部中断,原因可能是当时太阳辐射活动加剧。ADEOS-2的寿命与前一代大致相同(图3.26)。

图3.26 ADEOS-2

(https://aqua.nasa.gov/.)

表3.9显示了 ADEOS-1 和 ADEOS-2 卫星的特征。

表3.9 ADEOS-1 和 ADEOS-2 卫星特征

	ADEOS-1	ADEOS-2
发射时间	1996年8月17日	2002年12月14日
运载火箭	H-2	H-2A
发射场	Tanegashima	Tanegashima
轨道	800km×800km×98.6°	804km×806km×98.7°
尺寸(收起)	4.0m×4.0m×5.0m	4.0m×4.0m×5.0m
发射时的质量	大约3500kg	3730kg

3.2.1.3.4 Radarsat

Radarsat 是加拿大第一颗地球观测卫星,也是世界上第一颗面向操作的雷达卫星。凭借单频率以及不同的波束模式和位置,Radarsat 能够满足连续和完整的地球监测和管理的所有要求。Radarsat 天线工作在 C 波段(频率5.3GHz 或波长5.6cm),能够穿透云层和降水。Radarsat 以水平极化(HH 极化)方式发射和接收。入射信号的反向散射是表面粗糙度、地形以及物理性质(如水分含量和电气特性)变化的结果。

Radarsat 有7个合成孔径雷达(SAR)成像选项或波束模式。每个波束模式提供不同的区域覆盖范围(从大约50km×50km/镜头到大约500km×500km/镜头),分辨率从8~100m。Radarsat 仪器还在固定位置上提供10°~59°的入射角范围(从卫星位置始终向右看),允许在每个波束模式中选择波束位置。Radarsat 能够每24天在同一区域捕捉同一影像,并以更高频率获取更多影像。例如,扫描波束模式可以在高纬度地区每天观测一次同一位置,在赤道地区不到5天观测一次。

Radarsat 几乎可以从世界上任何地点获取 SAR 数据。Radarsat 采集的数据要么直接传输到本地网站,要么存储在两台机载记录仪(OBR)中的一台上,便于后续下行链路传输到加拿大 Radarsat 网站。与其他地球观测卫星相比,Radarsat 可以在不同的时间将其数据下行传输至网站,以防止与其他卫星系统发生任何可能的冲突。两台机载记录仪主要用于没有接入网站的区域存储数据。每次只使用一台记录仪,第2台作为备份。

SAR:SAR 能够在几种波束模式下工作,见图3.27和表3.10。

(1)标准模式:7种光束模式,入射角标称范围从20°~49°,宽100km,分辨率25m。

(2)宽带模式:3种光束模式,入射角不同,刈幅宽度150km。

(3)精细模式:5 种光束模式,宽 50km,分辨率优于 10m。
(4)扫描模式:刈幅宽度广(300~500km),粗分辨率为 50~100m。
(5)扩展模式。

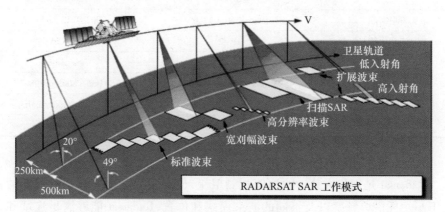

图 3.27　SAR 操作的不同模式

表 3.10　SAR 操作的不同模式

模式	分辨率[1]/m 距离×方位/m	视数[2]	宽/km	入射角[3]/°
标准	25×28	4	100	20~49
宽带-1	48×28	4	165	20~31
宽带-2	32.5×28	4	150	31~39
精细分辨率	11.9×9	1	45	37~48
窄带扫描	50×50	2.4	305	20~40
宽带扫描	100×100	4.8	510	20~49
扩展(H)	22.19×28	4	75	50~60
扩展(L)	63.28×29	4	170	10~23

[1] 标称值,地面范围分辨率随距离变化;
[2] 标称值,范围和处理器相关;
[3] 入射角取决于子模式。

RADARSAT 星座是 RADARSAT 计划的演变,其目标是确保数据的连续性,改进 SAR 业务使用,并提高系统可靠性。

这 3 颗卫星将对加拿大广阔领土和海上航道每日重访,以及对全球 90%的地表进行每日重访。

由于 SAR 在主动遥感中的重要性,这里对它做进一步介绍。对于机载地面测绘雷达,人们一直想获得更高分辨率的压力。最初,这种更精细的分辨率是通过应用"蛮力"技术来实现的。这种常规雷达系统通过短脉冲辐射实现距离分辨率,通过窄波束辐射实现方位分辨率。

SAR 是基于信号处理手段来产生有效的长天线,而不是使用物理长天线。事实上,在大多数情况下只使用一个相对较小的物理天线[43]。

在考虑合成孔径的设计时,可以参考物理天线长线性阵列特性。在这种情况下,构造多个辐射元件并沿一条直线放置在适当的点上。在使用这种物理线性阵列时,信号被同时馈送到阵列的每个元件。同样,当阵列用作接收器时,元件同时接收信号;在发射模式和接收模式中,使用波导或其他传输线互连,并利用干扰现象来获得有效辐射图。

如果辐射元件相同,线性阵列的辐射方向图是两个量的乘积。阵列的辐射模式是单个元件的辐射方向图乘以阵列因子。阵列因子具有比阵列元件辐射图更尖锐的波瓣(更窄的波束宽度)。这种天线阵列因子的半功率波束宽度 B(以弧度为单位),由 $B = \lambda/L$ 给出。

在这个表达式中,L 是物理阵列的长度,λ 是波长。对于合成天线来说,大多数情况下仅使用单个辐射元件。该天线被转换为占据一条线上的序贯位置,在每个位置都会发送一个信号,接收到的雷达响应信号被存储起来。需要指出的是,必须存储接收信号的振幅和相位。

在辐射元件穿过距离 L_{eff} 之后,存储信号与实际线性阵列元件所接收的信号非常相似。因此,如果对存储信号实施与形成物理线性阵列相同的操作,可以获得长天线孔径的效果。基于这种想法就引入了合成孔径这个术语来表示这项技术。

图 3.28 和图 3.29 显示了 Radarsat-2 影像及其开发结构。

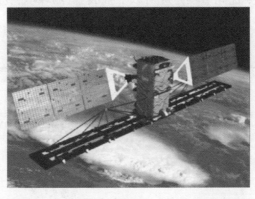

图 3.28　艺术家对 Radarsat-2 在轨卫星的再现

(图片来源:MDA)

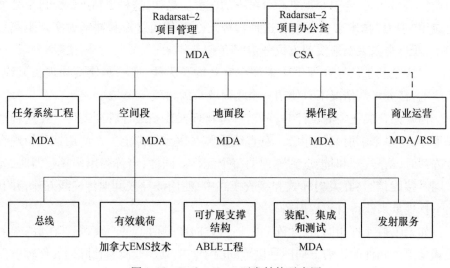

图 3.29 Radarsat-2 开发结构示意图

(图片来源:MDA)

表 3.11 显示了 Radarsat SAR 仪器的特性。

Radarsat-2 是 Radarsat-1 的后续卫星任务,采用了最先进的技术,其目标是:

(1)继续加拿大的 Radarsat 计划,并通过私营部门主导和联邦政府的安排,发展地球观测卫星业务;

(2)为 Radarsat-1 用户提供数据连续性,并为适合市场需求的新应用提供数据;

(3)任务的主要优先事项是应对以下挑战:监测环境、管理自然资源、执行海岸监视。

表 3.11 Radarsat SAR 仪器特性

频率/波长	5.3GHz(C 波段)/5.6cm
极化	线性 HH
带宽	11.6MHz、17.3MHz 或 30.0MHz
峰值功率	3kW
天线尺寸	15m×1.5m
入射角	与模式有关
分辨率	与模式有关

3.2.1.3.5 ERS

ERS 卫星由 ESA 发射和运行,是第一批可提供商用微波雷达数据的飞行任务。由于微波仪运行不受时间和天气条件限制,为全天候遥感应用提供了新的机会。ERS-1 从 1991 年 7 月 25 日至 2000 年 3 月 10 日定期运行。ERS-2(见图 3.30)于 1995 年 5 月开始定期采集数据,目前仍在运行。ERS(1 号和 2 号)卫星都被发射到太阳同步轨道,轨道倾角为 98°52′,高度在 782~785km。ERS-SAR 参考系统以由轨道和帧组成的规则网格为基础。连续的轨道以连续非重复方式计数,以给出轨道的唯一值,该值既标识轨道,又标识相对的采集日期。

低比特率(LBR)数据通常是全球产品,按年(或 35 天周期)提供数据。ERS-2 在成功运营 16 年后,于 2011 年年中停止运行。

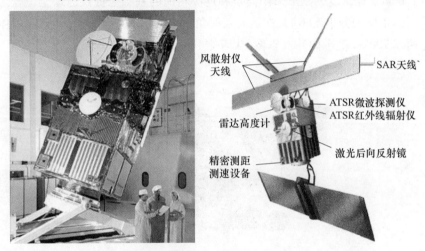

图 3.30 1994 年在 ESTEC 拍摄的 ERS-2 航天器照片,
这是部署的 ERS-2 航天器的基本视图

(图片来源:ESA,https://directory.eoportal.org/web/eoportal/satellite-missions/e/ers-2.)

3.2.1.4 高到甚高分辨率卫星遥感

表 3.12 列出了最受欢迎的高分辨率遥感卫星及其特点,分辨率以米为单位。

表 3.12 高分辨率遥感卫星

卫星	日期	波段数	最大分辨率/m
Spot 6~7	2012	4	1.50
IKONOS	1999	4	1.00
快鸟	2001-E2014	4	0.60

续表

卫星	日期	波段数	最大分辨率/m
Pleiades 1A – 1B	2011	4	0.50
Worldview – 1	2007	4	0.46
高分 – 9	2015	1	1

3.2.1.4.1　Ikonos

Ikonos(见图3.31)于1999年9月24日发射,是第一颗商用高分辨率卫星,采集1m全色和4m多光谱影像。虽然俄罗斯多年来一直提供解密的军用高分辨率全色数据,但Ikonos是一家完全商业化的企业,为不断扩大的遥感市场提供数据。Ikonos在重复的圆形太阳同步和近极轨道的基础上提供地球全覆盖。尽管传感器角度和分辨率不同,在最大入射角角度为26°的情况下,传感器可以在轨道两侧700km范围内获取影像,从而使卫星具有重访能力。

图3.31　1999年发射的Ikonos卫星

Ikonos配备了机载记录仪,可以获取地球表面几乎任何区域的数据。该记录仪可以保存64GB的数据,约为26张完整的全色和多光谱影像数据。为实现更多地区数据的直接下行,Space Imaging下属子公司拥有的地面接收站网络正在建设中。

3.2.1.4.2　"快鸟"

"快鸟"是世界上分辨率最高的商业卫星之一(见图3.32和见表3.13)。"快鸟"卫星同时采集多光谱和全色影像,还提供天然或红外的全色锐化(Pan – sharpened)复合产品(70cm)。在现有可用或计划中的所有商业卫星中,DigitalGlobe的"快鸟"卫星刈幅宽度最大、机载存储量最大、分辨率最高。"快鸟"旨在以业界领先的地理定位精度,高效、准确地对大面积区域进行成像,并且能够每年采集7500万km² 以上的图像数据(面积是北美的三倍以上)。

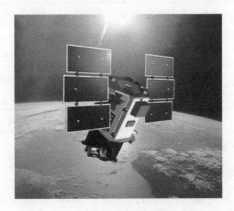

图3.32 "快鸟"卫星

表3.13 "快鸟"卫星设计和规格

发射信息		日期:2001年10月18日 运载火箭:Delta II 发射地点:SLC-2W,范登堡空军基地,加利福尼亚
任务期限		延长至2014年年初
航天器尺寸		2400磅,长3.04m(10ft)
轨道	高度482km 类型:太阳同步,下午10:00 降交点 周期:94.2min	高度450km 93.6min
传感器分辨率和光谱禁区宽度	全色:最低点65cm GSD 黑白:405~1053nm 多光谱:最低点2.62m GSD 蓝色:430~545nm 绿色:466~620nm 红色:590~710nm 近红外:715~918nm	全色:最低点61cm GSD 多光谱:最低点2.44m GSD
动态范围	每像素11位	
刈幅宽度	标称刈幅宽度:最低点18.0km	标称刈幅宽度:最低点16.8km
姿态确定和控制	类型:3轴稳定 恒星跟踪器/IRU/反作用轮、GPS	
重新定位敏捷性	回转200km的时间:37s、38s	

续表

机载存储	128GB 容量	
通信	有效载荷数据:320Mbps X 波段 星务管理:X 波段,4kb/s,16kb/s 和 256kb/s,2kb/s S 波段上行链路	
重访频率(纬度40°N)	1m GSD 或以下 2.5 天 距最低点 20°或以下 5.6 天	在 1m GSD 或以下 2.4 天 距最低点 20°或以下 5.9 天
公制精度	23m CE90,17m LE90(无地面控制)	
容量	200000km²/d	

3.2.1.4.3 Pléiades

Pléiades 1A 和 1B 是最新的高分辨率光学成像卫星,作为一个星座在同一轨道上运行,相位差180°。Pléiades 1A 于 2011 年 12 月 17 日发射,1B 于 2012 年 12 月 2 日发射,发射地点均为法属圭亚那的 Sinnamary。每颗卫星的最大获取能力为每天 100 万 km²,且灵活性很大,可使用五种模式对感兴趣的区域进行数据采集:点对点采集、条带采集、立体数据采集、线性采集和持续监测。表 3.14 显示了 Pléiades 卫星规格。

表 3.14 Pléiades 卫星规格

	全色	多光谱
光谱范围	480~830nm	430~550nm(蓝色) 490~610nm(绿色) 510~580nm(绿色) 600~720nm(红色) 750~950nm(近红外)
产品	颜色:50cm(合并);带宽:50cm 全色;2m 多光谱	
精度	4.5~10m CE90(不包括地形位移),无地面控制点(GCP)的精确高度数据	
刈幅宽度	20km(单程覆盖可达 100km×100km)	
动态范围	每像素 12 位	
重访率	每天	
高度	694km	
轨道	太阳同步	
立体声	Pléiades-1 是第一颗商业化提供三维立体声功能的高分辨率卫星	

3.2.1.4.4 WorldView

WorldView-1 是 DigitalGlobe 公司(美国科罗拉多州朗蒙特)的下一代商业成像卫星,是"快鸟"-2(2001 年 10 月 18 日发射,2008 年开始全面运行)的继承者。2003年10月，华盛顿特区国家地理空间情报局（NGA）授予DigitalGlobe一份相当大的合同，以提供下一代商业成像卫星的高分辨率影像。NGA的前身为国家成像和测绘局（NIMA）。

NGA要求提供空间分辨率为全色0.5m和多光谱（MS）2m的影像数据。该合同是在NGA的NextView项目中授予的，旨在为美国商业成像卫星运营商提供资金，以建造高分辨率成像卫星。WorldView任务旨在为NGA以及DigitalGlobe的商业客户群提供影像服务。

3.2.1.4.5 "高分"

"高分"9号是一颗中国遥感卫星[44]。该航天器的轨道为617km×664km，倾角为98°，与之前的高分地球观测卫星系列保持一致。据官方报道，"高分"9号卫星能够提供分辨率优于1m的影像。卫星影像将用于城市规划、道路网设计、土地测量等目的。"高分"卫星是高分辨率地球观测系统（CHEOS）的一部分，该系统最初计划发射7颗卫星，建设一个提供各种传感器数据产品的星座，从而实现类似于美国陆地卫星（Landsat）和欧洲"哥白尼"（Copernicus）计划的可操作地球观测能力。CHEOS卫星将配备从高分辨率、多光谱光学成像仪到雷达有效载荷、红外成像仪和微波有效载荷以及特定传感器的各种传感器。CHEOS系列卫星将在包括低地球轨道和地球静止轨道在内的不同轨道上运行，以生成一系列不同质量和重访时间的数据产品。

诺拉德编号为40894；国际代码为2015－047A；近地点为623.6km；远地点为671.8km；倾角为98.0°；周期为97.5min；半长轴为7018km；RCS为未知；发射日期为2015年9月14日；资料来源为中华人民共和国；发射地点为中国酒泉卫星发射中心（JSC）。

3.2.1.5 印度遥感卫星

1995年12月28日，印度遥感卫星（IRS－1C）由俄罗斯运载火箭成功发射到极地轨道，其有效载荷于1996年1月第一周启动。1997年9月29日，又有一颗类似的卫星由极地卫星运载火箭（PSLV）成功发射到极地轨道，其有效载荷于1997年10月中旬启动。

IRS卫星的主要目标是在几乎恒定的光照条件下，提供系统性的、重复的地球表面数据。IRS－1C在圆形太阳同步、近极地轨道中运行，倾角角度为98.69°，下降点高度为817km。这颗卫星绕地球旋转一圈需要101.35min，每天大约完成14圈。在一个24天的周期内，整个地球被341条轨道覆盖。

截至2016年2月，印度遥感卫星概况如下。

（1）三颗地球静止轨道卫星（INSAT3D、Kalpana和INSAT 3A）；

(2)9颗太阳同步轨道卫星(RESOURCESAT-2;CARTOSAT-1、CARTOSAT-2、CARTOSAT-2A和CARTOSAT-2B;RISAT-1和RISAT-2;OCEANSAT2;SARAL);

(3)赤道轨道(MEGHA TROPIQUES);

(4)光学和微波传感器提供广泛的空间、光谱、辐射和时间分辨率。

Cartosat-2系列卫星是PSLV-C40搭载的主要卫星。这颗遥感卫星的配置与该系列中的早期卫星相似,旨在为用户提供更多的数据服务。

卫星发送的影像将有助于制图应用、城市和农村应用、沿海土地利用和管理、道路网络监测等公用事业管理、水分布、土地利用图创建、检测变化以显示地理和人为特征以及各种其他土地信息系统(LIS)和地理信息系统(GIS)的应用。

PSLV-C40/Cartosat-2系列卫星任务于2018年1月12日9时29分(IST)在斯里哈里科塔SDSC SHAR发射升空。

发射质量为710kg;运载火箭为PSLV-C40/Cartosat-2系列卫星任务;卫星类型为地球观测;制造商为ISRO;应用于地球观测;轨道类型为SSPO[45]。

3.2.1.6 国家海洋大气管理局

国家海洋大气管理局(NOAA)为美国运营两类卫星系统:地球静止卫星和极轨卫星。地球静止卫星从地球上方约22240mile处不断监测西半球,极轨卫星环绕地球,从地球上方540mile处提供全球信息。这些卫星使我们能够每周7天、每天24小时持续的长期观测。它们追踪穿越"龙卷风走廊"的快速风暴,以及大西洋和太平洋的热带风暴。卫星数据用于测量海洋温度,这是气候变化的一个关键指标。卫星信息用于监测珊瑚礁、有害藻华、火灾和火山灰。从太空监测地球有助于我们理解地球是如何工作和影响我们的许多日常生活的。NOAA卫星除了提供地球图像外,还提供其他服务。监测空间环境和太阳辐射有助于我们了解空间环境如何影响地球。当人们在船上、飞机上或偏远地区遇险时,卫星还转发来自紧急信标的位置信息,这些信息可以帮助拯救生命。科学家还利用卫星上的数据采集系统,将地面发射机的数据转发给现场研究人员。

自1978年10月以来,NOAA还在运行其先进的TIROS-N(ATN)系列卫星。它搭载了TIROS垂直操作探测仪(TOVS),低数据速率大气探测软件包和先进甚高分辨率辐射仪(AVHRR)。这些卫星主要用于气象,但已经证明AVHRR仪器在各种与环境有关的地球观测应用中非常有价值,因此其服务和应用不断扩展。TIROS卫星有一个圆形、极地和太阳同步的轨道,高度为840km,

倾角为 98.7°~98.9°。NOAA 在互补轨道上至少有两颗运行卫星,偶数卫星在当地太阳时间约 7:30 和 19:30 时穿过赤道,奇数卫星在 2:30 和 14:30 穿过赤道。

3.2.1.7 俄罗斯遥感卫星

独立国家联合体(CIS)——苏联的空间活动对地球观测表现出极大且日益增长的兴趣。这不仅是出于军事目的,也是为了评估区域和全球范围内的资源。

(1) METEOR 系列(2~21,3~5,3M):METEOR 是苏联部署的第 1 颗民用卫星,它在许多方面都可以与美国 NOAA 系列相媲美。苏联发射并替换了许多 METEOR 航天器。新的 METEOR 卫星旨在容纳各种有效载荷,例如,Meteor3 携带了 NASA 的臭氧总量测绘光谱仪(TOMS)。

(2) OKEAN:全天候海洋卫星系列,配备有真实孔径侧视雷达。这些卫星可全天候监测冰况、风海流、风暴和气旋、洪水区域和海面现象。

(3) RESURS:Resurs 系列航天器与美国的 Landsat 系统大致相当。它们携带一套多光谱仪器包,在可见光至热红外区域工作。该系列航天器以其检测工业污染的能力而闻名。

(4) ELECKTRO(GOMS):地球静止运行气象卫星搭载了一套与 NOAA GOES 系列卫星类似的传感器。它实时获取地球表面和云层的可见光和红外影像,并对地球上不同大气过程进行动态连续观测。

虽然 ALMAZ 卫星和"和平"号空间站不再使用,但它们是非常重要的遥感数据来源。

目前,一组 8 颗俄罗斯遥感卫星正在环绕地球运行。俄罗斯总统表示,到 2020 年,在地球轨道上运行的俄罗斯遥感卫星数量将达到 15 颗。这些卫星可以对俄罗斯领土以及整个地球进行成像。

3.2.1.8 问题和评论

高分辨率卫星的开发以及可以在几乎没有任何限制的情况下拥有并获得运营授权,激发了大型航空航天公司前所未有的竞争,以期创造一种新的地理空间基础设施,目标是以前从未考虑过的市场。许多地球观测卫星系统的全色波段空间分辨率为 0.8~5m,在 3~10 个或更多的多光谱波段空间分辨率为 3.3~20m,这激发了政府、科学和公众的极大兴趣、好奇心和猜想。这些公司承诺的卓越影像质量受益于计算机、传感器、处理和通信方面的技术进步,而这主要归功于冷战时期为军事和情报组织开发的先进数字成像技术。图 3.33 概要总结了遥感卫星的传感器特性。

传感器	分辨率/m	光谱范围/μm	重访周期/天
Landsat	15	0.45~2.35	16
SPOT	2.5	0.50~1.75	5
IRS	5	0.50~1.70	5
Ikonos	1	0.45~0.85	3
快鸟	0.61	0.45~0.90	3
FORMOSAT	2	0.45~0.90	1
CARTOSAT	2.5	N/A	5
Worldview	0.46	0.40~1.04	1.1
ALOS	2.5	0.42~0.89	2
Geoeye	0.41	0.45~0.90	3
Airborne	1~25	0.42~14.00	N/A

图 3.33　遥感卫星传感器特性综述

3.2.1.9　决议限制和立法行动

1986 年 12 月 3 日，联合国通过了与空间遥感地球有关的原则，这些原则对指导即将到来的遥感商业化意义深刻。它的覆盖全面性大大减少了地球观测方面的法律问题，包括为高分辨率系统开放天空使用。这些原则是在联合国和平利用外层空间委员会(COPUOS)的努力下通过的，是制定国际规则以增加空间国际合作机会进程的一部分。

国家的遥感活动应当：

(1) 为了所有国家的利益和兴趣。

(2) 按照国际法进行。

(3) 尊重被观测国家的主权和权利。

(4) 公平地促进国际合作。

(5) 鼓励在可行的情况下订立数据采集和处理的区域协定。

(6) 按照相互商定的条件向有关国家提供技术援助。联合国应促进国际合作，包括技术援助和协调。

(7) 向联合国秘书长通报其空间计划。

(8) 促进保护地球环境，并向受影响国家通报情况。

(9) 促进对自然灾害的保护，并向可能受影响的国家通报情况。

(10) 在无歧视的基础上并以合理的成本条件，使被遥感的国家能够获得数据。

(11) 与被遥感的国家协商，以获得共同的机会。

(12)遵守国际法并对其负责。

(13)通过既定程序解决因适用这些原则而产生的争端。

然而,这些原则制定和确立时,政府是遥感卫星的唯一运营商,大多数国家对民用地球观测卫星的分辨率限制在 10~50m。今天,美国立法中没有对商业系统的分辨率进行限制。"瓶中的妖怪放出来了!"曾经是少数国防和情报机构的特权领域,现在可用于民用和商用。

大多数新商业系统的意图是授权消费者对其影像及影像产品进行一次性、单用途购买。然而,与任何商品一样,很难识别和控制产品的使用。《联合国原则》将控制其活动的国际法律责任赋予作为影像提供商的政府。毫无疑问,需要新的国家和地方立法来管制非法使用天基影像。

3.2.1.10 市场发展

虽然传统的地球观测影像市场是天气预报和监测以及一些测绘,但未来的市场是有空间属性的时间信息。交通运输部门的实时导航市场已经诞生,它们利用卫星影像数据与 GPS 和惯性参考系统相结合,生成动态地图态势显示。另一个非常有前景的市场领域是使用实时重复影像的精准农业。空间信息系统还有许多市场应用前景和衍生市场,包括但不限于:

(1)灾害监测和评估服务;

(2)应急服务;

(3)跟踪危险活动;

(4)火灾和危险检测;

(5)疾病检测(农业);

(6)疾病监测(农业和人类);

(7)房地产评估、税收和许可;

(8)城市和城市规划;

(9)设施布置和监控;

(10)维持和平与条约监测;

(11)执法;

(12)新闻收集服务;

(13)环境保护;

(14)资源监测和评估(天然和可再生);

(15)考古和建筑遗址监测和保护;

(16)趋势分析和预测服务;

(17)航行安全;

(18) 侦察、探测和监视；

(19) 人口统计。

3.2.2 气象卫星

从 20 世纪 60 年代初开始,美国、欧洲、俄罗斯和世界其他地区的几个组织就对天气或气象卫星计划感兴趣。在美国,NASA、NOAA 和国防部(DOD)一直在开发和运行气象卫星。在欧洲,ESA 和欧洲气象卫星探测组织(EUMETSAT)运营气象卫星系统。1960 年 4 月 1 日,NASA 发射了世界上第一颗气象卫星 TIROS[46](见图 3.34),作为研究地球的试验卫星。改进后的 TIROS 系统(ITOS)于 1970 年开始运行,后来被命名为 NOAA。

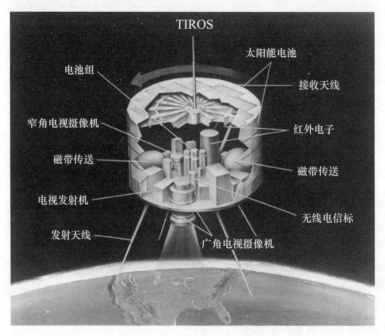

图 3.34　TIROS-1 结构

(www.pinterest.com/pin/456622849700758499/[46])

这些低轨道(833~870km)卫星的主要目标是提供更好的地球云层红外和视觉观测,用于分析天气和预报。NASA 从 1964 年—1978 年发射的 Nimbus 卫星,最初是为了测试新的传感仪器和数据采集技术而设计的,实际成为气象卫星,为环境科学服务管理局(原名为国家气象服务局)提供数据。Nimbus 卫星上搭载的仪器包括微波辐射计、大气探测仪、臭氧探测仪(Nimbus7 号卫星上的 TOMS)、海岸带彩色扫描仪和红外辐射计。这些仪器提供了广泛而又关键的全球数据,如海冰覆盖范围、大气温度、大气臭氧分布以及地球大气层辐射量和海面温度。除了上述在低轨运行的气象卫星外,还有在地球赤道上方的地球静止轨道(22400mile,35700km)上运行的卫星。地球同步气象卫星可以对几乎整个半球进行昼夜连续监测。1974 年 5 月 17 日,NASA 发射了第 1 颗地球同步气象卫星(SMS‑1)。继 SMS‑1 之后,1975 年 10 月 16 日,GOES‑1 发射升空[47]。图 3.35 显示了 GOES 双卫星星座的覆盖面积,该星座可以观测到近 60% 的地球表面。

一旦卫星进入轨道,它就会经历各种扰动力,包括来自其他天体的引力,如太阳和月球引力、磁场相互作用、太阳辐射压力等。这些扰动使卫星轨道漂移,从而导致其方向发生变化。为了让卫星保持在轨道分配的允许范围内,需要在东西方向和南北方向上对卫星位置进行控制。为防止来自相邻卫星的射频(RF)干扰,需要保持东西位置。为了使卫星具有适当的倾角,还必须保持南北位置。卫星的位置和方向是通过姿态和轨道控制系统来保持的,该系统也使天线正确指向所需方向,必要时,通过向所需方向发射推进器或释放气体射流来保持轨道控制。

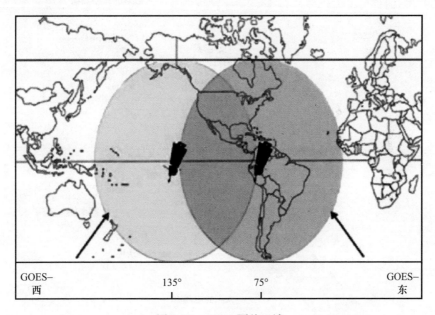

图 3.35　GOES 覆盖区域

实现卫星稳定的技术是自旋(或物体)稳定和三轴稳定。图 3.36[48]是自旋稳定示意图,图 3.37[49]是三轴稳定示意图。前者主要用于早期几代卫星,后者用于最近的卫星。

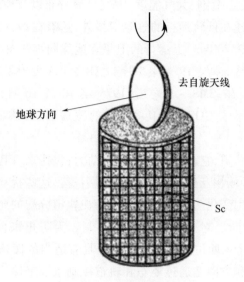

图 3.36 自旋稳定

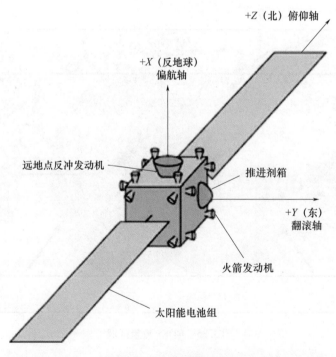

图 3.37 三轴卫星稳定

GOES-8 是第 1 颗使用三轴稳定的气象卫星(图 3.38)[50],它在采集天气影像和大气数据方面取得了显著的进步。最新的 GOES 卫星使用 GPS 进行搜索和救援行动。1969 年,CNES 提出了欧洲气象卫星系统 Meteosat(图 3.39)[51]。1977 年 11 月 23 日,Meteosat-1 发射升空,随后于 1981 年发射了 Meteosat-2。1986 年,17 个欧洲成员国商定一项国际公约,决定成立欧洲气象卫星组织(EUMETSAT),这是一个政府间组织。欧洲气象卫星组织和 ESA 一直在合作致力于生产更加优化的系统。

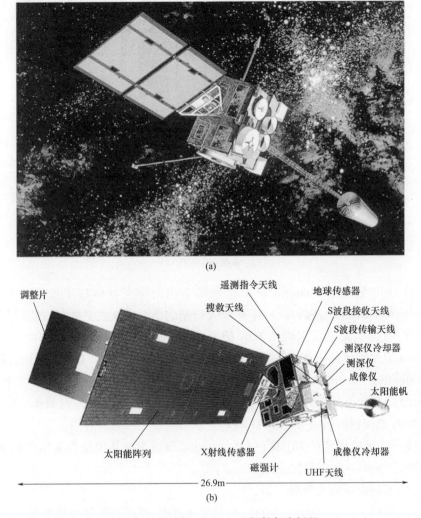

图 3.38 部署的 GOES 卫星部件都有标签

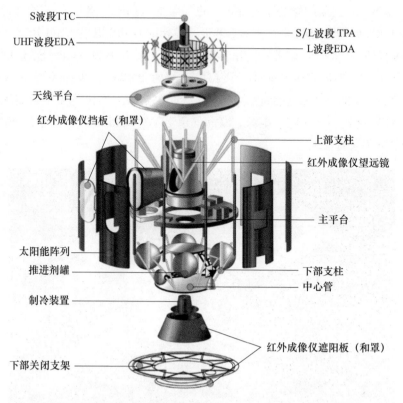

图 3.39 MSG 结构放大图,显示了 S/C 的主要部件及其有效载荷
(图片来源:EUMETSAT)

图 3.40 显示了 Meteosat 第 1 代和第 2 代的特点并体现了所做的改进。1997 年,Meteosat-7 发射升空,这是 ESA 研制的第 1 代气象卫星中的最后 1 颗。1995 年,欧洲气象卫星组织从 ESA 接管 Meteosat 卫星的运行。最初由第 1 代 Meteosat 卫星提供的主要服务被第 2 代 Meteosat(MSG)取代。目前在轨的 2 颗卫星是 Meteosat-8 和 Meteosat-9,并计划在 2021 年再发射 2 颗卫星。2012 年中期,Meteosat 项目利用"阿丽亚娜"-5 发射 MSG-3,随后于 2014 年发射 MSG-4。

MSG 地面段的组成如图 3.41 所示。

位于达姆施塔特的 EUMETSAT 中央处理设施生产从卫星数据衍生的各种气象产品,其中一些产品如下:

(1)不同高度的大气风矢量;
(2)提供云层识别的云层分析,包括覆盖范围、高度和天气预报类型;
(3)用于天气预报的中高层对流层湿度;
(4)高分辨率降水指数(HRPI);

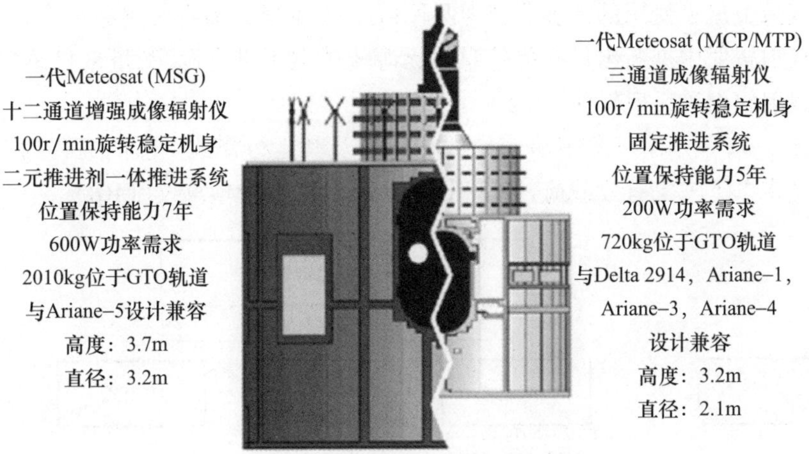

一代Meteosat (MSG)
十二通道增强成像辐射仪
100r/min旋转稳定机身
二元推进剂一体推进系统
位置保持能力7年
600W功率需求
2010kg位于GTO轨道
与Ariane–5设计兼容
高度：3.7m
直径：3.2m
一代Meteosat (MCP/MTP)
三通道成像辐射仪
100r/min旋转稳定机身
固定推进系统
位置保持能力5年
200W功率需求
720kg位于GTO轨道
与Delta 2914，Ariane–1，
Ariane–3，Ariane–4
设计兼容
高度：3.2m
直径：2.1m

图 3.40　第一代和第二代 Meteosat 航天器的比较
（图片来源：EUMETSAT）

（5）航空气象云顶高度影像；

（6）晴空辐射，用于数值天气预报模式。

主用
备用
来自MSG卫星的数据
已处理的数据和指令
原始数据
HRIT数据
备用地面站
主用地面站
HRIT数据
LRIT数据
LRIT数据
HRIT数据
卫星应用
设施
MSG数据用户
数据与卫星
指令
EUMESAT
任务控制中心
DARMSTADT
全球电信系统
气象产品提取设备
气象档案和检索
统一设施
用户

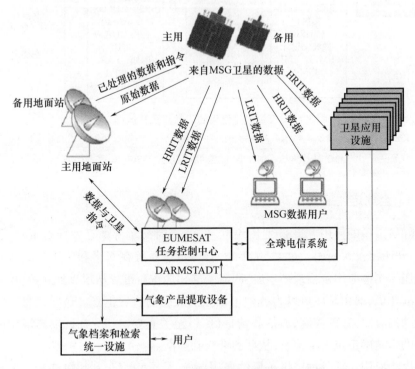

图 3.41　MSG 地面段示意图
（图片来源：EUMETSAT）

气象卫星上使用的传感器分为两种:有源和无源。有源传感器自带光源,从目标反射辐射中推断出目标的信息。无源传感器不带光源,测量来自感兴趣目标的发射辐射和反射辐射。

图 3.42 显示了气象卫星使用的传感器及其运行模式。前面提到的 NOAA 卫星携带以下气象有效载荷:AVHRR、TOVS、地球辐射预算仪(ERB)。

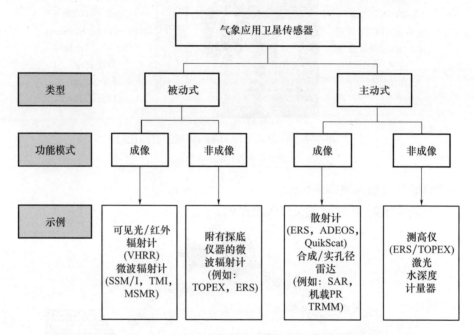

图 3.42 气象卫星使用的传感器及其运行方式

(Kishtawal,C. M.,气象卫星,大气科学司,气象学和海洋学组,空间应用中心(Kishtawal,C. M.,气象卫星,大气科学司,气象学和海洋学组,空间应用中心(ISRO),印度艾哈迈达巴德。[52])

3.2.3 全球定位卫星

导航卫星的使用可追溯到 1959 年年初,当时海军开始开发导航卫星系统,并于 1964 年投入使用。过去 50 年来,全球定位系统在军事和民用部门得到大量应用。军事应用包括通用导航、武器瞄准和地雷对抗。从坦克到舰船,再到喷气式战斗机,通用导航可以为各种车辆提供准确的位置信息。这些信息对于军事行动的有效指挥、控制、通信和情报(C^3I)至关重要。GPS 在武器瞄准中的应用有助于精确定位火炮位置,从而实现精确瞄准。

民用应用包括各种民用车辆的通用导航,从豪华汽车到超级油轮。海洋石油工业还利用 GPS 的精确定位功能进行地震测量、钻机定位和管道铺设。在这些类型的应用中,为了提供实时准确的信息,常采用 GPS 差分模式。

GPS 由美国国防部开发,并于 1995 年 7 月 17 日达到全面运行能力。GPS 的运行依靠中地球轨道卫星星座、一个位于科罗拉多州斯普林斯的控制站,以及 5 个监测站及其天线,所有这些监测站和天线都分布在地球上。当 GPS 用于民用时,出于国家安全原因,国防部引入了一种称为选择可用性(SA)的误差,该误差将 GPS 精度限制在大约 100m。选择可用性在 2000 年 5 月被取消,目前 GPS 的精度约为 10m。

为了提供全球覆盖,需要 24 颗卫星(图 3.43)。这些卫星在中地球轨道运行(20200km),向全球陆、海、空用户提供准确的位置信息(纬度和海拔),卫星轨道周期为 12h。

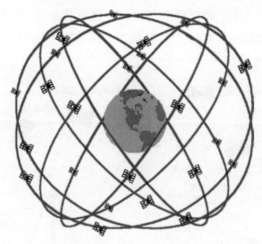

图 3.43 GPS 卫星系统

(Peter H. Dana,全球定位系统概述,www.colorado.edu/gography/gcraft/notes/gps/gps_f.html.53)

GPS 的工作方式是利用至少 4 颗卫星进行三角测量。如果已知高度信息,如海上船只,则 3 颗卫星就足够了。由于接收信号电平通常低于接收机的噪声功率,采用扩频技术提高接收信噪比。GPS 在两个波段上工作:L1,频率为 1575.42MHz;L2,频率为 1227.60MHz,使用二进制相移键控(BPSK)调制发送扩频信号。

L1 频率用于传输卫星的位置(星历)以及任何商业或公众都可以使用的定时码。这种操作模式称为粗/捕获(C/A)码。然而,L2 频率被保留用于军事用途,并使用被称为 P 码的加密定时码。P 码比 C/A 码具有更高的精度。GPS 系统使用从卫星到用户的单向传输,用户不需要发射机,只需要 GPS 接收机。无线电波在穿过大气层和对流层与穿过真空相比,光速的自由空间值略有不同,在某些应用中会引入时间误差。除了这个误差外,卫星时钟也有自己的定时误差,尽管它们非常精确。还有一个误差是由于卫星几何结构引起的,称为精度衰减(DOP)。位置误差的衰减与上述定时误差相结合,限制了位置确定精度。在需要高精度定位的情况下,可以使用差分GPS(DGPS)。在这种模式下,使用两个接收机,其中一个放置在准确已知的位置。

GPS系统主要由3部分组成:空间段、控制段和用户段。图3.44显示了GPS配置。

如前所述,空间段由24颗卫星组成,周期约为12h(11h58min),高度为20200km。这些卫星分布在6个轨道面上,每个轨道面有4颗卫星,间隔60°。控制段由主控站、多个监控站及上行注入站组成。主控站完成管理GPS系统运行所需的所有必要功能。用户段由各种用户接收机组成,每种接收机针对不同的应用定制。下面列出了GPS的一些应用。随着对GPS系统应用潜力的深入理解,新的应用将不断出现。

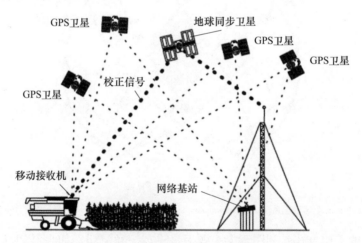

图3.44 用于农业装备定位的GPS卫星差分改正通信概念示意图
(Peter H. Dana,全球定位系统概述)

农业——通过组合利用GPS和GIS(地理信息系统)数据,可以获得更精确的现场农业信息,用于农场规划、变速率应用、田间测绘、土壤取样、拖拉机引导、作物侦察和产量测绘。若将遥感数据添加到GPS-GIS数据中,可以获得针对研究目标的更准确的结果。图3.44还显示了GPS在农业装备定位中的应用。

航空——GPS用于提高飞行的安全性和效率。利用GPS可以设计更多新的、高效的航空线路,从而节约更多的时间和金钱。对于航空界来说,好消息是GPS正在不断改进,以减少电离层扰动造成的误差,从而提高系统的精度、可用性和完好性。

环境——GPS技术有助于了解和预测环境变化,将其观测量与气象数据相结合,可以确定大气含水量,从而提高天气预报的准确性。GPS信息还用于跟踪石油泄漏的移动和扩散,绘制森林火灾的边缘,帮助科学家预测地震、植被测绘和热带雨林生态。

海洋——GPS提供了一种精确的导航、测速和定位方法,这使它成为海洋环境中一项极具吸引力的技术。在公海以及拥挤的港口和水道中,了解船舶的位置对海上航行非常重要。海员和海洋学家也在使用GPS数据进行各种应用,从水下测量到商业捕鱼。如前所述,差分GPS在海上作业中提供了更高的精度和安全性。

公共安全和救灾——GPS在全球救灾活动中发挥了重要作用,如2004年印度洋区域海啸和2005年"卡特里娜"飓风。GPS还用于森林火灾管理,帮助科学家预测地震、跟踪风暴、预测洪水,总之,GPS有助于在各种灾害情况下拯救生命。

铁路、道路和高速公路——在铁路系统中,GPS提供列车位置信息,有助于防止碰撞,保持道路和高速公路上交通畅通。GPS提供车载导航系统和公共汽车、轨道及其他服务的跟踪能力,以提高准时性。GPS还用于监测道路和高速公路网,提供有关交通、交通违法或交通事故的信息。在未来将要实施的智能交通系统中,GPS将发挥重要作用。在铁路系统中,GPS提供火车的位置信息,有助于防止碰撞,并保持道路和高速公路上的交通畅通。

3.2.4 科学研究卫星

科学卫星的任务是获取数据,为科学家提供有关地球和宇宙的重要信息。这类卫星要么观测地球及其大气层,要么远离地球观测外层空间。地球观测科学卫星提供有关地球历史、现状和未来发展的信息。NASA的第一颗科学卫星是上层大气研究卫星(UARS),它于1991年发射,用于研究控制地球上层大气的机制。这颗卫星提供了一氧化碳地图及其在与臭氧存在和消耗的直接关系。第二类科研卫星是远离地球的卫星,它们调查太阳、恒星、行星以及我们宇宙中的其他现象。1976年发射的Viking航天器能够从火星表面拍摄特写照片。其他此类卫星包括国际紫外线探测器(IUE),它研究了来自一颗爆炸恒星的强烈紫外线输出,这颗超新星揭示了爆炸后的快速冷却。科学卫星使我们能够更多地了解到宇宙是如何形成的。下面将详细介绍其中一些卫星。

(1) 20世纪60年代。

"水星"计划——该项目旨在了解人类是否能在太空飞行的严酷环境中生

存下来。"水星"计划1958年开始,1963年结束,是美国第一个载人航天计划(图3.45)[54]。

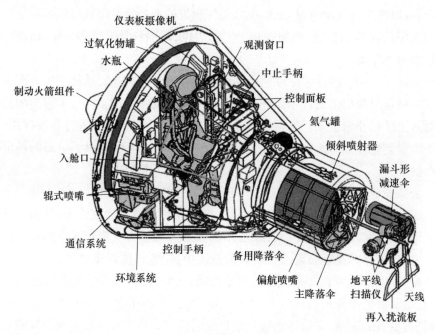

图3.45 水星航天器系统

"双子座"计划——该载人航天项目于1962年1月宣布,在1965年和1966年期间进行了10次飞行,为NASA的科学家和工程师提供了失重数据,确定了重返大气层、溅落以及在太空中的交会和对接程序。

"阿波罗"计划——1961年,该项目成为NASA的优先项目,旨在展示冷战期间美国对苏联的优势。该项目历时11年,耗资254亿美元。阿波罗-8是第一颗环绕月球运行的卫星。"阿波罗"-11(图3.46)的主要目标是完成约翰·肯尼迪总统于1961年5月25日制定的国家目标[55],即载人登月并返回地球。这次飞行的另一个目的是月球舱(LM)机组人员进行科学探索,部署一个电视摄像机向地球传输信号。1962年3月16日,苏联发射"宇宙"-1号,并宣布它是一颗有许多科研目标的研究卫星。这颗卫星也被称为Sputnik-11,采用无线电方法来研究大气层的结构。

1957年10月4日,第一颗人造地球轨道卫星Sputnik-1(Спутник-1)向天空发射。(苏联网络空间,《人造卫星:太空时代开始的历史》[56]。

(2)20世纪70年代

日本第一颗科学卫星Ohsumi于1970年发射,其主要目标是研究M(Mv)火

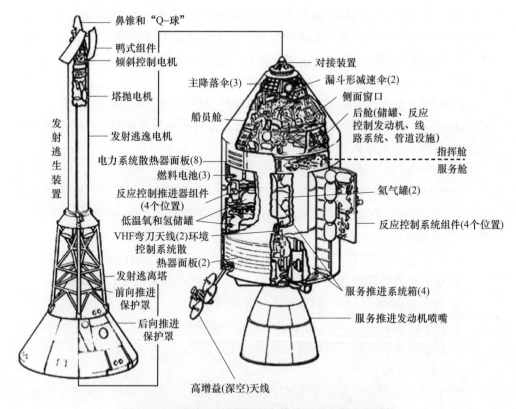

图 3.46 "阿波罗"控制和服务模块以及发射逃生系统

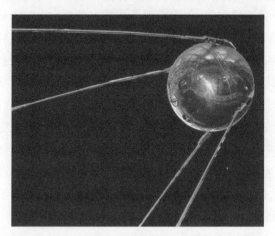

箭的卫星发射技术,并在卫星上进行工程试验。

1978 年,NASA 发射的 Nimlus-7 标志着天基大气研究的新开端。该卫星有 8 个地球观测传感器,包括第一个 ERB 实验和 TOMS 仪器。

1972年,NASA将地球资源技术卫星(ERTS-1)送入轨道。ERTS-1后来被命名为Landsat-1,它使用先进的仪器在几种红外波长下观测地球表面。这些传感器提供的数据,帮助科学家评估植被生长,监测城市蔓延和地球表面的其他变化。

1978年,NASA还发射了海洋卫星(SeaSat),利用SAR观测海洋。SAR是一种地面测绘方法,利用计算机进行数据处理,通过对相距数英里的雷达图像进行组合,来提供高分辨率影像。

(3) 20世纪80年代。

1983年11月28日,STS-9搭载了ESA空间实验室(这是一个轨道实验室)的有效载荷,执行了71项实验。所进行的研究涉及天文学、物理学、大气物理学、地球观测、生命科学、材料科学、空间等离子体物理学和技术等领域。

1988年,俄罗斯发射了第一艘运行中的航天器(Okean-O),其任务如下:

① 研究世界海洋作为大气层热量和水分含量的全球阻尼器和调节器;

② 确保北极和南极地区的航行安全和冰情控制;

③ 研究海流动力学、海水自净化和河流污水净化过程;

④ 控制石油和石油产品排放对海洋的污染强度。

(4) 20世纪90年代。

1991年9月,NASA从航天飞机上发射了UARS。UARS旨在研究探空气球和飞机无法到达的大气层上部区域。

1992年,"阿丽亚娜"42P火箭发射了一艘名为Topex/Poseidon的航天器,这是由法国航天局和NASA联合开展的项目。卫星上的雷达测高仪测量的海洋地形,使科学家能够绘制海洋环流图,这有助于了解全球天气和气候变化。

1997年,"海洋之星"(SeaStar)发射,用来研究海洋中的生物有机体,如藻类和浮游植物(微型海洋植物)。

1999年1月27日,台湾第一颗科学家卫星ROCSAT-1发射,以发展新兴的空间研究和相关应用技术。ROCSAT搭载了一个Ka波段试验通信有效载荷和一台测量赤道电离层热等离子体的仪器,并开展了研究浮游生物分布的海洋彩色成像仪实验,用于渔业资源管理。

(5) 21世纪的第一个10年。

2002年,ESA用"阿丽亚娜"-5号火箭发射了一颗名为Envisat的大型环境监测卫星。Envisat是ERS-1和ERS-2的接替者,旨在同时读取各种大气和陆地特征,帮助了解全球变化。为满足任务要求,选择了以下仪器:

① 迈克尔逊无源大气探测干涉仪(MIPAS);

② 通过掩星监测全球臭氧(GOMOS)；

③ 大气层制图的扫描成像吸收光谱仪(SCIAMACHY)；

④ 中分辨率成像光谱仪(MERIS)；

⑤ 先进沿轨扫描辐射计(AATSR)；

⑥ 先进合成孔径雷达(ASAR)；

⑦ 雷达高度计-2(RA-2)；

⑧ 微波辐射计(MWV)；

⑨ 多普勒轨道和无线电定位集成卫星(DORIS)；

⑩ 后向反射器阵列(RRA)。

2006年10月19日，MetOp-A发射。作为改善天气预报计划的一部分，这颗卫星配备了11台科学仪器，用来扫描地球大气层、陆地和海洋。MetOp由欧洲气象卫星探索组织运营，是EUMETSAT极地系统的一部分。MetOp-A卫星上有以下仪器：

① 红外大气探测干涉仪(IASI)；

② 微波湿度探测仪(MHS)；

③ 全球导航卫星系统大气探测接收机(GRAS)；

④ 先进散射计(ASCAT)；

⑤ 全球臭氧监测实验-2(GOME-2)；

⑥ 先进微波探测装置(AMSU-A1/AMSU-A2)；

⑦ 高分辨率红外辐射探测仪(HIRS/4)；

⑧ 先进甚高分辨率辐射仪(AVHRR/3)；

⑨ 先进数据采集系统(A-DCS)；

⑩ 空间环境监测器(SEM-2)；

⑪ 搜救处理器(SARP-3)；

⑫ 搜救中继器(SARR)。

2007年2月16日，DELTA II火箭携带5颗THEMIS卫星，从佛罗里达州卡纳维拉尔角发射。THEMIS的主要目标是确定亚风暴的释放地点以及导致亚风暴宏观过程的性质，并研究它们之间的关系和耦合。另一个目标是研究辐射带、磁顶层和边界层。每颗卫星都配备了5种仪器：

① 磁通门磁强计(FGM)；

② 电场仪(EFI)；

③ 静电分析仪(ESA)；

④ 搜索线圈磁强计(SCM)；

⑤ 固态望远镜(SST)。

(6) 21世纪的第2个10年。

2010年11月20日,RAX(无线电极光探测器)发射成功,也称为USA 218。这是一颗三单元立方体卫星,用于电离层研究。RAX是1颗60磅重的纳米卫星,由密歇根大学和SRI国际公司联合研制。

2013年11月,波兰第一颗科学人造卫星Lem发射,该卫星是亮星目标探索者(BRITE)计划的一部分。该航天器由Dnepr火箭发射。它以波兰科幻作家Stanisław Lem的名字命名,是波兰科学院空间研究中心建造的光学天文学航天器,由波兰哥白尼天文中心运营。它是波兰对BRITE星座和Heweliusz卫星的两项贡献之一。

2014年8月,作为BRITE计划的一部分,第二颗波兰科学卫星由Heweliusz发射。该航天器由"长征"四号乙火箭发射。Heweliusz是一艘光学天文学航天器,由波兰科学院空间研究中心建造,由哥白尼天文中心运营。它是波兰对BRITE星座和Lem卫星的两项贡献之一。它以Johannes Hevelius的名字命名。

2014年12月4日,小行星飞越空间探测器PROCYON(带光学导航的近距离物体飞越)与"隼鸟"2号一起发射。PROCYON由东京大学和JAXA开发,是一个小型(70kg,约60cm的立方体)、低成本(5亿日元)的航天器。

2015年2月11日,深空气候观测台(DSCOVR,原名为Triana,非官方名称为Gore Sat),由SpaceX公司在卡纳维拉尔角用"猎鹰"-9运载火箭发射,这是一颗NOAA空间气象和地球观测卫星。

2015年9月28日,印度第一个专用多波长空间天文台Astrosat发射。1996年发射的星载印度X射线天文学实验(IXAE)取得成功后,印度空间研究组织(ISRO)于2004年批准进一步发展成熟的天文卫星Astrosat。

2016年10月16日,作为欧洲主导的ExoMars计划的一部分,ExoMars微量气体轨道飞行器(TGO)将一个大气研究轨道器和Schiaparelli验证着陆器送往火星。这是ESA和俄罗斯航天国家集团公司合作的项目。

微量气体轨道飞行器运送的Schiaparelli着陆器在火星表面坠毁。该轨道飞行器目前正在进行空气制动,逐渐降低到400km(250mi)的圆形轨道,并将于2018年4月进行大气测绘。其关键目标是更好地了解火星大气中存在的甲烷(CH_4)和其他微量气体,这些气体可能是生物活动的证据。该计划将于2020年启动表面科学平台和ExoMars火星探测器,搜寻生物分子和生命信号;TGO将作为2020年ExoMars火星探测器和表面科学平台的通信链路,并为其他火星表面探测器与地球提供通信。

3.2.5 通信卫星

1945年10月,英国行星协会成员、英国皇家空军电子官员亚瑟·克拉克在《无线电世界》上写了一篇短文,题为"外星中继:火箭站能提供世界范围的无线电覆盖吗?[56]"由于这篇文章在我们讨论中的重要性和相关性,所以把它在本节末尾全文呈现。克拉克在文章中概述了卫星通信概念所涉及的基本技术考虑。他建议在轨空间站可以配备接收和发射设备,并在太空中充当中继器,在半球下方的任何两点之间中继传输。他计算出半径为42000km的轨道将与地球的自转相一致,从地球上的任何一点看,航天器将保持固定。克拉克还解释说,在这一轨道上,3颗相隔120°的卫星可以提供全球通信覆盖。值得注意的是,克拉克没有为他的伟大想法申请专利,因为他认为这样的卫星系统近期在技术或经济上都不可行。正是在不到20年的时间里,他的聪明理论实现了。1963年,随着NASA成功发射第一颗地球同步卫星SYNCOM,克拉克的想法成为现实。实现卫星通信的一些因素可概述如下[57]。

(1) 能够将卫星送入高空轨道的大功率火箭技术开发和推进系统;

(2) 空间研究的科学和军事兴趣;

(3) 晶体管的发展和电子电路的小型化;

(4) 开发太阳能电池,为卫星子系统提供能源;

(5) 可用于计算和跟踪轨道的高速计算机开发;

(6) 政府对太空技术的支持;

(7) 苏联和美国人之间的太空竞赛。

克拉克在他的杰作中总结了他所谓的空间站的优点如下。

(1) 这是能够真正实现所有可能服务类型全球覆盖的唯一途径。

(2) 它允许不受限制地使用带宽至少为100000Mc/s的波段,利用波束可以使用几乎无限数量的信道。

(3) 由于"照射"效率几乎为100%,因此功率要求非常小。此外,电力成本将非常低。

(4) 无论最初的费用有多大,它都只是世界所需费用的一小部分。

(5) 网络被取代,运行成本将会大大降低。

人们可能会问,为什么是通信卫星?还有许多其他传输系统可以将电信信号从一个点传输到另一个点。这种系统可以是微波、电缆、对流层散射、光纤,甚至是双绞线。答复是,通信卫星是独一无二的,因为它们在地球同步轨道上只用3颗GEO卫星就能提供全球覆盖。地球同步轨道的独特特点是,该轨道上的任何物体相对于地球而言都被认为是静止的,因为它将以与地球相同的速度和方向转动。因此,地球站天线无需跟踪即可接收此类卫星的信号。通信卫星可以覆盖偏远、孤立和人口稀少的地区和位置。卫星系统的安装和调试相当迅速,可以在很短的时间内完成。通信卫星的另一个特点是,它在地面覆盖不足的发展中国家具有很高的应用潜力。在一些发展中国家,地面通信的质量不足以满足需要可靠系统且可用性高的服务,这些国家在金融交易等需要可靠系统的案件中使用卫星系统的情况一直在增加。其中一个系统是VSAT(甚小孔径终端)系统,它作为一个可靠的专用网络在全球使用,在发展中国家更是如此。本节稍后将对 VSAT 系统进行更多解释。卫星系统也可以替代海底电缆。最近的一项卫星服务,即卫星数字声音广播,已成为高质量广播服务的一个有吸引力的替代方案。自 2000 年以来,已在全国和全球范围内提供这种服务。

卫星通信架构如图 3.47 所示。

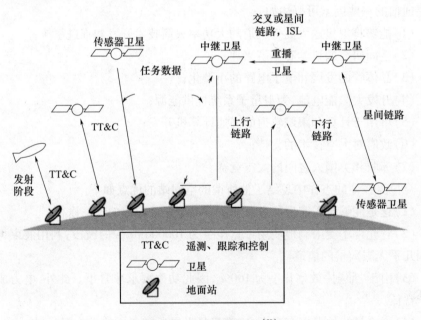

图 3.47 卫星通信架构[58]

卫星通信系统由三个主要部分组成。这三部分充分描述了任何给定卫星系统的组成,它们是空间段、地面段和两者之间的链路。将以下章节中进行描述,图 3.48 是这三部分的简化演示。

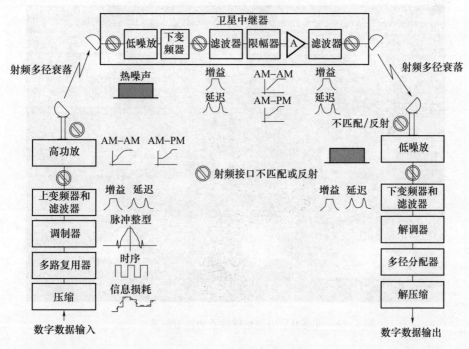

图 3.48　通信卫星系统[59]

通信卫星对我们的日常生活有着深远的影响。从连接地球偏远地区和在全国各地提供通信服务,到在全球广播重大事件和在自然灾害期间拯救生命,卫星通信以许多不同的方式进入了每个人的生活,没有它的世界似乎是一个非常不同的世界。

3.2.5.1　卫星轨道

卫星系统可以看作为空中中继器,而微波系统可以在地面"视线"范围内传递信号。除了对卫星三个部分有很好的了解外,了解通信卫星系统的另一个重要因素是卫星轨道的类别。在回答卫星为什么停留在轨道上的一般性问题时,可以提供以下答复。一颗卫星之所以停留在轨道上,是由于两种效应的平衡:速度,或者说它沿直线行驶的速度,以及地球和卫星之间的引力。这一概念适用于可用于卫星通信的所有轨道。

图 3.49 显示了按倾角、形状和高度划分的轨道类型。

图 3.50 显示了航天器逃离地球引力所需要的发射速度[60]。

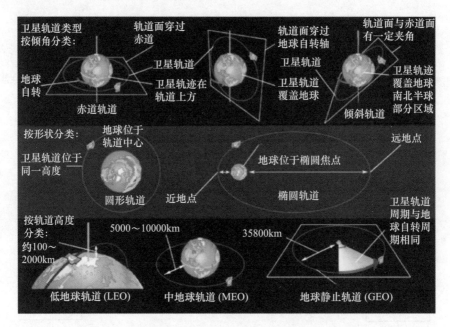

图 3.49　可将卫星围绕地球放置的轨道的基本特征[60]

地球引力与发射速度

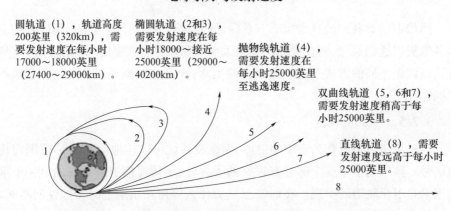

图 3.50　航天器逃离地球引力所需的发射速度各不相同[60]

简单地说,用于商业通信卫星的三个主要轨道具有以下特点。

(1) LEO(低地球轨道)。

① 将卫星的功率降至最低;

② 最小化手持设备中的电源;

③ 最小化卫星天线尺寸;

④ 最小化时间延迟;

⑤ 位于大气和第一范艾伦带(VAB)之间；
⑥ 最大化仰角；
⑦ 发射成本低；
⑧ 在轨寿命约为 8 年；
⑨ 轨道为 400~1600mile；
⑩ 全球覆盖达到 48 颗卫星；
⑪ 轨道周期为 100min。

(2) MEO(中地球轨道)。

① 中等卫星天线尺寸；
② 中等卫星功率；
③ 延迟小；
④ 卫星数量少于低地球轨道(大约 10 颗卫星,取决于具体轨道)；
⑤ 轨道为 1500~6500mile；
⑥ 在轨寿命为 6~12 年；
⑦ 比 GEO 更复杂的跟踪系统；
⑧ 位于两条范艾伦带之间。

(3) GEO(地球静止轨道)。

① 轨道位置为赤道以上 22300mile；
② 轨道周期为 24h；
③ 全球覆盖有三颗卫星；
④ 信号延迟时间为 0.25ms(每路)；
⑤ 在轨寿命为 15~25 年。

图 3.51 和图 3.52 显示了 GEO 商业通信卫星[61]。

一些不太常用的轨道如下：

(1) 极地轨道(PO)。

这个轨道指的是近极倾角、高度 700~800km 的航天器。卫星每天在当地同一时间通过赤道和地球表面的每个纬度,这意味着卫星在一年中的所有季节基本上在同一时间过顶。这一特性允许定期和一致的时间收集数据,这对于进行长期对比分析特别有用。

(2) 高椭圆轨道(HEO)。

这些轨道的特点是高度相对较低的近地点和极高的远地点。这些极长的轨道具有长时间停留在空中某一点的优点；远地点附近的能见度可以超过 12h。这些椭圆轨道对通信卫星很有用。

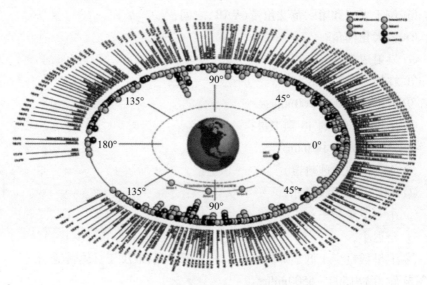

图 3.51 GEO 商业通信卫星

(Keesee, John, Satellite Communications.)

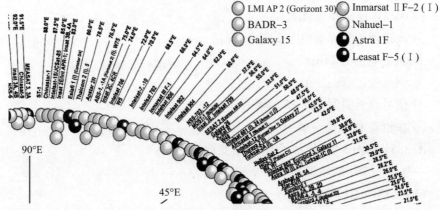

图 3.52 图 3.50 给出的 GEO 局部图

(3)地球转移轨道(GTO)。

这是地球椭圆轨道,近地点在低地球轨道,远地点在地球静止轨道。该轨道通常是运载有效载荷到 GEO 的运载火箭发射到低地球轨道后的转移路径。

理解通信卫星运行的另一个重要参数是分配给通信卫星系统并由其使用的频段。国际电信联盟为所有无线电服务分配频段,因此这些卫星已被指定在世界行政无线电会议(WARC)中分配的频段。通信卫星使用的三个主要频段是 C 波段(上行链路 6GHz/下行链路 4GHz)、Ku 波段(上行链路 14GHz/下行链路 12GHz)和 Ka 波段(上行链路 30GHz/下行链路 20GHz)。表 3.15 给出了频率波段名称、标称频率范围和主要应用。对于频率分配,国际电信联盟将世界划分为三个区域,如图 3.53 所示。

表 3.15 频率波段定义

波段名称	标称频率范围	主要用途
HF	3～30MHz	短波广播
VHF	30～300MHz	调频,电视
UHF	300～3000MHz	电视,局域网,蜂窝,GPS
L	1～2GHz	雷达、地球同步轨道(GSO)卫星
S	2～4GHz	
C	4～8GHz	卫星数据链路
X	8～12GHz	
Ku	12～18GHz	雷达,卫星数据链路
K	28～27GHz	
Ka	27～40GHz	自动雷达数据
mm(毫米)波	40～300GHz	—

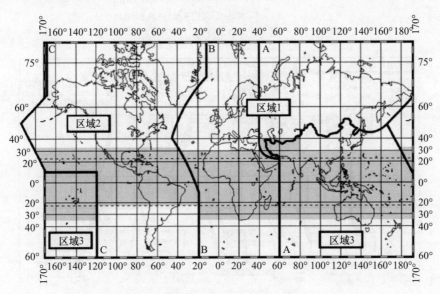

图 3.53 根据国际电信联盟进行频率分配的世界三个地区[62-63]

图 3.54 显示了不同卫星的轨道。图 3.55 显示了对不同服务的频率分配。图 3.56 显示了用于商业和政府/军事服务卫星通信中使用的频率。

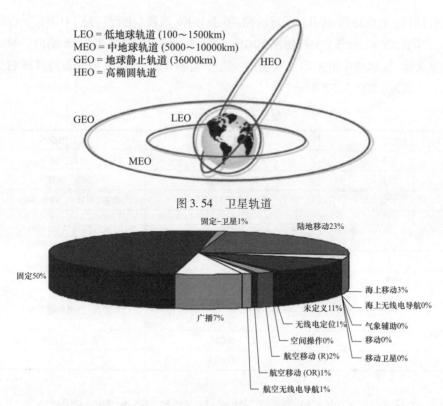

图 3.54　卫星轨道

图 3.55　不同服务的频段分配

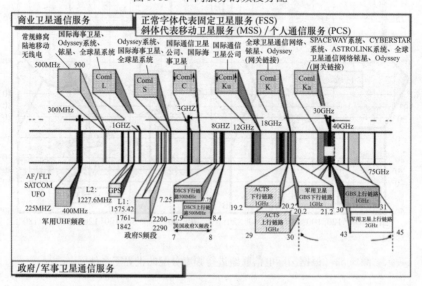

图 3.56　卫星通信频段使用

(Introduction to International Radio Regulations, ANNEX, Article 5 of the Radio Regulations, Edition 2001.)

表3.16显示了上述世界三个区域C波段和Ku波段通信卫星的频率分配[64],给出了PR第5条中列出的Ku频段较高频部分至Ka频段卫星服务的频段分配[65]。

表 3.16 国际电信联盟频率分配表

区域1	区域2	区域3
4500~4800	固定 固定卫星(空对地)5.441 移动	—
6700~7075	固定 固定卫星(地对空)(空对地)5.441 移动 5.458 5.458A 5.458B 5.458C	—
10.7~11.7	10.7~11.7	10.7~11.7
固定	固定	固定
固定卫星(空对地)5.441 5.484A(地对空) 5.484	固定卫星(空对地) 5.441 5.484A	固定卫星(空对地)5.441 5.484A
除航空移动设备 外的移动设备	除航空移动设备外的移动设备	除航空移动设备 外的移动设备
12.75~13.25	固定 固定卫星(地对空)5.441 移动 空间研究(深空)(空对地)14.25~15.63GHz	—
	所分配的服务	
14.25~14.3	固定卫星(地对空)5.484A 5.506 无线电导航 5.504 移动卫星(地对空),航空移动卫星空间研究 除外 5.5055.508 5.509	—
14.4~14.4	14.3~14.4	14.3~14.4
固定	固定卫星	固定
固定卫星(地对空) 5.484A 5.506	移动卫星(地对空), 航空移动卫星除外	固定卫星(地对空) 5.484A 5.506
除航空移动设备 外的移动设备	无线电导航卫星	除航空移动设备 外的移动设备

续表

区域1	区域2	区域3
除航空移动卫星外的移动卫星(地对空) 无线电导航卫星	—	除航空移动卫星外的移动卫星(地对空) 无线电导航卫星
14.4~14.47	固定 固定卫星(地对空)5.484A 5.506 除航空移动设备外的移动设备 移动卫星(地对空),航空移动卫星除外 无线电导航卫星空间研究(空对地)	—
14.47~14.5	固定 固定卫星(地对空)5.484A 5.506 除航空移动设备外的移动设备 移动卫星(地对空),航空移动卫星除外 射电天文学5.149	
14.5~14.8	固定 固定卫星(地对空) 5.510 移动 空间研究	
14.8~15.35	固定 移动 空间研究 5.339	
15.35~15.4	地球探测卫星(无源) 射电天文学 空间研究(无源)5.340 5.511	
15.4~15.43	航空无线电导航5.511D	—
15.43~15.63	固定卫星(地对空)5.511A 航空无线电导航5.511C	

资料来源:国际电信联盟(ITU)频率分配表,SMS4DC培训研讨会,2010年10月。

在讨论关于卫星通信的更多细节之前,让我们先看一些定义。本节介绍三种主要通信卫星服务:FSS、MSS 和 BSS。

(1)电信——通过电线、无线电、光学或其他电磁系统传输、发射或接收任何性质的标志、信号、文字、图像和智能声音。

(2)无线电通信——通过无线电波进行通信。

(3)空间无线电通信——任何涉及使用一个或多个空间站或在空间中使用

一个或多个反射卫星或其他物体的无线电通信。

（4）无线电通信服务：为特定通信目的传输、发射或接收无线电波的服务。

（5）固定服务——指定固定点之间的无线电通信服务。

（6）FSS——固定卫星服务。当使用一颗或多颗卫星时，在给定位置的地球站之间的无线电通信服务，给定位置可以是指定的固定点或指定区域内的任何固定点。在某些情况下，这种服务包括卫星与卫星之间的链路，也可以在卫星间服务中运行。FSS还可以包括用于其他空间无线电通信服务的馈线链路。

（7）卫星间服务——提供人造卫星之间链接的无线电通信服务。

（8）空间操作服务——专门涉及航天器操作的无线电通信服务，特别是空间跟踪、空间遥测和空间遥控。这些功能通常在空间站运行的服务范围内提供。

（9）移动服务——移动站和地球站之间或移动站之间的无线电通信服务。

（10）MSS——移动卫星服务。移动地球站与一个或多个空间站之间，或使用该服务的空间站之间。一个或多个空间站在移动地球站之间。此服务还可包括运行所需的馈线链路。

（11）地面移动服务——基站与地面移动站之间或地面移动站之间的移动服务。

（12）地面MSS——移动地球站位于地面上的MSS。

（13）海上移动服务——海岸站和船舶站之间、船舶站之间，或相关船上通信站之间的移动服务；救生艇站和紧急位置指示无线电信标站也可以参与这项服务。

（14）海上MSS——一种移动地球站位于船上的MSS；救生船站和紧急位置指示无线电信标站也可以参与这项服务。

（15）港口运营服务——在港口内或附近、在海岸站和船舶站之间或在船舶站之间的海上移动服务，其中信息仅限于与操作处理、船舶移动和安全有关的服务，以及在紧急情况下与人员安全有关的服务。属于公共通信性质的信息应排除在本服务之外。

（16）船舶移动服务——除港口运营服务外的海上移动服务中的安全服务，在海岸站和船舶站之间，或在船舶站之间提供，其中消息仅限于与船舶移动有关的。属于公共通信性质的消息应排除在本服务之外。

（17）航空移动服务——航空站和飞机站之间或飞机站之间的移动服务，救生船站可参与其中；紧急位置指示无线电信标站也可以在指定的遇险和紧急频率上参与这项服务。

（18）航空MSS——一种移动地球站设在飞机上的MSS；救生船站和紧急位

置指示无线电信标站也可以参加这项服务。

(19)广播服务——一种无线电通信服务,其传输旨在供公众直接接收。这种服务可以包括声音传输、电视传输或其他类型的传输。

(20)BSS——广播卫星服务。在这种服务中,空间站发射或重传的信号旨在供公众直接接收。在广播卫星服务中,"直接接收"一词应包括个人接收和社区接收。

在讨论上述三项主要服务之前,有必要提及过去 70 年来卫星通信领域的一些重点。一些选定的通信卫星的主要里程碑如下[35]。

1945 年——亚瑟·C·克拉克的文章:"外星中继"。

1955 年——John R. Pierce 的文章:"轨道无线电中继"。

1956 年——第一条跨大西洋电话电报:TAT-1。

1957 年——Sputnik:俄罗斯发射了第一颗地球卫星。

1960 年——DELTA 运载火箭首次成功。

1960 年——AT&T 向 FCC 申请卫星通信试验许可证。

1961 年——TELSTAR、RELAY 和 SYNCOM 程序正式启动。

1962 年——TELSTAR 和 RELAY 发射。

1962 年——通信卫星法案(美国)。

1963 年——SYNCOM 发射。

1964 年——国际通信卫星组织成立。

1965 年——COMSAT 的 EARLY BIRD:第一颗商业通信卫星。

1969 年——INTELSAT-III 系列提供全球覆盖。

1972 年——ANIK:第一颗国内通信卫星(加拿大)。

1974 年——WESTAR:第一颗美国国内通信卫星。

1975 年——INTELSAT-IVA:首次使用双极化技术。

1975 年——RCA SATCOM:第一颗可稳定运行的通信卫星。

1976 年——MarISAT:第一颗移动通信卫星。

1976 年——PALAPA:第三个发射国内通信卫星的国家(印度尼西亚)。

1979 年——国际海事卫星组织成立。

1988 年——TAT-8:第一条跨大西洋光纤电话电缆,第一个陆地移动卫星系统。

1990 年——Badr-1:巴基斯坦第一颗通信卫星。

1991 年——ITALSAT(意大利):第一颗具备机载数据处理和多波束覆盖的卫星。

1994年——"土耳其"-1B号卫星:土耳其第一颗通信卫星。

1997年——"铱星"-1号:第一颗用于卫星电话服务的卫星。

1998年——铱星电话服务开始。

2000年——AO-40:第一颗使用磁性轴承动量轮的卫星,第一颗在高地球轨道上使用GPS进行导航和姿态确定的卫星。

2000年——全球星(Globalstar)数据服务开始。

2000年——第二代跟踪和数据中继卫星系统(TDRSS)卫星发射。

2001年——"铱星"2.4kb/s数据服务开始。

2002年——国际海事卫星F77 MPDS(按字节)服务开始。

2006年——SuitSat:首次将退役宇航服作为无线电卫星重新使用。

2007年——国际海事卫星组织舰队宽带服务启用。

2008年——2008年重要事件包括:

(1)"铱星"OpenPort(128b/s)服务开始;

(2)SES Astra的Astra-1M卫星(卢森堡)于2008年11月6日由国际发射服务公司(ILSs)的质子M火箭从拜科努尔宇宙发射场发射;

(3)2月11日,质子M火箭为俄罗斯卫星通信公司(RSCC)发射AM44和Express MD-1;

(4)2月12日,"阿丽亚娜"-5型火箭发射两颗通信卫星,Eutelsat的"热鸟"-10和SES New Skies的NSS-9;

(5)2月26日,加拿大Telesat公司的Telstar-11N卫星,由陆地发射的Zenit-3SLB火箭从拜科努尔航天场成功发射,取代了1995年发射的Telstar-11;

(6)12月10日,Ciel卫星集团的Ciel-2(加拿大)由ILS质子微风M火箭从拜科努尔航天场发射到地球同步转移轨道;

(7)9月17日,Telesat的Nimiq-5号卫星(加拿大)发射;

(8)10月1日,"阿丽亚娜"-5 ECA发射了西班牙伊斯帕萨特公司的Amazonas-2号航天器,该飞船由EADS Astrium(欧洲)在其Eurostar E3000平台上建造。

2009年——2009年重要事件包括:

(1)三棱H-2A发射LAXA的Ibuki航天器;

(2)由第一枚H-2B火箭向国际空间站发射日本H2转移飞行器;

(3)NASA"战神"I-X测试飞行器的亚轨道飞行;

(4)NASA向国际空间站发射四次航天飞机;

(5)国际通信卫星组织和SES率先建立了一个全行业的全球数据库,以采

集干扰信息,并为安装和操作卫星上行地球站的人员提供标准化培训和认证;

(6)这一年发射了有史以来最重、最强大的商业卫星——6.91t 的移动通信卫星 Terre Star-1 和 20kW 的 Sirius-FM5 无线电广播卫星。

2010 年。

(1)拉丁美洲市场的起飞;

(2)Ka 卫星成功发射,Ka 波段技术于 2013 年在美国大陆使用,并于 2015 年扩展到全球范围。在卫星宽带市场的发展中,欧洲发射了 KaSat 和 Hylas-1 卫星;

(3)"银河"15 号"欺骗"卫星;

(4)深水地平线以及石油和天然气对卫星通信的影响;

(5)无人机的崛起,以及商业客运航空公司宽带 Ku 波段卫星链接的回归;

(6)SpaceX 成功完成第二次"猎鹰"-9 发射,并在绕地球运行后回收其"龙"太空舱。

2011 年。

(1)FSS 和 MSS 频谱所有权和运营合并;

(2)卫星和地面电信运营的重新融合(如果不涉及所有权)。

2012 年。

Navid,或称 Navid-e Elm-o San'at(科学技术福音)是伊朗试验性地球观测卫星。该卫星搭载了一台摄像机,用于拍摄更高分辨率的地球图像,并收集天气数据和监测自然灾害。它是由伊朗科技大学的学生开发的。这是伊朗自主发射的第三颗卫星,它由萨菲尔运载火箭的一种新配置送入轨道,第二级推力增加 20%。发射时间约为 UTC 时间 2012 年 2 月 3 日 00:04。卫星在轨道上停留了 2 个月,然后于 2012 年 4 月 1 日重返大气层。

2013 年。

CASSIOPE,或称 CAScade、Smallsat 和 IOnospheric Polar Explorer 是加拿大航天局(CSA)的一颗多任务卫星,由麦克唐纳、德特利尔及其合作人(MDA)运营。该任务由 CSA 和加拿大技术合作伙伴计划资助。它于 2013 年 9 月 29 日在 SpaceX"猎鹰"-9 v1.1 运载火箭的首飞上发射。CASSIOPE 是加拿大第一颗在电信和科学研究领域执行双重任务的混合卫星。主要目标是收集信息以更好地理解空间气象科学,同时通过使用先进空间技术验证高速通信概念。

2016 年。

海事监测和实时通信微卫星(M3MSat)是 CSA 开发的一颗远程探测卫星,于 2016 年发射。其任务是演示和测试该技术,以评估在太空中使用自动识别系统(AIS)读取船只信号的效能,从而更好地管理加拿大水域的海上运输。该系统将由一种称为低数据速率服务的仪器支持,该仪器将 AIS 信息传输至地面传感器。

3.2.5.2 卫星结构

虽然每颗卫星的形状、大小和任务各不相同,但它们都有共同之处。每颗卫星都需要一个电源,配置由科学和工程传感器组成的仪器,用于测量卫星及其周围环境的变化,并配备称为推进器的特殊推进系统,以将卫星推入到其预期轨道。小型推进器提供姿态、高度和推进控制,以调整和稳定卫星在太空中的位置。制导和控制传感器使卫星保持在正确的轨道上,诸如地平线探测仪、恒星跟踪器和太阳探测仪等传感器用于帮助确定卫星的位置;允许卫星在规定的限度(即 $0.01°$)内从其分配的轨道位置移动。如果卫星确实偏离了这一限制,将导致相邻的卫星受到干扰,那么工程师将通过 TT&C 站发送命令激活推进器,将卫星移回其指定位置。

任何人造卫星的主要组成部分如下:
(1)与地球的通信系统;
(2)电源;
(3)完成任务的控制系统。

航天器的设计是一项复杂的工作,几乎涉及工程和物理的每一个分支。通信性能要求、通信设备对良好环境的需求以及发射到所需轨道的过程都是航天系统工程的重要内容。

将航天器连接在一起的结构设计必须能够承受各种载荷。在卫星发射期间,有许多因素对成功发射至关重要。其中一些参数包括加速度、振动、气动载荷、离心应力、工作推力和分离冲击。一旦进入轨道,工作推力、离心应力、热应力和电荷粒子辐射暴露需引起密切关注,必须仔细监测。航天器结构设计的材料选择需要根据材料强度、热性能、电气性能、强度、刚度、毒性和屏蔽能力进行非常仔细地考虑。各种各样的材料和技术已被用于航天器结构。表 3.17 列出一些常见的结构材料[56]。

表 3.17 一些常见结构材料清单

铝
镁
不锈钢
钛

续表

石墨增强酚醛
玻璃纤维
环氧树脂
铍

图3.56给出了卫星总线和有效载荷结构示例。

从1968年到2007年,应用航空航天结构公司(加利福尼亚州斯托克顿)制造了120多个卫星结构,并凭借其经飞行验证的复合材料和铝/蜂窝结构的悠久历史,建立了行业公认的制造专业知识。这些结构包括总线、有效载荷和仪器结构,其示例如图3.57所示。

图3.57 卫星总线和有效载荷结构

3.2.5.2.1 姿态和轨道控制子系统

(1)卫星的姿态是卫星相对于地球指向的方向。通信卫星和其他大多数类型的卫星,必须指向地球或指向其他特定方向。通信卫星必须指向地球,因为它有高增益天线(定向天线必须指向发射机/接收机才能接收/发射)。知道并控制卫星所指的方向非常重要。

(2)使用火箭燃料来控制卫星姿态是巨大的浪费,因为这往往是在单一轨道过程中完成的。因此,考虑采取其他使卫星转动的方法。卫星通常配备所谓的动量轮,使卫星围绕其轴线旋转。当动量轮围绕某一轴向以特定方向旋转时,卫星将以相反方向旋转。

有些卫星需要稳定在几个维度,而另一些卫星只需要稳定在一个维度。

三轴稳定卫星,包含三个固定在三维空间的动量轮,每个维度一个,或者使用安装在万向节上的单个动量轮取而代之。这种类型的卫星必须在三个维度上保持稳定,才能使其天线面向地球,太阳能电池面向太阳,从而实现最大发电量。

自旋卫星,仅在一个维度上稳定,其他两个维度通过卫星以每分钟 30~60 转的速度绕轴旋转来稳定。在这种情况下,卫星天线必须具有圆形对称性,如全向天线(例如单极),或必须是去自旋的(天线与卫星旋转方向相反),才能使天线看起来是静止的,在此过程中需要使用轴承。卫星轨道控制是通过使用火箭发动机或者离子推进器。卫星轨道控制是通过使用肼(N_2H_4)或电弧喷射器(离子推进器)等燃料的火箭发动机实现的。轨道控制对于 GEO 卫星防止地球站信号丢失非常重要。

3.2.5.2.2　遥测、跟踪、指挥和监测(TTC 和 M)子系统

遥测和监测,是测量卫星不同参数并确定卫星条件及其健康状况的过程,包括从卫星上的传感器获取的数百个参数,通过遥测信号将其送回地球站以采取行动。其中一些参数包括:

(1)燃油箱中指示剩余燃油量的压力;

(2)太阳能电池提供的电力;

(3)不同通信设备消耗的电量;

(4)卫星不同部位的温度;

(5)控制卫星上不同设备的开关位置;

(6)态势信息。

跟踪是精确确定卫星位置、方向、速度和加速度的过程。

(1)速度和加速度测量。通过积分加速度来测量速度,使用加速度计(加速度传感器)来获得加速度,然后加上速度的初始值,以便随时都能很好地估计卫星速度。

(2)信标信号多普勒频移。卫星通常有信标(发射具有特定已知频率信号的发射机)。地球站监测信标传输的多普勒频移以确定卫星的速度。

(3)高增益天线跟踪。地球站通常使用波束宽度非常窄的高增益天线。因此,卫星的位置可以通过将一个高增益的天线指向它并移动天线的方向来跟踪卫星的运动来确定。

(4)回波延迟测量。如果已知卫星的处理延迟,地球站可以监测脉冲回波延迟,以确定卫星离地球站有多远。

指令是命令卫星执行某种操作的过程。

(1)指令信道。为了避免对卫星进行任何未经授权的篡改,使用安全信道(命令和响应的加密)向卫星发送指令和接收响应。

(2)指令类型。卫星常用指令包括:

① 发射火箭推进器以修正轨道;

② 调整姿态;

③ 关闭或打开部分通信系统;

④ 改变一些开关的位置;

⑤ 扩展太阳能电池。

(3)指令冗余。为了避免任何指令被卫星误解从而可能造成灾难,指令在执行前会被地球站回显,执行请求在执行后也会被回显到地球站。

3.2.5.2.3 电源子系统

电池。由于卫星有时会穿过地球的阴影,为保持卫星的运行配备了电池,以储存在太阳照射期间的多余能量,并在卫星处于黑暗时提供能量。

所需电池的数量应足以支持地球同步轨道卫星每天最长日食持续时间为 70min 的运行。最长的日食发生在秋季和春季(每年 9 月 21 日和 3 月 21 日前后)。较短的日食周期出现在这些日期之前和之后。在一年的大部分时间里,不会发生日食。如果电池无法支撑整颗卫星,卫星的部分通信系统可能会在整个日食期间关闭,然后在卫星离开地球阴影后重新启动。

卫星上使用的电池额定值通常有 20~50V 和 20~100Ah。电池的效率随着时间的推移而下降,因此在设计卫星时,需要的电池数量通常是基于电池的寿命终止效率。也就是说,在卫星寿命接近尾声时,电池能够储存多少能量。

太阳能电池是为整个通信卫星提供动力以执行其所有任务的元件。在地球与太阳的距离上,太阳提供的能量相当于每平方米大约 1.361kW 的能量。尽管地球大气层吸收了大量的太阳能,但由于卫星在太空中,这是理论上每平方米可以从太阳获得的能量。市场上最好的太阳能电池只能提取入射太阳能的一小部分,并将其转换为电能。通常,最好的太阳能电池效率只有 20%~25%。太阳能电池在首次制造时的效率可能高达 25%。然而,随着时间的推移,由于种种因素效率会持续下降,这些因素包括老化和由于小流星不断撞击而产生的小划痕等。在卫星寿命结束时,预计太阳能电池的效率可能从 25% 下降到 15%。因此,在制造卫星时,有额外的太阳能电池面积来补偿卫星寿命结束时预期的效率下降是有意义的。太阳能电池将太阳能转化为电能,它阻挡的阳光越多,产生的电能就越多。因此,定向的太阳能电池能够使太阳光线垂直于其平面照射,从而产生最大的能量。如果入射光和垂直于太阳能电池的线是平行的，太阳能电池就会产生最大的能量。如果这些直线之间的夹角为 θ，则转换能量等于最大能量 $\cos\theta$ 的几分之一。如果太阳光与太阳能电池表面平行（即 $\theta = 90°$），则产生的功率为0。通信卫星通常需要 5~10kW 的电能。

值得注意的是，三轴稳定卫星安装了固定在旋转轴上的扁平太阳能电池板，使卫星始终将其太阳能电池板直接指向太阳。然而，自旋稳定卫星的太阳能电池覆盖在圆柱形表面，因此太阳能电池呈圆柱形，只有太阳能电池总面积的一半被太阳照射。此外，并非所有照射区域都会产生最大功率。假设卫星上的太阳能电池指向是为了产生最大功率，如果卫星上的太阳能电池总面积为 Am^2，效率为 η，则：

$$P_{三轴稳定} = (1361\eta A)\,\text{W}$$
$$P_{自旋稳定} = (1361\eta A)/\pi\,\text{W}$$

由于旋转卫星的太阳能电池并非始终完全暴露在太阳能下，所以它们保持的温度低于三轴稳定卫星的太阳能电池。太阳能电池的温度越低，效率越高。因此，自旋卫星的太阳能电池效率通常高于三轴稳定卫星的太阳能电池效率。

3.2.5.2.4 卫星结构设计

发射卫星的成本是其质量的函数，这导致发射一颗卫星的成本非常高，地球同步卫星的成本则更高。因此最基本的要求之一是其机械结构的轻便性。通过使用轻而坚固的材料等，尽一切努力将卫星的结构质量降到最低限度。结构中使用的一些材料包括铝合金、镁、钛、铍、凯夫拉纤维，如上所述，更常见的是复合材料。结构子系统的设计在很大程度上依赖于大量计算机模拟的结果，其中结构设计受到类似于卫星在飞行任务中可能遇到的应力和应变的影响。结构子系统的设计应使其能够承受在发射阶段特别严重的机械加速度和振动。因此，材料应该能够抑制振动。凯夫拉有这些特性。卫星结构在整个寿命期间还受到热循环的影响。当太阳周期性地被地球遮住时，它会受到很大的温差影响。在面向太阳的一侧，温度通常为几百摄氏度，而在阴影一侧，温度则为零下几十摄氏度。设计师在为结构子系统选择材料时需要牢记这一点。

空间环境会产生许多其他潜在的危险影响，必须保护卫星以免其与漂浮在太空中的微陨石、太空垃圾和带电粒子发生碰撞。卫星外部覆盖的材料也应能抵抗这些快速移动粒子的刺穿。结构子系统在确保卫星与发射装置分离、太阳能电池板的部署和定位、卫星天线的精确指向、旋转部件的操作等某些过程空间可靠运行方面也发挥着重要作用。

一颗典型的卫星由若干关键子系统和为完成最终飞行任务而携带的有效载荷组成。为了总结上述关于卫星结构的讨论，我们可以说"子系统"是一组以工作单元为单位组织的单个组件。使卫星运行的常见子系统如图 3.58 所示。

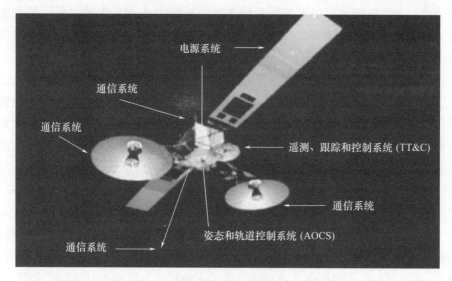

图 3.58　卫星子系统

(1) 结构和机械装置。它们承载有效载荷,并将所有其他子系统连接在一起。它们通常是最重的航天器硬件,并带来许多挑战,如发射载荷、真空和阳光直接辐射下的材料稳定性、抗振动和冲击能力。

(2) 电力子系统。每颗卫星都需要能量,因此它需要一个电力子系统来产生、控制、存储和分配沿每个工作部件的电流。这样,电力子系统通常被划分为 4 个较小的部分,如电源(太阳帆板)、储能装置(电池)、电源控制站和配电结构。电气部件还必须符合真空和太阳辐射操作的要求。

(3) 热控制子系统。由于卫星的核心通常由集成电子处理器("思维大脑")组成,它需要在某些允许范围内为所有单元保持足够的工作温度。在设计过程中,应仔细研究卫星所面临的完全不同的太阳活动,因为所有设备白天都暴露在最长的直射阳光下,而另一面在地球阴影后面时,则完全处于黑暗中。

(4) 姿态控制子系统。该子系统旨在引导卫星进入到所需的方向,并稳定卫星姿态。

(5) 星载数据处理系统。它控制卫星健康数据和有效载荷最终生成所有数据的处理和存储。卫星上所有传感器收集的数据是数据处理系统的一部分,用于监测中继到测控站的每个子系统的状态。

(6) 通信子系统。保证地面卫星在上行和下行两个方向的通信。通常它由一个或多个可以部署和定向的接收器组成。可靠性是该子系统的首要问题,因为它是任务控制中心与在轨卫星之间的最终连接。转发器、天线、变频器等是通信子系统的组成部分。

(7) 有效载荷。有效载荷旨在实现任务目标,并非总是存在。例如,高分辨率相机构成地球成像卫星的正常有效载荷。

(8) 推进子系统。卫星的发动机,用于执行轨道机动并可能改变轨道的高度或轨迹。它可用于将卫星送入重返轨道,或将破损的航天器转移到所谓的"墓地轨道",以避免与其他航天器发生碰撞[66]。

如图 3.59 所示,卫星整体结构包括空间段和地面段。在本节中,重点介绍空间段及其子系统。图 3.59 中显示了空间段的基本要素,即总线和有效载荷。有效载荷主要由转发器和天线组成。通信卫星的转发器带宽通常以 36MHz 为单位表示,有时也以 72MHz 为单位。转发器的主要功能是放大接收到的信号,改变其频率,并进行传输。频率的变化可以是从上行链路频率到下行链路频率,也可以是从一个频段到另一个频段,例如从 C 波段到 Ku 波段,反之亦然。

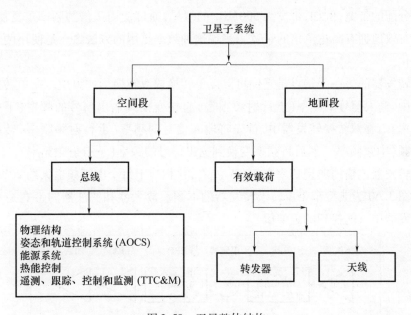

图 3.59 卫星整体结构

显然,通信子系统是通信卫星中最重要的系统。所有其他子系统都是为这个子系统服务的。通信子系统的核心是转发器,如上所述,它从地球站接收信号,对其进行变频、放大,然后将其发送到另一颗卫星或返回地球。通信卫星中的转发器数量通常是 10~50 个,具体取决于所覆盖区域的通信量和本章后面将讨论的其他因素。

上行链路和下行链路中使用相同的频率将在放大器中出现大问题。即使卫星在上行和下行链路中使用非常先进的定向天线,卫星上的发射天线到接收天线之间也总是会有一些信号泄漏。由于卫星接收到的信号很弱,转发器使用增益很高的滤波器。即使少量的发射信号泄漏到接收天线上,它也会被高度放大,导致更多的发射信号泄漏回接收天线。这将导致放大器振荡、饱和,使放大器失效。避免这种情况的唯一方法是确保发射信号与接收信号具有不同的频率。卫星上行/下行链路频率使用的几个波段是 C 波段(6GHz/4GHz)、Ku 波段(14GHz/12GHz)和 Ka 波段(30GHz/20GHz)。转发器具有不同的带宽,具体取决于其工作频段。如上所述,典型的转发器带宽为 36MHz(C 波段),54MHz(Ku 波段)和 72MHz(Ka 波段)。标准定义的电视频道带宽在经过数字化和压缩后约为 4MHz,语音信号的带宽约为 4kHz,这意味着转发器可以分别在 C 波段或 Ka 波段处理 8~17 个频道,此外还可以处理数百个语音频道。

卫星频率复用是卫星的另一个特点,它使用的技术允许单个卫星多次重复使用分配的带宽,例如,带宽为 500MHz 的卫星,通过使用 7 倍的频率重复使用,可以有效地拥有高达 7 倍的带宽。实现这种频率复用的方法之一是使用两个正交极化。

转发器的另一个特点是它们可以以单转换或双转换形式出现。在单转换转发器中,输入信号的频率(上行射频频率)直接变换到输出信号的频率(下行射频频率)。在双转换转发器中,首先将输入信号的频率(上行射频频率)转换为低中频(中频频率),然后将频率变换到输出信号的频率(下行射频频率)。

转发器传输的典型功率在 200W 左右,这相当于每个电视频道大约 20W。

图 3.60 为典型窄带单转换转发器的框图。放大器和滤波器的带宽是 C 波段转发器中可能找到的近似值。

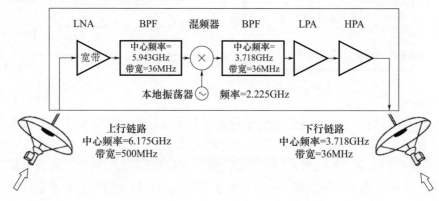

图 3.60 典型窄带单转换转发器框图

图 3.61 为典型窄带双转换转发器的框图。放大器和滤波器的带宽是 C 波段应答器中的典型值。

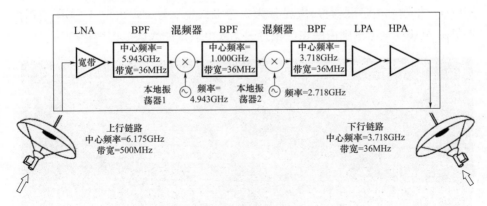

图 3.61 典型窄带双转换转发器框图

3.2.5.3 频率波段和分配

频谱如图 3.62 所示。

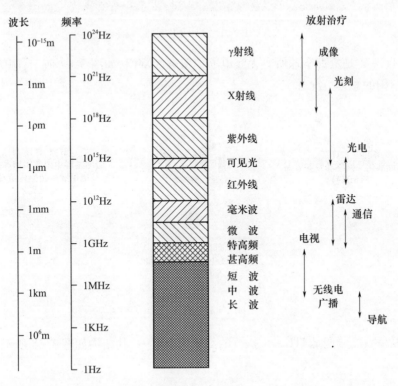

图 3.62 频谱图

通信卫星的频段分配是一个非常复杂和细致的过程,在国际电信联盟进行全球分配,再由国家或地区组织分配到这项任务,如美国联邦通信委员会(FCC)。据国际电信联盟称,世界分为3个无线电区域,如图3.63所示。频率协调在 WARC 全球范围内或在区域行政无线电会议的地区范围内进行。

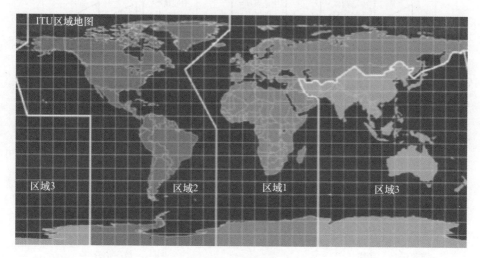

图 3.63　无线电区域

ITU–R 是负责全球所有无线电通信服务的部门,如图 3.64 所示,国际电信联盟结构的总体情况如下:

图 3.64　ITU 结构

卫星频段分配是 ITU–R 执行的许多任务之一,其结构如图 3.65 所示。

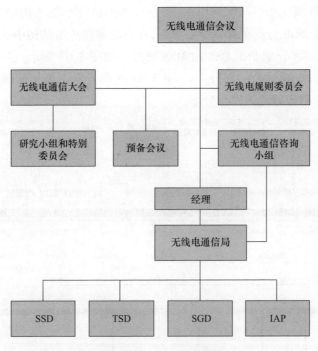

图 3.65 ITU‑R 结构

ITU‑R 研究小组分配了不同的主题,如图 3.66 所示。

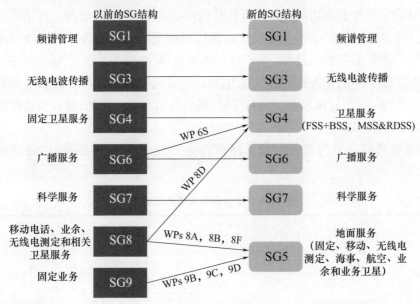

图 3.66 ITU‑R 研究小组分配的不同主题

从图 3.66 研究小组结构可以看出,在以前的研究小组结构中,SG4 分配了固定卫星服务,SG8 分配了移动卫星服务,在新的研究小组结构中这些服务合并在一个组,即 SG4 分配 FSS、BSS 和 MSS 服务。如图 3.67 所示,卫星/微波通信(1~40GHz)仅是频谱的一部分[67]。图 3.67 底部所示频谱扩展部分显示了每个指定频段中射频频段的详细分配。

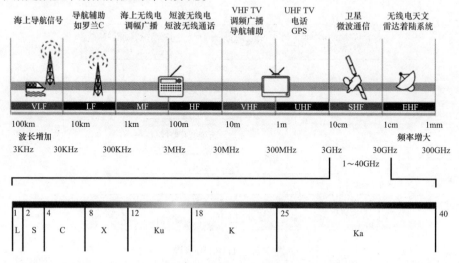

图 3.67 卫星/微波通信的部分频谱(1-40GHz)

卫星通信中最常用的三个波段是 C 波段、Ku 波段和 Ka 波段。这里集中阐述这三个频率波段的一些基本特征。无线电信号的衰减随着频率的增加而增加,频率越高,信号衰减越大。$\lambda = c/f$ 的基本频率/波长关系表示,随着频率的增加,波长变得更小,当波长变得足够小,可以与空气中的颗粒大小相当时,电磁波强度达到最大,信号被吸收、散射、反射,或者被这些粒子折射,导致到达接收天线的信号为零或接近零。

还有其他因素与我们的频率操作有关,为了简化这些因素,应仔细研究表 3.18:

表 3.18 与频率有关的其他因素

	f/GHz	C 波段	Ku 波段	Ka 波段
因素	衰减	小	中等	大
	干扰①	大	小	无
	天线尺寸	大	中等	小
	带宽(MHz)	500	750	3500
① 对地面系统的干扰				

卫星技术发展迅速,卫星技术的应用一直在增长。卫星不仅可以用于无线电通信,而且还可用于天文学、天气预报、广播、测绘和其他许多应用。随着可使用的卫星频段具有更加多样性,为方便描述专门制定了名称。较高的频段可以提供更宽的带宽,但也更容易因"雨衰"(大气中雨、雪或冰对无线电信号的吸收)而导致信号退化。由于卫星的使用、数量和尺寸的增加,拥塞已经成为低频段的一个严重问题,可以使用更高频率波段的新技术正在研究中。

L 波段(1~2GHz)。GPS 载波和卫星移动电话,如铱星;国际海事卫星组织提供海上、陆地和空中通信;WorldSpace 卫星广播,是第一个也是唯一一个全球数字声音广播卫星系统。

S 波段(2~4GHz)。气象雷达、水面舰艇雷达和一些通信卫星,特别是 NASA 用于与国际空间站和航天飞机通信的卫星。2009 年 5 月,欧盟委员会向 Inmarsat 和 Solaris mobile(Eutelsat 和 Astra 的一家合资公司)各颁发了 $2\times 15\text{MHz}$ 的 S 波段资源。

C 波段(4~8GHz)。主要用于卫星通信、全时卫星电视网络或原始卫星馈送。通常用于受热带降雨影响的地区,因为它比 Ku 波段更不易受降雨影响(最初的 Telstar 卫星有一个在该波段工作的转发器,1962 年用于转播第一个跨大西洋电视直播信号)。这是国内、区域和全球通信卫星中最常用的波段。即使在今天,随着技术的进步,Ku 波段已经可用,在某种程度上 Ka 频段也是可用的,C 波段仍然是卫星通信中使用最多的频段。

X 波段(8~12GHz)。主要由军方使用。应用于雷达,包括连续波、脉冲、单极化、双极化、SAR 和相控阵。X 波段雷达频段子波段用于民用、军用和政府机构的天气监测、空中交通管制、海上船只交通管制、防御跟踪和执法车辆速度检测。

Ku 波段(12~18GHz)。用于卫星通信。在欧洲,Ku 波段下行链路用于 10.7~12.75GHz 的直接广播卫星服务,如 Astra。目前,大多数通信卫星都使用 Ku 和 C 波段转发器的组合。虽然 Ku 波段比 C 波段带宽更大,但由于雨、雪、冰以及某些地区的沙尘暴(特别是潮湿时)造成的衰减要高得多,限制了其在恶劣天气条件下的使用。

Ka 波段(26~40GHz)。通信卫星,27.5GHz 或 31GHz 频段上行链路,以及军用飞机上的高分辨率近程目标雷达。正如本章前面提到的,波段越高,衰减越大。Ka 波段,虽然它比 C 波段和 Ku 波段带宽更高,但由于更高的衰减使得它在某些领域的应用受到了限制。需要再次指出的是,更高频率的优点不仅在于其更高的带宽,而且还在于地球站天线更小,并且不干扰地面系统,例如在较低波段工作的微波站。

3.2.5.4 FSS中的射频干扰模式[68-69]

如果要通过卫星成功地传输信息,卫星转发器接收的信号质量以及地面接收站重新发送和接收的信号质量很重要。射频干扰会增加链路上的整体噪声,从而提高接收系统的噪声温度,降低接收信号质量。解决方法是研究射频干扰(RFI)的潜在来源、类型和水平及其对系统性能的影响。通过调整天线分辨率和接收机选择性,选择合适的频率规划,最大限度地减少系统间干扰。外部干扰的控制,部分取决于协调、控制,有时直接通过协商在无线电信道上让步。地球站必须遵守经详细论证的性能标准,以确保卫星系统的不同用户能够共享卫星资源,而不会过分影响彼此的服务质量。地球站的设计、安装质量和性能决定了发射信号对其他服务干扰的敏感性,也决定了它对其他服务的干扰程度。固定卫星系统常见的射频干扰类型有:

(1)相邻卫星干扰(ASI);

(2)同信道干扰(CCI);

(3)交叉极化干扰(XPI)。

3.2.5.4.1 附加卫星干扰

射频频谱和地球同步轨道是自然资源,因此,地球同步卫星必须在地球静止轨道的给定弧段内共享有限的空间和频谱。每颗通信卫星在地球静止弧段中分配一个经度,距离赤道上方约35786km。卫星轨位受限于所使用的通信频段。在同一频率或其附近运行的卫星必须保持一定的空间分离,以避免相互干扰。

通常,根据以下变量,需要1°~4°的空间分离。

(1)地球站和卫星天线的波束宽度和旁瓣辐射;

(2)射频载波频率;

(3)使用的编码或调制技术;

(4)可接受的干扰限值;

(5)发射载波功率。

尽管各国可以在其分配的轨位上减少间隔,但国际电信联盟要求相邻固定卫星之间至少间隔2°。例如,美国在卫星之间使用1°分离,因此其卫星和地球站天线的设计规范更严格。当然,卫星越靠近,且能确保不干扰相邻卫星,地球同步轨道的使用效率就越高,正如前面所提到的,地球同步轨道是一种有限的自然资源。

地球发射站可能无意中将其辐射功率的一部分指向与所需卫星相邻轨道位置上运行的卫星。这种情况的发生往往是因为发射天线没有很好地指向需要的卫星,或者是因为地球站天线波束没有充分集中在所需要卫星的方向上。

这种非预期辐射可能会干扰在相邻卫星上使用相同或类似频率的服务。同样,地球接收站可能无意中接收来自相邻卫星系统发射的信号,从而干扰实际所需的信号。之所以发生这种情况,是因为接收天线既对来自所需卫星方向的信号非常敏感,又对来自其他方向的信号很敏感。图 3.68 显示了两个相邻的地球同步卫星以及彼此造成的干扰。

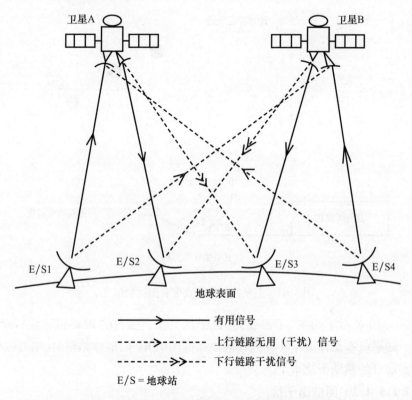

图 3.68 两个相邻地球同步卫星及其相互干扰

如果地球发射站(地球站 1)将其 EIRP 的一小部分辐射到另一颗卫星(卫星 B),则该干扰信号在信息带宽中表现为噪声。频率转换转发器中的噪声信号被放大并重新辐射到地球接收站 3。结果,重新辐射的下行链路干扰信号和所需下行链路信号组合,并在地面接收站 3 中作为噪声出现。类似地,如果卫星 B 将一些干扰信号辐射到地球站 2,则该干扰信号与来自卫星 A 的所需下行链路信号相结合。虽然卫星通信中使用的天线使用高度聚焦的波束,但主光束的聚焦程度,或在偏离主光束的任何角度上发射(或接收)功率的降低,取决于设备设计,或更具体地说,是由特定的天线识别模式决定的。

3.2.5.4.1.1　角度间隔

正如从地球站看到的那样,卫星之间的角度间隔,影响到从地球站天线旁瓣产生或来自相邻卫星的干扰水平。旁瓣特性是决定卫星之间最小间距以及轨道/频谱效率的主要因素之一。图 3.69 显示了一个带有天线前端的卫星广播接收机,该接收机从卫星 1 接收所需信号,同时由于角度间隔不足,还接收来自相邻卫星 2 和 3 上干扰信号。

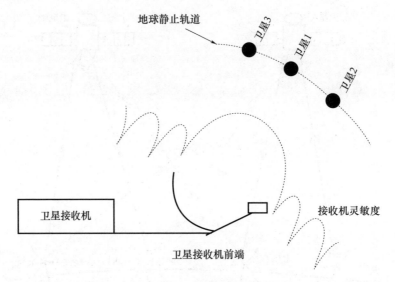

图 3.69　卫星接收机接收带有干扰的信号

图 3.70 显示了两颗"不需要的"或干扰卫星,它们在"需要的"卫星每侧 3°间隔。如果所有 5 颗卫星在相同频段以相同的 EIRP 向地球站辐射,则可以计算对所需信号的预期干扰水平。

3.2.5.4.2　同信道干扰

如果来自其他发射机(例如,地面微波发射机)的外部干扰与感兴趣的信号频率相同,则会发生同信道干扰。靠近信号频率的干扰称为相邻信道干扰。同信道干扰可能由以下任何一种因素引起:来自不同类型系统的谐波,来自距离较远的类似系统的无意辐射器信号(频率重用)。在每种情况下,干扰都在接收机的工作带宽内被接收。与热噪声不同,不能通过简单地增加载波功率来减少同信道干扰,因为在一个标称带宽下增加载波功率会增加与所需载波相邻的载波发生干扰的可能性。

地球同步轨道上的卫星采用正交极化共址,以满足放置更多卫星的需求。但是,在同一频段工作的卫星共址时,需要详细的系统分析和优化来处理同信道

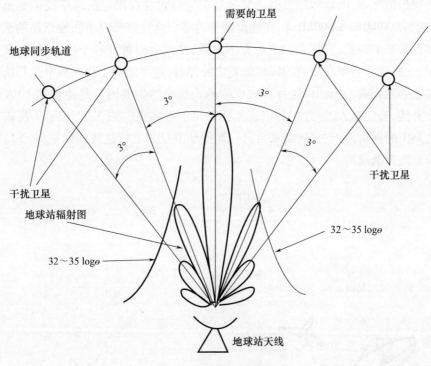

图 3.70 相邻卫星干扰

干扰。由于同信道干扰在其带宽中心或附近进入接收机,接收机滤波器不会衰减它。相邻信道干扰可能是一个问题,这取决于接收机滤波器的频谱特性。相邻信道干扰以附近频率进入接收机,被接收机滤波器以更尖锐的滚降衰减。如果滤波器滚降没有足够的衰减,干扰会导致不理想的操作。图 3.71 显示了具有同信道和相邻干扰的接收机滤波器响应。

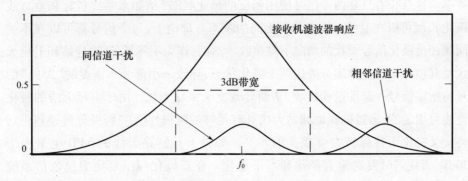

图 3.71 具有同信道和相邻信道干扰的接收机滤波器响应

理想情况下,由地球站发射的载波功率完全包含在固定的频率或带宽范围内(例如 6000MHz±500kHz),在此范围外为零。这允许来自不同地球站的载波可以在频率上并置,只要它们的带宽不重叠,彼此之间就没有干扰。然而,在实践中,一些载波功率在载波的标称带宽之外辐射,这可能会干扰在频率上与所需载波相邻的载波。控制以这种方式产生的干扰量的主要因素是地球站 HPA 的输出补偿,补偿越大,导致相邻信道干扰的可能性越低。图 3.72 显示了所需卫星链路中的同信道干扰,这是来自另一颗同址卫星的上行链路地球站(E/S2)的非预期发射造成的。

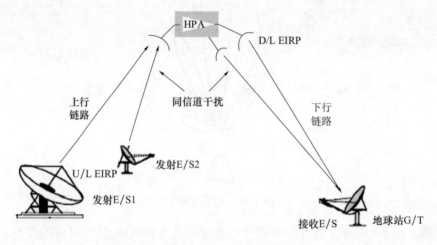

图 3.72　共址卫星地球站的同信道干扰

3.2.5.4.3　交叉极化干扰

大多数卫星系统采用相反的极化状态,以最有效地利用发射和接收的可用频率。这意味着只要两个信号使用相反的极化状态(例如水平线极化和垂直线极化),就可以在卫星系统中共享相同的频率。理论上,每个信号都可以在不受同频相反极化信号干扰的情况下被接收。然而,作为实际设备,地球站和卫星天线及其馈源无法完美地分离这两个极化状态,导致一小部分不需要的"跨极"信号与所需信号一起发送或接收,从而导致交叉极化干扰。由于卫星天线的极化性能是固定的,通过确保地球站天线具有足够的跨极性能("跨极分辨,XPD"),将交叉极化干扰保持在可接受的水平。如果上行链路天线的 XPD 电平小于 30dB,天线同时发送垂直极化和水平极化。在双极化频率复用卫星通信系统中,共极化信号和交叉极化信号的极化鉴别是非常重要的。图 3.73 说明了天线辐射方向图中的极化鉴别。

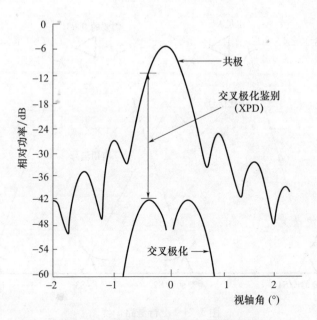

图 3.73 天线辐射方向图中的极化鉴别

在线极化的情况下,确保天线馈源与卫星天线的线极化平面正确对齐也是非常重要的(通过旋转馈源),否则天线的交叉极化分辨力将很差,这将导致不可接受的交叉极化干扰水平。当发射(引起干扰)和接收(受害者)天线具有相似的交叉极化响应时,可实现最佳接收隔离。典型的隔离要求是圆极化约27dB,线极化约33dB。低旁瓣和交叉极化是防止波束间过度干扰的必要条件。

空间中的两个相邻卫星系统可能对彼此造成不可接受的干扰。这可能是由以下任何一种原因造成的。

(1)两个转发器之间的角度间隔不足;

(2)天线指向不良;

(3)天线波束没有充分集中在所需要卫星的方向上。

上行链路干扰。卫星上行链路包括上行链路发射站和接收信号的卫星转发器。发送到卫星转发器的上行链路信号称为"接收信号",卫星转发器称为"接收卫星"。然而,还有一些其他卫星转发器,或者位于同一位置,或者在所需卫星转发器附近,每个卫星转发器都接收自己的信号。这些不需要的信号可能会进入所需要卫星转发器的接收机,对所需信号造成干扰,这一现象如图 3.74 所示。卫星 B 本应接收来自地球站 2 的信号,但它也接收来自不需要的地球站 1 的干扰信号。

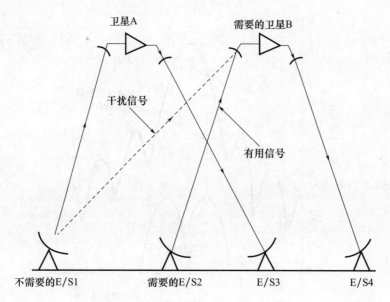

图 3.74　上行链路干扰

下行链路干扰。卫星天线不能直接指向它所发射信号的所有地球站。从图 3.75 可以看出,卫星天线视距与接收地球站方向存在合成角度差。

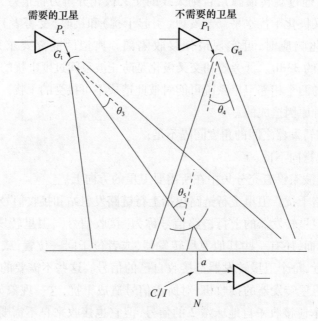

图 3.75　下行链路复合视图

3.2.5.4.3.1 整体链路性能

通过将单独的上行链路和下行链路贡献相结合来计算整个链路的信干噪比。对于无干扰传输和接收,整个链路的信噪比可以表示为

$$\left(\frac{C}{N_0}\right)_{\text{Overall}} = \left[\left(\frac{C}{N_0}\right)_{V/L}^{-1} + \left(\frac{C}{N_0}\right)_{D/L}^{-1}\right]^{-1}$$

但对于受干扰影响的系统,总体信干噪比表示为

$$\left(\frac{C}{N_0+I_0}\right)_{\text{Overall}} = \left[\left(\frac{C}{N_0+I_0}\right)_{V/L}^{-1} + \left(\frac{C}{N_0+I_0}\right)_{D/L}^{-1}\right]^{-1}$$

并且在感兴趣的带宽中,信干噪比表示为

$$\left(\frac{C}{N+I}\right)_{\text{Overall}} = \left[\left(\frac{C}{N+I}\right)_{V/L}^{-1} + \left(\frac{C}{N+I}\right)_{D/L}^{-1}\right]^{-1} \text{dBHz}$$

图 3.76 给出了存在干扰信号情况下,上行和下行链路的组合。干扰信号的功率为 $I\text{W}$,带宽为 $B\text{Hz}$。

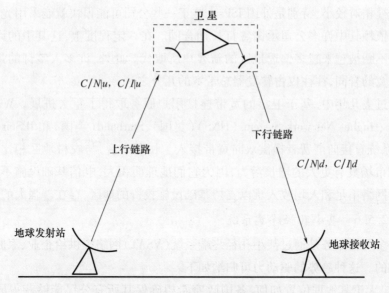

图 3.76 上行和下行链路的组合

比特-噪声密度比的总能量是和关系上的标准乘积,在数学上表示如下,其中所有比率均为绝对值。

$$\left(\frac{E_b}{N_0+I_0}\right)_{\text{Overall}} = \frac{\left(\frac{E_b}{N_0+I_0}\right)_{V/L} \times \left(\frac{E_b}{N_0+I_0}\right)_{D/L}}{\left(\frac{E_b}{N_0+I_0}\right)_{V/L} + \left(\frac{E_b}{N_0+I_0}\right)_{D/L}} (E_b/N_0+I_0)$$

3.2.5.5 宽带接入

外国互联网服务提供商(ISP)接入美国和欧洲互联网骨干网(也称为"宽带中继")为 FSS 运营商提供了增量机会。该应用涉及宽带中继到区域中心,将范围扩展到 ISP,并为寻求新领域的 ISP 扩展链路。目前卫星传送大量的互联网协议(IP),特别是在没有建设光纤的市场。如前所述,在由于服务提供困难或成本问题而无法实现地面连接的情况下,卫星可以提供一种更具成本效益的解决方案,或者用作现有地面 IP 能力的补充。ISP 存在点与主要互联网骨干网的直接链接通常可以在 64kb/s~45Mb/s 的数据速率实现,从而扩大 ISP 租赁的卫星容量。

可以预见,随着世界上越来越多偏远地区的人们开始接入互联网,宽带中继将成为卫星的一个增长领域。联合国信息和通信技术(ICT)规划的目标是到 2015 年为大多数成员国提供互联网接入。然而,宽带中继的一个困难是一些客户的规模相对较小,特别是外国 ISPs。鉴于一些公司可能很快就能采用光纤,因此不能依赖其中许多公司承诺签订长期合同。在一定程度上,这其中的许多客户必须不断被越来越多偏远地区的新客户所取代。此外,许多人签订的是相对较小带宽的合同,往往仅占转发器总带宽的几分之一。

在过去几年中,基于卫星的宽带连接用户服务取得了重大进展。Wildblue(美国)、Hughes Net work Systems(HNS)(美国)、Starband(美国)和 IPStar(东南亚)等系统直接向消费者提供双向宽带接入。长期来看,与农村地区相比,发展中国家市场具有更大的增长潜力,因为它们地理面积大,电信基础设施不发达。在地面网络不足和人均收入难以支持基础设施投资的地区,存在着强大的需求。

3.2.5.6 甚小孔径终端系统

许多卫星服务是通过甚小孔径终端系统(VSAT)网络提供给企业、家庭用户和机构的。这种趋势的驱动力可归纳如下。

(1)无论其地理位置如何,各国政府希望确保其所有公民能够获得同等的信息和通信技术服务。这也是因为人们希望停止破坏性极大的城市化进程,特别是在发展中国家。

(2)大公司对独立于地面基础设施的冗余和替代网络的需求。

(3)无论地理和政治限制如何,都需要始终可用的联通性。

(4)对高速服务连接和多媒体直接提供给终端用户的需求增加。

(5)需要更多的联通性。

VSAT 网络为公司提供了在相对较短的时间内以低成本创建专用全球数据

网络的能力。这种网络非常适合传输到国内、区域甚至全球的多个地点。VSAT 利用卫星通信提供的一点对多点优势，对广播应用进行了固有优化。根据远程站点的数量，VSAT 网络可以设计为星型拓扑或网状拓扑。VSAT 适用于带宽不密集的点对点应用，如信用卡授权。对于 200 多个站点的网络，VSAT 的星型拓扑结构通常具有成本效益，因为空间段的成本由大量站点分担。如果站点数量小于 200，网状拓扑将更具成本效益。在星型拓扑中，如图 3.77 所示[70]，有一个或者如果网络非常大则不止一个枢纽站和数百甚至数千个远程站，它们通过枢纽站连接。在网状网络中，如图 3.78 所示[70]，远程站点有更大的天线和更多的软件功能，使远程站之间能够直接相互通信，无需中央枢纽站。使用哪种拓扑结构主要取决于与星型网络相比的网络总成本。

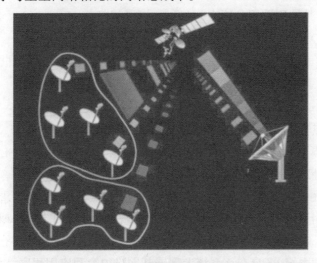

图 3.77 VSAT 卫星网络

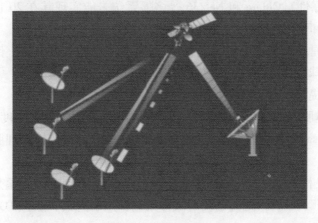

图 3.78 VSAT 网状网络

这就是星型数据、TDM/TDMA VSAT 网络使用枢纽站(直径通常为 6m 或以上)和小型 VSAT 天线(介于 0.75~2.4m)的工作方式。在该设置中,所有通道都是共享的,远程终端是在线的。

TDM/TDMA 系统历来与地面 X.25 或帧中继连接竞争,但随着 VSAT 传输数据速率已上升到 2Mb/s 或更高,接收速率开始接近 100Mb/s,DSL 和 MPLS 服务已成为大多数市场的主要竞争对手。

以按需分配多址(DAMA)为基础使用容量的网状网络,使用主控制站作为控制器和辅助设备,而不是使用集线器。通常与地面拨号连接相比较,网状连接的建立需要一点时间,并且经常与地面拨号连接进行比较。VSAT 网络的主要优势可归纳如下。

(1) 用于其端到端服务能力的"最后一英里"解决方案;
(2) 成本对距离和用户密度不敏感;
(3) 技术一致性意味着一组协议和硬件可以与一个服务提供商一起在全球范围内使用。

3.2.5.7　卫星组播

组播可以让 ISP、内容提供商和公司使用卫星来避免地面瓶颈。播发内容通过地球站上传至卫星,然后组播到本地环路外围的 ISP、电缆和 DSL 点。这种交付机制的好处之一是它绕过了光纤主干网中的瓶颈,因为播发内容更靠近最终用户。此外,由于内容被广播到多个存在点,它比每个用户单独请求内容并支付光纤回程费用更经济。对于诸如带宽密集的视频等应用来说,这种经济效益尤其引人注目。尽管 Akamai Technologies(其运营着一个由 15000 多台分布广泛的服务器组成的系统,客户在该系统上部署其网络内容和应用程序,以提高其网站的性能和可靠性)、Cidera 和 Net/36 等多播系统未能实现其在 20 世纪 90 年代的早期承诺,但对多播的兴趣正在慢慢重现。

Intelsat 是全球最大的卫星通信组织,提供广泛的 FSS 频谱。图 3.79 显示 Intelsat 的全球覆盖范围[71]。

Intelsat 提供以下类别的服务。

(1) 媒体服务:视频分发,视频分享,直接到家(DTH),高清晰度(HD)。
(2) Intelsat 的托管媒体服务:混合卫星、光纤和远程传输管理服务,兼职托管服务。
(3) 卫星相关服务:专业服务,商业托管有效载荷和仪器,卫星采购和监督,启动服务、采购和监督,地面系统解决方案,转移轨道支持服务(TOSS),在轨测试(IOT)。

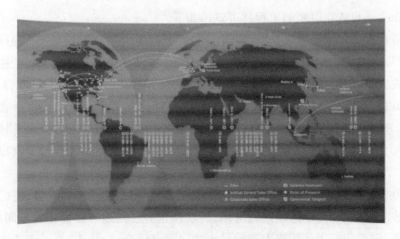

图 3.79 Intelsat 全球覆盖范围

3.2.5.7.1 卫星和有效载荷操作

为了解 Intelsat 的覆盖范围是如何发展到目前的普遍性水平,并成为世界上最大的卫星组织,Intelsat 的组织结构,将介绍其卫星的简要历史和产生。Intelsat 组织结构如图 3.80 所示[72]。

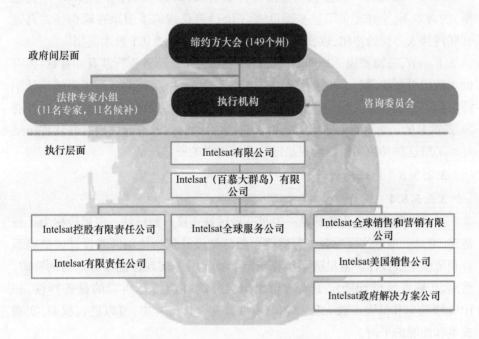

图 3.80 Intelsat 组织结构图

Intelsat 自成立以来的里程碑可概述如下：

20 世纪 60 年代。1965 年，该组织发射了世界上第一颗商业通信卫星，即"早鸟"。4 年内，该组织建立了第一个全球卫星通信系统，卫星覆盖三个主要海洋区域。1969 年，该组织传输了具有历史意义的阿波罗十一号登月的录像。

20 世纪 70 年代。1974 年，该组织创建了世界上第一个国际数字语音通信服务。同年晚些时候，该组织启动了白宫和克里姆林宫间的直接"热线"联系。1978 年，来自 42 个国家大约有 10 亿人通过该组织的卫星系统观看了世界杯足球赛。

20 世纪 80 年代。20 世纪 80 年代，该组织引进了更强大的卫星，使广播公司能够使用小型、便于运输的地球站，首次从世界任何地方直播重大新闻事件。1987 年，该组织策划了历史上规模最大的国际电话会议，将 79 个城市的 5 万多人连线一起讨论世界饥饿问题。

20 世纪 90 年代。20 世纪 90 年代初，该组织的卫星被应用于商业互联网应用和多媒体。1997 年，该组织为低需求地区提供了世界上第一个全球性的现收现付共享接入卫星服务。这使公共电信运营商首次连接许多农村和偏远地区。

2000 年及以后。在信息社会世界首脑会议（2003 年日内瓦—2005 年突尼斯）的背景下，全球宽带卫星基础设施（GBSI）倡议强调了卫星在确保提供高速互联网接入方面的作用，以便向任何人和任何地方传播 ICT 技术应用。

下一节，将简要说明地球站的设计。理解卫星链路分析所涉及的参数，将有助于我们更好地理解卫星通信系统是如何运作的，以及在地球站子系统设计中的限制因素是什么。Intelsat 是世界上最大的卫星通信组织，在撰写本书时拥有 50 多颗卫星。网上有许多链路分析软件，感兴趣的读者可以使用这些软件来更好地了解这些参数如何影响卫星链路及其提供的服务质量。

3.2.5.8　地球站设计

3.2.5.8.1　简介

卫星链路的定义为地球站—卫星—地球站连接。地球站—卫星段称为上行链路，卫星—地球站段称为下行链路。地球站设计包括传输链路设计或链路预算和传输系统设计。卫星链路预算确定了特定服务实现性能指标所需的资源。然而，传输系统设计确定了满足所提供服务的性能指标所需的设备特性，如 HPA 级功率和低噪声放大器（LNA）温度。在分析过程中，可以进行权衡，实现成本和性能的平衡。

在本书的这一部分中，我们将介绍根据 Intelsat 支持和发展方案（IADP）编写的手册的部分内容，该手册被用作地球站通信技术课程的参考手册[74]。

(1)性能指标。

数字链路的性能指标包括以下因素:①正常工作条件下的误比特率(BER);②链路可用性,它转化为链路误码率优于指定阈值水平的时间百分比。

(2)链路预算。如图3.81所示,卫星链路主要由3个部分组成:地面发射站及上行链路、卫星、下行链路及地球接收站。链路末端接收到的总载波电平是在发射和接收地球站间路径损耗和增益之和,其中大部分如图3.81所示。

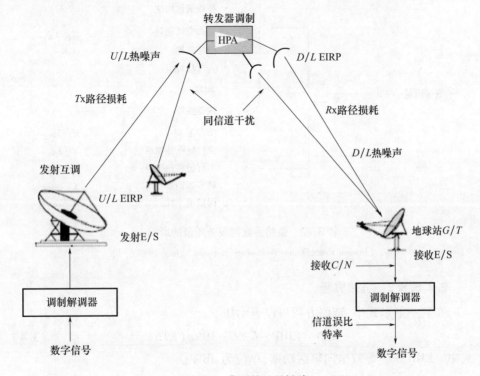

图3.81 典型的卫星链路

(Intelsat Earth Station Technology, Revision 5, June 1999.[74])

(3)载波—噪声关系。

卫星系统射频部分的传输性能由系统中的基本载波—噪声关系建立,并由接收载波功率电平与接收机输入处的噪声相比来定义。图3.82说明了链路组件如何影响接收载噪比,并最终影响服务质量。例如,下行链路热载波噪声比为

$$C/N = C - 10\log(KTB) \tag{3.3}$$

式中 C——接收功率,单位为 dBW;

K——玻尔兹曼常数,1.38×10^{-23} W/K/Hz;

B——噪声带宽(或占用带宽),单位为 Hz;
T——接收系统的绝对温度,单位为°K。

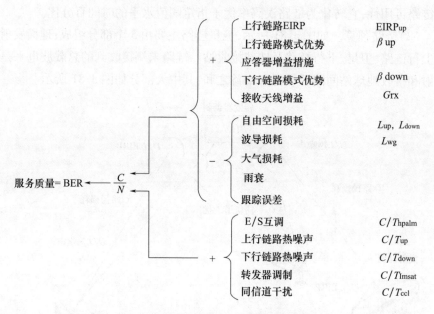

图 3.82 链路参数对服务质量的影响
(Intelsat Earth Station Technology, Revision 5, June 1999.[75])

3.2.5.8.2 链路方程

在其一般形式中,链路方程可以表示如下:

$$C/N = \text{EIRP} - L + G - 10\log(KTB) \tag{3.4}$$

式中　EIRP——等效全向辐射功率,单位为 dBW;
　　　L——传输损耗,单位为 dB;
　　　G——接收天线增益,单位为 dB。

前三项对接收载波功率有贡献,最后一项是接收系统的噪声功率。值得注意的是,链路方程同时适用于上行链路和下行链路。

另一点需要注意的是,传输损耗 L 被定义为自由空间传输损耗与任何附加路径损耗的总和,该附加路径损耗包括雨衰造成的损耗等因素。

1. 等效全向辐射功率(EIRP)

EIRP 是天线发射增益 G_T 和馈入天线的发射功率 P_T 的函数,表示为

$$\text{EIRP}(\text{dBW}) = 10\log P_T(\text{dBW}) + G_T(\text{dBi}) \tag{3.5}$$

式中　$P_T(\text{dBW})$——天线输入功率,单位为 dBW;

$G_T(\text{dBi})$——发射天线增益,单位为 dBi。

由于过量的 EIRP 会对相邻和同信道载波造成干扰,而低的 EIRP 会导致服务性能差,因此必须精准控制 EIRP。

2. 天线增益

天线增益,称为各向同性辐射器,定义为

$$G(\text{dBi}) = 10\log\eta + 20\log f + 20\log d + 20.4\text{dB} \tag{3.6}$$

式中 η——天线效率(典型值为 0.55~0.75);

d——天线直径,单位为 m;

f——工作频率,单位为 GHz。

3. 传输损耗

传输损耗通常包括以下 4 个部分:

$$L = L_0 + L_{\text{atm}} + L_{\text{rain}} + L_{\text{track}} \tag{3.7}$$

式中 L_0——自由空间损耗;

L_{atm}——大气损耗;

L_{rain}——降雨引起的衰减;

L_{track}——天线跟踪误差造成的损耗。

4. 自由空间损耗

在全向辐射天线中,波束功率 P_T 将扩展为以天线为中心的球体。因此,与发射点距离 D 处的功率由下式给出

$$W = P_T/4\pi D^2 \ (\text{W/m}^2) \tag{3.8}$$

当发射天线聚焦能量时,方程将变为

$$W = G_T P_T/4\pi D^2 \ (\text{W/m}^2) \tag{3.9}$$

或者

$$W_{\text{dBW/m}^2} = \text{EIRP}_{\text{dBW}} - 20\log D - 71\text{dB} \tag{3.10}$$

式中 $G_T P_T$——EIRP;

W——辐射功率;

D——距离,单位为 km;

71dB——$10\log(4\pi \times 10^6)$。

由于采集的信号数量取决于接收天线尺寸,所以接收到的功率 P_R 表示为

$$P_R = W * A_e \tag{3.11}$$

其中 A_e = 接收天线的有效孔径 = $(\lambda^2/4\pi)/G_R$。然后,

$$P_R = [G_T P_T/4\pi D^2][(\lambda^2/4\pi)/G_R] \tag{3.12}$$

$$P_R = G_T P_T (\lambda/4\pi D)^2 G_R \tag{3.13}$$

表达式 $[4\pi D/\lambda]^2$ 称为基本自由空间损耗 L_0，以分贝表示为

$$L_0 = 20\log D + 20\log f + 92.5\text{dB} \tag{3.14}$$

式中　D——发射机和接收机之间的距离，或倾斜范围，单位为 km；

　　　f——频率，单位为 GHz；

92.5dB——$20\log[4\pi \times 10^9 \times 10^3/C]$。

用分贝表示方程(3.13)，有

$$P_{\text{RdBW}} = \text{EIRP} - L_0 + G_R \tag{3.15}$$

在式(3.15)中，如果 G_R 是具有 100% 效率的 1m^2 天线的增益，P_R 为 dBW/m 单位面积的功率，单位为 dBW/m^2。式(3.10)中的功率也可以表示为

$$W_{\text{dBW/m}^2} = \text{EIRP} - L_0 + G_{1\text{m}^2} \tag{3.16}$$

5. 大气损耗

大气气体如氧气和水蒸气的吸收也可引起信号损耗。信号的这一特性取决于频率、仰角、海拔高度和绝对湿度。在频率低于 10GHz 时，大气吸收可以忽略不计，频率在 10GHz 以上时，大气吸收随着频率的增加而增加，特别是对于低仰角。表 3.19 给出了 10°仰角下大气损耗平均值示例。

表 3.19　大气衰减示例

大气损失/dB	f/GHz
0.25	$2 < f < 5$
0.33	$5 < f < 10$
0.53	$10 < f < 13$
0.73	$13 < f$

6. 降雨影响

降雨对卫星链路有重要的气候影响。雨水通过散射和吸收电波能量导致无线电波的衰减。雨衰随着频率的增加而增加。当我们的频率从 C 波段到 Ku 波段，再到 Ka 波段时，情况变得越来越糟。为了克服降雨引起的附加衰减，必须传输足够的额外功率以提供充足的链路可用性。在已知雨衰的预测是一个统计过程后，开发了许多用来证实实验观测的模型。这些模型中考虑的参数与运行频率、按地理位置划分的降雨率统计以及链路可用性建议有关。为了更真实地确定链路可用性并建立适当的链路裕量，需要对雨衰进行可靠预测。

7. 跟踪损耗

在已建立的卫星链路中，理想的情况是使地球站天线对准卫星以获得最大增益。在这样的链路中，有一个小度数的偏移，导致增益下降十分之几分贝。可

以根据天线尺寸、跟踪类型和精度来估计增益的降低。这种损失将影响上行链路和下行链路计算。C 波段和 Ku 波段天线的典型值见表 3.20 和表 3.21。更大的天线直径需要一直处于跟踪状态,对于上行链路和下行链路,这种偏移损耗可以设置为 0.5dB。

表 3.20 地球站性能特性(C 波段,天线效率 70%)

天线 直径/m	T_X 增益 6GHz/dBi	R_X 增益 4GHz/dBi	上行链路 损失/dB	下行链路 损失/dB	跟踪
1.2	35.6	32.1	0	0	修正
1.8	39.2	35.6	0	0	修正
2.4	41.7	38.1	0.4	0.2	修正
3.6	45.6	42.1	0.7	0.4	修正
7	51	47.4	0.9	0.9	手册[1]
11	54.9	51.4	0.5	0.5	一步一步

[1] 人工跟踪要求每周进行 E-W 角度调整

表 3.21 地球站性能特性(Ku 波段,天线效率 60%)

天线 直径/m	T_X 增益 14GHz/dBi	R_X 增益 12GHz/dBi	上行链路 损失/dB	下行链路 损失/dB	跟踪
1.2	42.6	40.5	0.4	0.2	修正
1.8	46.1	44	0.7	0.5	修正
2.4	48.2	46.6	1.1	0.8	修正
3.7	52.5	50.3	1.2	0.9	手册[1]
5.6	56.1	53.9	0.8	0.7	手册[1]
7	58	55.8	0.5	0.5	一步一步
8	59.2	57	0.5	0.5	一步一步

[1] 人工跟踪要求每周进行 E-W 角度调整

8. 模式优势

卫星天线方向图具有明确的波束边缘,其参考值为 EIRP、G/T 和通量密度(见图 3.83)。在卫星链路分析中,调整因子用于说明卫星波束内的地球站位置。这些调整因子称为 β 因子、方位校正或模式优势,适用于全球波束以外的所有卫星波束。根据定义,β 因子是卫星波束边缘增益与地球站方向增益之间的差异。

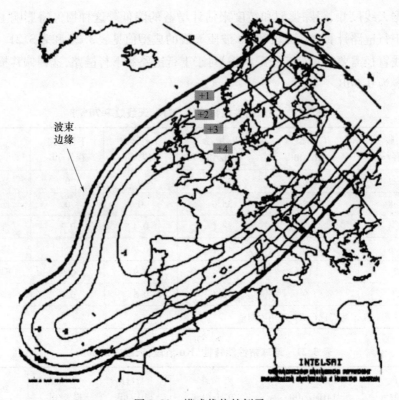

图 3.83 模式优势的例子

(Intelsat Earth Station Technology, Revision 5, June 1999.[75])

9. 系统噪声温度

地球站的系统噪声温度包括以下要素:

① 接收机噪声温度;

② 天线噪声温度,包括馈电和波导;

③ 天线拾取的天空噪声。

这些要素可以用下式表示:

$$T_{system} = T_{ant}/L + (1 - 1/L)T_0 + T_e \qquad (3.17)$$

式中 L——以数值表示的馈电损耗;

T_e——接收机等效噪声温度;

T_0——290°K 的标准温度;

T_{ant}——制造商提供的天线等效噪声温度。

10. 天线噪声温度

经由天线进入接收机(即 LNA)的噪声功率相当于在物理温度为 T_{ant} 时,在

LNA 输入处匹配电阻产生的噪声功率。

天线噪声温度是天线增益方向图、背景噪声、天空温度、等效大气噪声温度和太阳噪声温度等若干参数的复杂函数。图 3.84 显示了天线噪声温度随天线仰角的典型曲线变化。对于具有低旁瓣的低损耗天线,通常在天顶处为最小值,通常为 15~20K,当仰角降至 10°以下时,该值显著增加。

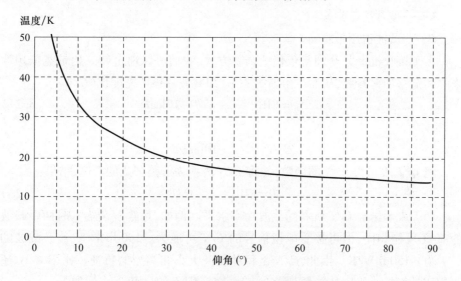

图 3.84　天线噪声温度作为仰角的函数

11. G/T 或"品质因数"

通常称为品质因数的 G/T dBK 也被称为接收机系统的"优度"测量。国际通信卫星组织要求其全球使用的所有标准地球站都有一个特征 G/T 值。G/T 表示为相对于 1°K 的 dB 值。应当注意,对于增益和噪声温度,必须使用相同的参考点系统,例如接收机输入。

G/T 可以用接收机增益和系统噪声温度表示为

$$G/T = G_{tx} - 10\log T_{sys} \tag{3.18}$$

式中　G_{tx}——接收增益,单位为 dB;

T_{sys}——系统噪声温度,单位为 K。

由于天线增益与频率有关,因此必须通过从公式(3.18)中减去因子 $20\log f/f_0$（f_0 为 4 或者 11）,将 G/T 值归一化为已知频率(通常为 4 或 11GHz,它们是 C 波段和 Ku 波段的下行链路频率),其中 f 为频率,单位为 GHz。

12. C/N——载噪比

当 kTB 乘积在对数下展开时,C/N 可以用以下形式表示:

$$C/N = \text{EIRP} - L + G - 10\log T - 10\log B \tag{3.19}$$

如上所述,$G - 10\log T$ 为品质因数,例如:

$$C/N = \text{EIRP} - L + G/T - 10\log K - 10\log B \tag{3.20}$$

式中 L——传输损失;

G/T——接收机的品质因数;

K——玻耳兹曼常数;

B——载波占用带宽。

由于接收机带宽 B 通常依赖于调制方式,我们可以通过归一化带宽依赖性来隔离链路功率参数,从而产生新的关系,即载波-噪声密度比(C/N_0)。

$$C/N_0 = \text{EIRP} - L + G/T - 10\log K \tag{3.21}$$

注意

$$C/N = C/T - 10\log KB \tag{3.22}$$

将 C/T 表示为 C/N 的函数,并将 C/N 替换为链路公式的右侧,结果:

$$C/T = \text{EIRP} - L + G/T \tag{3.23}$$

C/T 表示给定 G/T 所需的载波功率水平。例如,尽管解调输入时两个载波的 C/N 可能相同,但可接受电视信号的 C/T 可能为 -140dBW/K,数字载波的 C/T 为 -150dBW/K。因此,C/N 是每种载波大小和类型的特征。比率 C/N_0 还可用于计算接收机比特能量与噪声密度之比,即 E_b/N_0,可以表达如下

$$E_b/N_0 = C/N_0 - 10\log(\text{数字速率}) \tag{3.24}$$

这里使用术语"数字速率",因为 E_b/N_0 可以指同一调制解调器中具有不同速率的不同点。

13. G/T 对服务经济学的影响

由于较高的卫星 EIRP 意味着较高的运行成本,因此可以得出结论,在式(3.23)中,用 EIRP 表示的较高 C/T 也会导致成本的增加。另一方面,G/T 代表资本支出,因为 G/T 越高要求天线越大或 LNA 越好,这反映在设备成本中。对于长期使用的地球站设施,相比于需要更高卫星 EIRP 以获得相同服务质量的较小天线,建造一个需要较低下行链路 EIRP 的较大天线,可能更经济。注意,在某些情况下,通过使用更好的 LNA 可以改进地球站 G/T。例如,地球站接收增益为 53dBi、C 波段天线噪声为 25°K、馈线噪声温度为 5°K,LNA 温度为 80°K,将有

$$G/T = G_{\text{ant}} - 10\log(T_{\text{ant}} + T_{\text{feed}} + T_{\text{LNA}}) \tag{3.25}$$

$$G/T = 53 - 10\log(25 + 5 + 80) = 32.6\text{dB/°K}$$

该天线被归类为国际通信卫星组织标准 B。为了更好地看到 LNA 的影响,我们可以移除该 LNA 并用 30°K LNA 替换。由此产生的 G/T 可以写成

$$G/T = 53 - 10\log(25 + 5 + 30) = 35.2\text{dB}/°\text{K}$$

这将天线重新分类为国际通信卫星组织标准 A。

14. 卫星转发器

卫星转发器的功能与无线电中继转发器的功能相同,即接收来自地球的发射,并在频率转换和放大后重新发射到地球。卫星资源在许多地球站之间共享,具有不同类别的标准 A、B、C、D、E 和 F,因此卫星需求也不同。除带宽外,给定转发器的参数是:

① 饱和通量密度($\text{SFD},\text{dBW}/\text{m}^2$);

② 接收 $G/T(\text{dB}/°\text{K})$;

③ 饱和 EIRP(dBW)。

SFD 是从地面段到达卫星的总功率通量密度,它产生卫星的饱和 EIRP。

15. 转发器运行点

由于转发器输出功率放大器不是线性器件,必须在饱和点以下运行,以避免非线性失真。为了达到运行点,需要输入和输出补偿(分别为 IBO 和 OBO),如图 3.76 所示。在典型的 TWTA 中,这是对可用功率不可避免的浪费。

输入补偿定义为给定载波的 SFD 与工作通量密度之比。输出补偿定义为给定载波的饱和 EIRP 与工作 EIRP 之比。从输入补偿角度,输出补偿定义为

$$\text{OBO} = \text{IBO} - X \tag{3.26}$$

"X" 是 IBO 和 OBO 之间的增益压缩比,其值对于单载波和多载波操作是不同的,如图 3.85 所示。

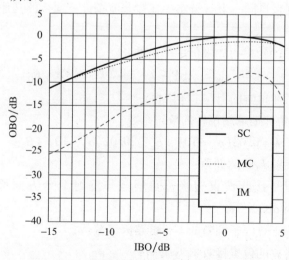

图 3.85 转发器传输特性和 IM 产品生成

16. 转发器运行 EIRP

运行卫星 EIRP(EIRP$_{op}$)是由式(3.27)计算得到

$$EIRP_{op} = EIRP_{saturation} - OBO \qquad (3.27)$$

17. 链路预算的噪声分量

链路预算的噪声分量组成如下。

1)上行链路热噪声

上行链路热噪声由卫星接收系统中的固有噪声引起。

在计算上行链路 C/T 时,应考虑天线指向误差和雨衰。通常 0.5~1.0dB 预留给指向误差。如前所述,信号衰减随频率的增加而增加,因此在 C 波段,尽管忽略雨衰是正常的,但在降雨量很高的地区,应考虑这种影响。在 Ku 波段,2~4dB 的雨衰裕度是正常的。

上行链路热噪声使用以下公式计算:

$$C/T_{up} = EIRP_{up} - L_{up} + G/T_{sat} + \beta_{up} - m_{up} \qquad (3.28)$$

式中　$EIRP_{up}$——上行链路 EIRP;

　　　L_{up}——上行链路路径损耗;

　　　β_{up}——上行链路模式优势;

　　　m_{up}——降雨和跟踪误差裕度等。

(1)地球站 HPA 互调干扰。

当宽带 HPAs 在多载波条件下运行时,可以在整个卫星频段(500MHz)上生成互调产品。应该指出的是,即使用户的计划只涉及每个 HPA 的一个载波,也仍然有可能受到来自同一上行链路中在多载波条件下运行的其他站点产生的互调干扰。

C/T_{HPAIM} 是从 HPA-IM 限值中得出的:

$$C/T_{HPAIM} = EIRP - A + X - 192.6 dBW/°K \qquad (3.29)$$

式中　A——10°仰角时的 HPA IM 限值;

　　　X——仰角和地球站位置的校正系数。

$$X = 0.02(\alpha_u - 10) + \beta_{u+\gamma}[0.02(\alpha_d - 10) + \beta_d] \qquad (3.30)$$

式中　α_u——发射 E/S 的仰角;

　　　β_u——卫星接收波束边缘覆盖增益与发射 E/S 方向增益之差,单位为 dB;

　　　γ——用于总因子调整的下行链路因子分数;

　　　α_d——最差的位置接收 E/S 仰角;

　　　β_d——卫星发射波束边缘覆盖增益与最差位置接收 E/S 方向增益之差,

单位为 dB。

(2) 同信道干扰。

同信道干扰是由相同卫星、相同频率上的载波引起的,但在不同的上行和下行波束(频率重用)中,这些波束要么在空间上分离,要么使用相反的极化分离。这个值作为载波干扰比(C/I)给出,单位 dB。要将 C/I 转换为 C/T,我们可以使用以下方程:

$$C/T_{cci} = C/I - 10\log(OccBw) - 10\log k \tag{3.31}$$

式中 $OccB_W$——载波占用 B_W,指正在执行计算的载波。

(3) 转发器互调。

转发器互调被指定为在波束边缘 4kHz 带宽内从转发器发射的 EIRP 密度限制:

$$C/T_{sat\,im} = EIRP_{down} - SAT_{im} - \beta_{down} - 192.6 (dBW/°K) \tag{3.32}$$

式中 $EIRP_{down}$——下行链路 EIRP;

SAT_{im}——4kHz 带宽内指定互调极限;

β_{down}——D/L 模式优势。

2) 下行链路热噪声

与上行链路热噪声情况一样,应考虑裕度以允许雨衰和跟踪误差。该噪声是由地球站接收系统引起的,可以用下列方程表示:

$$C/T_{down} = EIRP_{down} - L_{down} + G/T_{E/S} - m_{up} \tag{3.33}$$

式中 C/T_{down}——下行链路 EIRP;

L_{down}——下行链路路径损耗;

$G/T_{E/S}$——地球站品质因数;

m_{up}——下行链路跟踪和雨衰裕度。

将上述比率相加可以得到全链路载波与系统噪声温度比 C/T_T,计算方程如下:

$$1/(C/T_T) = 1/(C/T_{up}) + 1/(C/T_{down}) + 1(C/T_{im\,E/S}) + 1(C/T_{sat\,im}) + 1(C/T_{cci}) \tag{3.34}$$

图 3.86 显示了这些要素和总 C/T 比值,由于噪声是加性的,该比值低于最低 C/T 值。低 EIRP 水平意味着低 C/N_0,但较高的 EIRP 水平并不一定意味着更好的 C/N_0。

3.2.5.8.2.1 高功率放大器(HPA)的大小

在决定所需 HPA 的大小时,必须考虑所有载波的总 EIRP 和所需的补偿。为了更好理解这些参数,我们来看下面的例子。假设 HPA 发射具有 $EIRP_1$

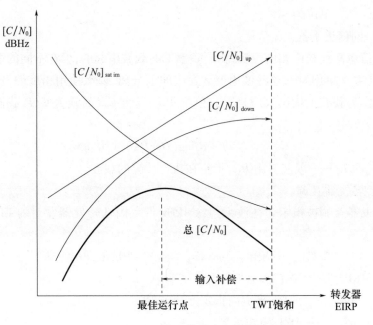

图 3.86 (C/N_0)作为载波功率函数的变化

和 $EIRP_2$ 电平的两个载波,通过将两个载波的功率转换为瓦特来计算总 EIRP。在计算天线输入所需的总功率后,必须全面考虑 HPA 的馈电损耗和输出补偿,如表 3.22 所示。

在本书的这一部分中,我们了解到链路分析方程对于系统性能分析至关重要,将完全用于地球站设计和链路预算和分析。

表 3.22 高功放(HPA)大小

参数	公式	值及其单位
$EIRP_1$,载波 1		60.1dBW
$EIRP_2$,载波 2	$= 10 \times \log(10(EIRP_1/10) + 10(EIRP_2/10))$	63.2dBW
通过 HPA 的总 $EIRP(EIRP_t)$		64.9dBW
天线增益(G_{ant})	$= EIRP_t/10 - G_{ant} + L_f$	52.9dB
馈电损耗(L_f)		1.0dB
HPA 所需输出功率(P_{req})		13.0dBW
HPA 补偿(PA_{OBO})	$= P_{req} + PA_{OBO}$	8.0dB
饱和 HPA 输出功率(P_s)	$= 10 \times (P_s/10)$	21.0dBW
HPA 大小		126.8W

同样的信息可用于其他几个领域,如天线验收测试、设备需求、卫星资源需求计算、网络设计和成本估算。

网上有许多软件可用于链路预算和分析,这将有助于更好地理解单个参数对卫星链路整体性能的影响。理解每个参数在整个卫星链路分析中的作用及其综合影响是非常必要的。

3.2.5.9 卫星服务

3.2.5.9.1 固定卫星服务

根据国际电信联盟 RR(2012 年版)第 5 条提供无线电频率分配。

为了改进频谱利用的协调,本文件中规定的大部分服务分配已纳入国家频率分配和利用表,由相应的国家行政部门负责。分配可以是主要的、二次的、独享的和共享的。

(1)主要分配:用大写字母表示(见以下示例)。

(2)二次分配:用小写字母表示。

(3)独享或共享使用:属于行政部门的责任范围。

在民用频段中的军事用途,是符合国际电信联盟 RR 的。

提供 FSS 的卫星在固定位置的地球站之间发射无线电通信信号。卫星传输的信息以射频信号形式传送。可以使用任意数量的卫星来连接这些站。作为 FSS 网络的一部分,地球站也使用卫星广播新闻媒体事件,如体育赛事或新闻发布会。此外,FSS 卫星还提供多种服务,包括寻呼网络和销售点支持,如信用卡交易和库存控制。

未来几年 FSS 具有很高增长潜力的三个主要应用是 VSAT、宽带接入和卫星组播。在下文中,将对这三种应用作进一步的解释。

3.2.5.9.2 移动卫星服务(MSS)

根据国际电信联盟 RR,MSS 定义为无线电通信服务,即:①在移动地球站和一个或多个空间站之间,或在本服务所使用的空间站之间;②通过一个或多个空间站在移动地球站之间;③此服务还可包括运行所需的馈线链路。

MSS 使用可安装在船舶、飞机或汽车上的便携式地面终端。MSS 终端还可以由个人携带。

移动卫星服务是卫星通信行业的一个重要组成部分,其在全球范围内提供通信服务的有效性已被证明,特别是在为电信基础设施质量低或通信选择有限的地区提供服务方面。MSS 的一些主要特点包括:

(1)很高的比特率;

（2）信道动态分配给位于全球不同位置或区域的用户；

（3）对距离不敏感使系统成为一种成本效益高的服务。

图 3.87 显示了 2016 年—2026 年 MSS 的全球市场。

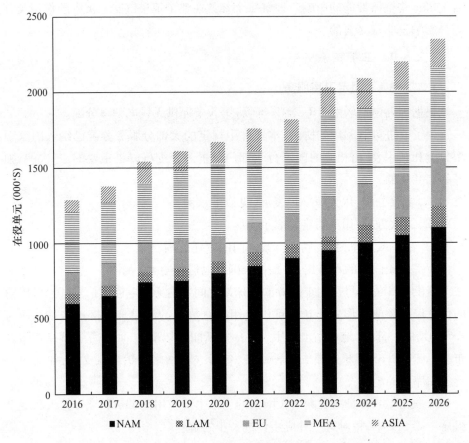

图 3.87　MSS 的全球市场

来源：SNR

在 MSS 提供商中，Inmarsat 是 31 年来最大的移动卫星服务提供商，并被公认为该领域的领导者。Inmarsat 通过由 11 颗卫星组成的编队在全球范围内提供无缝移动语音和数据通信，使用户可以随时随地在陆地、海上或空中拨打电话或连接互联网。Inmarsat 的宽带全球局域网服务使电视广播公司能够将来自偏远地区的实时突发新闻向数百万家庭直播。

当从飞机上拨出移动电话或发送短信时，最有可能是使用 Inmarsat 卫星将信号传送到地面。Inmarsat 是一个类似于 Intelsat 的国际卫星通信组织，提供 3 种服务：陆地、海上和航空。陆地类服务中，如石油和天然气、媒体、公用事业、采矿、援助和运输等部门使用 Inmarsat 提供的服务,包括高速和低速数据和语音服务。海上服务中,为商人、政府提供服务,并用于捕鱼和休闲。Inmarsat 还提供海上宽带业务和海上电话服务。在航空类服务中,Inmarsat 为航空运输、商业和政府提供服务。图 3.88 显示了 Inmarsat 卫星的全球覆盖范围。

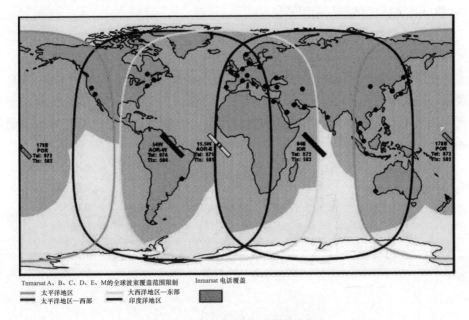

图 3.88　Inmarsat 全球覆盖范围

(www.navtec.de/english/inmarsat[75])

3.2.5.9.3　广播卫星服务(BSS)

广播卫星服务是另一种无线电通信服务,其中卫星发送的信号旨在通过 TVRO 终端直接被公众接收。用于广播的卫星通常被称为直接广播卫星(DBS),其中包括个人 DTH 和社区天线电视(CATV)。新一代 BSS 通过卫星有返回链路。由于卫星的覆盖范围非常大,因此 BSS 可以提供全球覆盖。广播服务包括音频、电视和互联网服务。

3.2.5.9.3.1　轨道间距、EIRP 和频段

由于 BSS 本质上是高功率卫星,轨道间距在 $6°\sim9°$,而 FSS 轨道间距为 $1°\sim2°$。该间距用于防止相邻卫星干扰。

广播卫星服务的 EIRP 在 $51\sim60\mathrm{dBW}$ 范围内,远高于 FSS。用于 BSS 的频段通常是 Ku 波段。低频段(即 C 波段)需要更大尺寸的天线,这给安装带来困难。此外,由于大多数地面系统是在较低的微波频率下设计的,因此较低的频率

对地面系统的干扰也较大。如果我们看看频谱的另一端,可能会问 Ka 频段可提供更高的带宽,为什么不将它用于 BSS? 答案是,在更高的频率,事实上信号更容易受到关注,特别是降雨引起的。对于在 Ka 波段运行的 DBS 服务,在暴雨期间丢失信号或接收到极微弱信号的可能性更高。为了从"频率复用"技术中获益,使用右旋圆极化和左旋圆极化。

为了更有效地利用卫星转发器容量,将电视节目的音频和视频分量数字化,便于使用信号压缩,从而大大减少所需带宽。

在典型的 DBS 系统中,电视信号由安装在天线焦点的低噪声变频器(LNB)接收。LNB 将卫星广播的信号向下变频为中频(IF),然后由机顶盒转换器下变频为可由电视机解码成图像和声音的信号。广播卫星服务的低噪声变频器如图 3.89 所示。

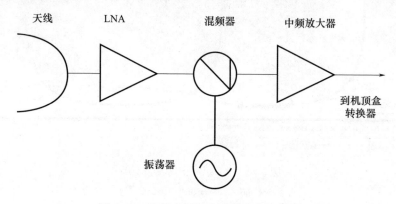

图 3.89　广播卫星服务的低噪声变频器

LNB 由四个部件组成:LNA、混频器、振荡器和中频放大器。

从图 3.89 可见,LNA 是从天线接收广播电视信号的下变频器的"前端",它充分放大接收到的信号以供进一步处理,信噪比退化最小。

噪声系数和相关增益是 LNB 最重要的参数。噪声系数决定接收机的灵敏度,并确定 LNB 可以使用多小的天线。为了获得更好的性能需要尽可能降低噪声系数。

另一方面,LNB 的增益确保有足够的功率来驱动机顶盒转换器。下面的级联噪声方程演示了噪声系数和相关增益是如何协同工作的。

$$NF = NF1 + [(NF2 - 1)/G1] + [(NF3 - 1)/G1G2] + \cdots \tag{3.35}$$

图 3.90 给出了一个典型的 DBS 接收系统。

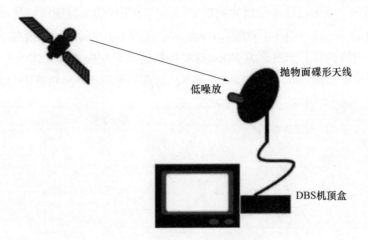

图 3.90 典型的 DBS 接收系统

直接广播系统的常规配置如图 3.91 所示。

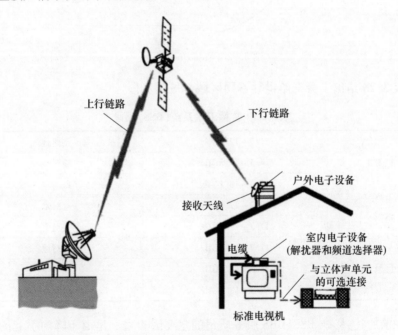

图 3.91 典型的 DBS 系统配置

(The Free Dictionary, Direct Broadcasting Satellite Systems, http://encyclopedia2.thefreedictionary.com/Direct+broadcasting+satellite+systems.[76])

DBS 系统使用地球同步卫星接收从地球表面发送的电视信号。接收到的信号被放大并向下传输回接收系统,该接收系统可以是社区接收系统,也可以仅仅是单个用户。卫星还将接收到的频率17.3~17.8GHz的上行频段信号(在北美)下变频为12.2~12.7GHz下行频段,并向下传输,然后由位于个人住宅或办公室顶部的接收天线接收。如图3.92所示,这些天线通常采用抛物面天线的形式,有时也采用平面方形相控阵天线。接收天线永久指向位于地球同步轨道上的卫星。

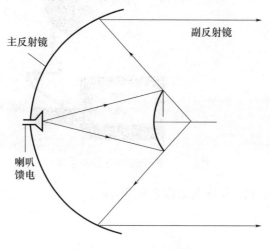

图3.92 Cassegrain 系统

表3.23给出了分配给世界不同区域BSS的频段。

表3.23 广播卫星系统(BSS)频段

区域1	11.7~12.5GHz	空对地
	14.5~14.8GHz	地对空
	17.3~18.1GHz	地对空
区域2	12.2~12.7GHz	空对地
	17.3~17.8GHz	地对空
区域3	11.7~12.2GHz	空对地
	14.5~14.8GHz	地对空
	17.3~18.1GHz	地对空

如前所述,影响BSS/DBS服务质量的主要因素之一是由于降雨引起的接收信号衰减,尤其是在较高频率下,其影响比在较低频率下更明显。国际电信联盟根据国际电信联盟无线电通信大会的建议,在这一领域开展了广泛的研究,该建议强调需要收集降水强度的统计数据,以预测降水造成的衰减和散射。根据这项建议,表3.24可用于获得降雨气候区域的预期降雨率累积分布中值,图3.93可用于选择降雨气候区域以预测降水效应。

表3.24 超过降雨强度/(mm/h)

时间百分比/%	A	B	C	D	E	F	G	H	J	K	L	M	N	P	Q
1.0	<0.1	0.5	0.7	2.1	0.6	1.7	3	2	8	1.5	2	4	5	12	24
0.3	0.8	2	2.8	4.5	2.4	4.5	7	4	13	4.2	7	11	15	34	49
0.1	2	3	5	8	6	8	12	10	20	12	15	22	35	65	72
0.03	5	6	9	13	12	15	20	18	28	23	33	40	65	105	96
0.01	8	12	15	19	22	28	30	32	35	42	60	63	95	145	115
0.003	14	21	26	29	41	54	45	55	45	70	105	95	140	200	142
0.001	22	32	42	42	70	78	65	83	55	100	150	120	180	250	170

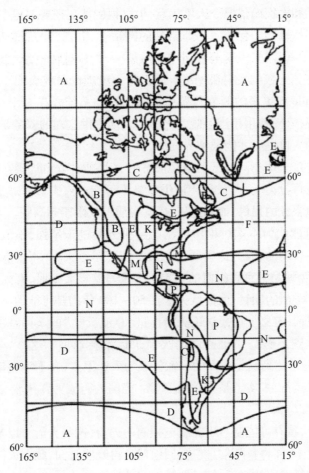

图 3.93 PN.837-11,ITU-R Pn.837-1 建议的传播模式的降水特征

(https://slidept.net/document/rec-itu-r-pn-837-1-1-recommendation-itu-r-pn-837-1-characteristics-of-precipitation-for-propagation-modelling.[77])

考虑对我们讨论主题的重要性和相关性,下文给出了亚瑟·C·克拉克于1945年在《无线电世界》杂志上发表的论文原稿(如本章前面所述)。

地外中继:火箭站能提供全球无线电覆盖吗?

亚瑟·C·克拉克(无线电世界,1945年10月,305-308.)

虽然通过适当选择频率和路线,可以在大部分时间里为地球的任意两点或区域之间提供电话线路,但电离层特性极大阻碍了长距离通信,有时甚至是不可行的。真正的广播服务,能够在全球范围内全天时提供持续的场强,在世界社会中是非常宝贵以及不可或缺的。

尽管电话和电报的情况令人不满意,但电视的情况还要差得多,因为根本不能通过电离层传输。即使在一个非常好的网站上,电视台的服务区也只有大约100mile宽。要覆盖英国这样的小国,需要一个由同轴电缆、波导或甚高频(VHF)中继链路连接的发射机网络。最近的一项理论研究表明[1],这样一个系统需要以50mile或更短的间隔设置中继器。这种系统要在一个小国的全国范围内提供电视报道,费用相当可观。向一个大洲提供这样的服务是不可能的,而且只有主要的人口中心才能被纳入网络。

当试图连接全球不同地区的电视服务时,问题同样严重。数千英里长的中继链将耗资数百万美元,而跨洋传输仍然是不可能的。类似考虑适用于宽带频率调制和其他服务的提供,如高速传真,其本质上仅限于超高频。

许多人可能认为本次讨论中提出的解决方案过于牵强,不值得认真对待。这种态度是不合理的,因为这里所设想的一切都是过去10年发展的逻辑延伸,特别是以V2为原型的远程火箭的完善。在撰写这篇文章时,有人宣布,德国人正在考虑一个类似的项目,他们认为这在50~100年内是可能的。

在继续之前,有必要简要讨论火箭推进和"航天学"的某些基本定律。在地球大气层外达到足够高飞行速度的火箭永远不会返回。这一"轨道"速度为8km/s(5mile/s),达到这一速度的火箭将成为人造卫星,在不消耗动力的情况下永远环绕地球运行,事实上是第二颗卫星。德国的跨大西洋火箭A10将达到这个速度的一半以上。

再过几年,将有可能制造出无线电控制的火箭,这些火箭可以被引导到大气层之外的轨道上,并将科学信息广播回地球。再晚些时间,载人火箭将能够具有足够的动力进行类似的飞行,打破轨道返回地球。

如果初始条件正确,火箭将保持无限多可能的圆形和椭圆形稳定轨道。8km/s的速度仅适用于最接近的轨道,即大气层外的轨道,旋转周期约为90min。

因为重力在减小,需要较少的离心力来平衡它,所以随着轨道半径的增大速度减小。图3.94以图形方式显示了这一点。拟议中的德国空间站周期大约4.5h。

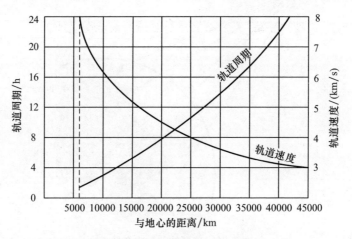

图3.94 轨道周期和速度随地心距离的变化

观察可以发现,半径为42000km的轨道周期正好为24h。在这种轨道上的物体,如果其平面与地球赤道平面重合,它将绕地球旋转并静止在地球同一点上方。与其他所有天体不同,它既不会升起也不会落下,而是在整个半球空中保持固定。在较小轨道上的物体会比地球旋转得更快,因此就像火星的内卫星一样从西方升起。

利用火箭运送的材料,有可能在这样的轨道上建造一个"空间站"。空间站可以提供生活区、实验室,以及为其工作人员提供舒适服务所需的一切,通过定期的火箭发射来实现工作人员接替,并提供服务。这个项目可能纯粹出于科学原因,因为它将极大地促进我们对天文学、物理学和气象学的了解。关于这个问题已经有大量的文献[2]。

尽管这项任务看起来很神奇,但它所需的火箭速度仅为已经处于设计阶段的火箭的两倍。由于结构体涉及的重力压力可以忽略不计,因此只需要非常轻的材料,并且空间站可以根据需要足够大。

现在我们假设这样一个空间站是在这个轨道上建造的,它可以配备接收和发射设备(功率问题将在后面讨论),并可作为中继器,使用穿透电离层的任何频率在下面半球的任意两点之间中继传输。如果使用定向阵列,将使用直接视线传输,功率需求将非常小。还有一个更重要的问题是,地球上的阵列一旦建立,就可以无限期地保持固定。

此外,从半球上任何一点接收到的传输信号可以广播到地球的整个可见面,从而满足所有可能服务的要求(图3.95)。

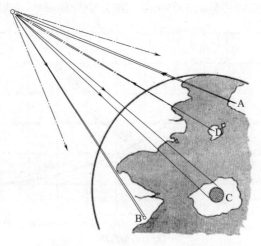

图3.95 典型的地外中继服务
A的传输信号被中继到B点和C区;来自D的传输信号被中继到整个半球

我们还没有直接证据表明无线电波在地球表面和外层空间之间传播,这可能是有争议的;但我们可以肯定地说,较短的波长不会反射回地球。通过V2火箭技术可以获得地球大气层上方磁场强度的直接证据,希望有人能够对此尽快采取行动,因为某处一定有相当多的剩余库存! 或者,如果有足够的发射功率,我们可以通过探测月球回波来获得必要的证据。同时,我们有直观证据表明,除了发生共振效应的某些频率,光谱光学端的频率几乎没有吸收,中高频两次穿过E层,从F层反射,并从F层内或上方的流星接收到回波。可以相当肯定的是,在大气层或电离层不过度吸收的情况下,可以使用50~100000Mc/s的频率。

一个站点只能覆盖全球的一半,全世界服务需要三个站点,当然也可以很方便地利用更多的站点。图3.96给出了一种最简单的配置。围绕地球大致等间距布置这些站,以下经度看起来合适。

链中的站点通过无线电或光束链接,因此可以提供任何可想象的波束或广播服务。

此类站设计中涉及的技术问题非常有趣[3],但此处仅涉及少数几个问题。将提供抛物面反射镜电池,孔径取决于使用的频率。假设使用3000Mc/s的波,大约1m宽的反射镜将把几乎所有的能量射向地球。更大的反射器可用于指向单个国家或地区,以提供受控服务,从而节省电力。在较高频率上产生宽度小于1°的光束难度不大,并且,反射镜的尺寸没有物理限制。(从空间站上看,地球圆

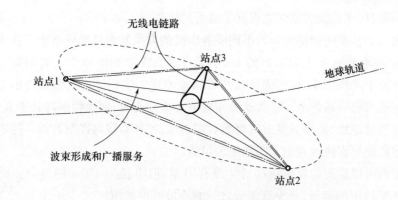

图3.96 三个卫星站可确保覆盖全球

盘的直径将略大于17°)如果采取预防措施避免交叉调制,相同的反射镜可以用于许多不同的传输。

从系统特征可以清楚地看出,由于所有辐射的能量可以均匀地分布在服务区上,任何能量都不会浪费,因此所需功率将远小于任何其他方案所需的功率。单个电台广播服务所需功率的近似估计如下:在距离 d 米的自由空间中,$\lambda/2$ 偶极子的赤道平面内场强为[4]

$$e = 6.85 \frac{\sqrt{P}}{d} (V/m)$$

式中 P——辐射功率,单位为瓦特。

假设 d 为 42000km(实际上它会更小),则 $P = 37.6e^2 W$(e 现在以 $\mu V/m$ 为单位)。

如果假设 e 为 $50\mu V/m$,这是频率调制的 F.C.C. 标准,P 将为 94kW。这是单个偶极子所需的功率,而不是将所有功率集中在地球上的阵列。这种阵列在简单偶极子上的增益约为 80。因此,广播服务所需的功率约为 1.2kW。

尽管这个数字小得可笑,但可能已经过于慷慨了。用直径约 1ft 的小抛物面天线在地面端接收,将提供非常好的信噪比。干扰将非常小,部分原因是使用的频率,部分原因在于反射器将指向天空,而天空可能不包含其他信号源。$10\mu V/m$ 的场强可能足够了,这只需要 50W 的发射机输出。

以上这些推演数据用于广播服务,意味着可以实现一个高效的系统。点到点波束传输可能只需要 10W 左右的功率。当然,这些数字需要对电离层和大气吸收进行校正,但在大部分波段,这一数字都非常小。由于这一原因导致的场强向服务区域边缘的轻微下降,可以很容易地通过非均匀辐射器校正。

当我们考虑到伦敦电视服务在半径不到 50mile 的区域内需要大约 3kW 的

平均功率时,该系统的效率就得到了显著的体现[5]。

第二个基本问题是为运行不同服务所需的大量发射机提供电能。在大气层之外的空间,垂直于太阳辐射的 $1m^2$ 拦截了 1.35kW 的能量[6]。太阳能发动机已设计用于陆地用途,且已建议在热带国家应用。他们使用反射镜将阳光集中在低压蒸汽机的锅炉上。尽管这种布置不是非常有效,但操作部件处于真空中、辐射强烈且连续、循环低温末端离绝对零不远,这种布置可以更有效。热电和光电的发展使更直接地利用太阳能成为可能。

虽然可以建造的反射镜的尺寸没有限制,但半径为 150m 的反射镜将拦截 10000kW 以上的能量,至少有四分之一的能量可供使用。

除了昼夜平分点前后的几周,空间站将处于持续的阳光下,那时它每天都会进入地球阴影中几分钟。图 3.97 显示了日食期间的情况。对于这种计算,认为地球是固定的、太阳绕着地球转是合理的。2 月的最后一天,空间站将在 A 处掠过地球的阴影。每天,当它进行昼夜公转时,它会更深入地切入阴影,在 3 月 21 日经历最大日食期,在那一天,它会在黑暗中呆 1h 9min。从那时起,日食周期将缩短,4 月 11 日(B)之后,空间站将再次处于持续的阳光下,直到 6 个月后的秋分,即 9 月 12 日至 10 月 14 日发生同样的事情。每年的总黑暗期约为 2 天,由于日食的最长时间只有一小时多一点,因此存储足够的电力以进行不间断服务不存在任何困难。

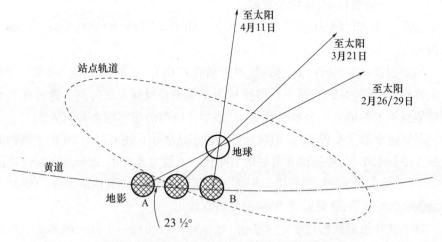

图 3.97　春分时太阳辐射每天都会被短时间切断

简单总结一下,空间站的优势如下。

(1)这是为所有可能的服务类型实现真实世界覆盖的唯一途径。

（2）它允许不受限制地使用宽度至少为100000Mc/s的波段,利用波束几乎可以使用无限数量的信道。

（3）由于"照射"效率几乎为100%,因此功率要求非常小。此外,电力成本将非常低。

（4）无论初始费用多么巨大,它都只是更换世界网络所需费用的一小部分,而且运行成本也将低得无以轮比。

附录——火箭设计

发展足够强大的火箭以达到"轨道"乃至"逃逸"速度,现在只需要几年的时间。在这方面,以下数字可能很有意义。

火箭必须获得8km/s的最终速度。允许2km/s的导航修正和空气阻力损失（这是合理的,因为所有航天火箭都将从非常高的国家发射）,所需的总速度为10km/s。火箭运动的基本方程是[2]

$$V = v \log_e R$$

式中　V——火箭的最终速度;
　　　v——排气速度;
　　　R——初始质量与最终质量(有效载荷加结构)的比值。

目前,液体燃料火箭的 v 约为 2～2.5km/s,但新的设计和燃料将会使速度更高。（氢氧燃料的理论排气速度为5.2km/s,已知还有更强大的组合。）如果我们假设 v 为3.3km/s,R 将是 20∶1。然而,因其加速度有限,火箭由于重力延迟而失去速度。如果其加速度（假定常数）为 a m/s^2,则必要的比率 R_g 增加至

$$R_g = R \frac{a+g}{a}$$

对于自动控制火箭,a 约为5g,因此所需的 R 为37比1。单枚火箭无法实现这种比率,但可以通过"阶梯式火箭"实现[2],而通过"蜂窝结构"[3]原理可以实现更高的比率(高达1000∶1)。

结语——原子能

原子能的出现使太空旅行提前了半个世纪。我们似乎不需要等20年就能研制出原子能火箭,这样的火箭甚至能以极低的燃料/质量比(只有几个百分点)到达更远的行星。附录中的方程式仍然成立,但 v 将增加约1000倍。

鉴于这些事实,看起来几乎不值得花费太多精力来构建远程中继链,即使是即将建设的本地网络,也可能只有20～30年的工作寿命。

参考文献

1. Radio – relay systems, C. W. Hansell. Proc. I. R. E. , Vol. 33 , March ,1945.
2. Rockets, Willy Ley. (Viking Press, New York).
3. Das Problem der Befahrung des Weltraums, Hermann Noordung.
4. Frequency modulation, A. Hund. (McGraw Hill).
5. London Television Service, MacNamara and Birkinshaw. J. I. E. E. , December 1938.
6. The Sun, C. G. Abbot. (Appleton – Century Co.).
7. Journal of the British Interplanetary Society. January 1939.

3.3 问题

1. 列出卫星通信中使用的不同轨道，并简要解释每个轨道的特征。
2. 列举卫星通信中使用的三种低轨卫星系统，并针对每种轨道解释以下内容：
（1）它们工作的频段。
（2）它们所提供的服务。
（3）每种情况下设计或运行的卫星系统示例。
3. 卫星通信中最常用的频段是 C 波段、Ku 波段和 Ka 波段。从衰减、带宽、对地面系统的干扰和地球站天线尺寸方面比较这些频段。
4. 绘制一个地球站和两个卫星系统（由地球站和空间段组成）之间的不同干扰模式图，并解释可能的干扰模式。
5. 给出 TT&C 的定义，并解释地面和航天器上每个部件的功能。
6. 卫星通信中使用了哪些不同类型的功率放大器？说出它们的名称，并逐一针对功率能力和补偿系数进行解释。
7. 展示和解释宽波束和窄光束地球站天线对 GEO 弧度利用率的影响。
8. 依据国际电信联盟命名三类主要卫星通信业务，并简要说明。
9. 绘制中心馈电天线和偏置馈电天线，说明哪一个天线更好，以及使用偏置馈电天线的限制因素。
10. 给出 VSAT 的定义及其拓扑结构，并简要说明它的一些应用。
11. 给出通信卫星上子系统的定义，并简要描述各子系统的功能。

12. 解释更有效地利用 GEO 的不同方法。

13. 截至 2015 年 12 月,有多少颗卫星在运行,其功能是什么?

14. 给出不同类型商业卫星的定义。

15. 列举卫星的一些好处。

16. 解释开普勒三定律。

17. 用于从地面目标收集信息的三个遥感平台是什么,对其覆盖面积和分辨率进行比较。

18. 描述主动和被动遥感,并分别举例说明。

19. 在电磁频谱中,大多数遥感科学研究是在哪两个波段进行?解释每个波段的特点。

20. 解释 SAR 及其在卫星遥感中的意义。

21. 给出影响电磁信号反射的地面特征。

22. 说明高、中、低分辨率遥感,并给出提供上述服务的卫星定义。

23. 热红外遥感($3 \sim 100 \mu m$)和可见近红外遥感($0.4 \sim 2.5 \mu m$)之间的主要区别是什么。

24. 解释 EIRP 与地面天线尺寸的关系,并定义点、分区、区域、半球和全球波束覆盖范围及其相应的 EIRP。

25. 解释什么是可操纵相控阵天线,并说明其主要用途。

26. 地球站的功能是什么?

27. 为什么上行链路频率高于下行链路频率?

28. VSAT 网络的应用是什么?

29. 给出转发器定义并解释其功能。

30. 给出以分贝为单位的链路方程表达式。

31. 卫星地球站和微波链路有什么区别?

32. 说明通信卫星的发射和运载火箭。

33. 解释 GPS 系统定位原理。

34. 哪个卫星通信链路的频率为 $40 \sim 60 GHz$?

35. 在射频频谱中,给出与地面系统共享的频段及其名称。

36. 说明卫星稳定的类型。

37. 列出卫星通信系统的三个主要组成部分。

38. 地球静止卫星通信系统的主要缺点是什么,解释是否有可能的解决办法来克服这些缺点。

3.4 简答题

1. 已知以下参数，计算地球的平均轨道速度：$r = 149.6 \times 106$km（地球轨道半径），$p = 365.25$ 天（地球绕太阳运行所需时间），$C = 2\pi r$（圆的周长），$\pi = 3.14$，速度以 km/s 表示。

2. 卫星在 800km 高的圆形轨道上。确定：
  (1) 轨道角速度，单位为 rad/s；
  (2) 轨道周期，单位为 min；
  (3) 轨道速度，单位为 m/s。

3. C 波段地球站天线发射增益为 56dB，在 6.00GHz 的频率下，发射机输出功率设置为 110W。信号由距离 36500km 的卫星通过增益为 25dB 的天线接收。然后将信号路由到噪声温度为 480K、带宽为 36MHz、增益为 105dB 的转发器。
  (1) 计算在 6.0GHz 时的路径损耗，波长为 0.05m。
  (2) 计算卫星天线输出端口的功率，单位 dBW。
  (3) 计算 36MHz 带宽内转发器输入端的噪声功率，单位为 dBW。
  (4) 计算转发器中的信噪比 C/N，单位为 dB。
  (5) 计算转发器输出端的载波功率，单位为 dBW 和瓦特。

4. 地球同步卫星使用 C、Ku 和 Ka 波段。从地球站到地球同步卫星的路径长度为 36000km。针对该距离计算以下频率的路径损耗，单位为 dB。
  (1) 6.1GHz，4.2GHz；
  (2) 14.2GHz，12.1GHz；
  (3) 30GHz，20GHz。

5. 地球静止卫星携带一个 25W 发射机的转发器，工作频率为 4GHz。发射机以 12W 的输出功率工作，并以 32dB 的增益驱动天线。地球站位于卫星覆盖区中心，距离 36000km，计算：
  (1) 地球站的通量密度，单位为 dBW/m^2
  $$(F = 20\log[P_T G_T / (4\pi R^2)] dBW/m^2)$$
  (2) 由增益为 40dB 的天线接收到的功率，单位为 dBW。
  (3) 转发器的 EIRP，单位为 dBW。

6. 地球同步轨道卫星距离地球站 36000km。卫星在 14.1GHz 频率下使一个转发器饱和所需的通量密度为 $-88.0 dBW/m^2$。地球站发射天线在 14.1GHz 时增益为 50dB。计算：

(1) 地球站的 EIRP。

(2) 地球站发射机的输出功率。

7. 4GHz 地球站接收系统具有噪声温度为 40K 的天线、噪声温度为 80K 且增益为 38dB 的 LNA,以及噪声温度为 900K 的混频器,计算系统噪声温度。

8. 地球同步轨道直接广播电视卫星位于西经 100°,它携带 16 个转发器,每个转发器的饱和输出功率为 180W,带宽为 26MHz。卫星天线增益为 32dB。接收终端均使用直径为 20 英寸的圆形孔径天线,孔径效率为 60%。数字电视接收机的噪声带宽为 20MHz。计算时使用到地球同步轨道卫星的距离为 36500km。

(1) 计算 12GHz 下自由空间路径损耗和接收终端天线增益。

(2) 接收终端在净空中的系统噪声温度为 100K。利用接收机噪声带宽为接收机制定噪声功率预算。

(3) 计算噪声带宽为 20MHz 的接收机的净空 C/N。允许的最小 C/N 为 10.0dB,净空链路余量是多少?

参考文献

1. NASA. What Is a Satellite? www. nasa. gov/audience/forstudents/k – 4/stories/what – is – a – satellite – k4. html.

2. United Nations Office for Outer Space Affairs(UNOOSA).

3. The Union of Concerned Scientists(UCS).

4. Switzerland Janitor Satellites, www. theguardian. com/science/2012/feb/15/ swiss – create – janitor – satellite – space cleanup.

5. The TAURI Group 2016. State of the Satellite Industry Report. Satellite Industry Association, Retrieved on November 2016, www. sia. org/wp – content/ uploads/ 2016/06/SSIR16 – Pdf – Copy – for – Website – Compressed. pdf.

6. NESDIS. Satellites. Retrieved on July 4, 2008, https://en. wikipedia. org/wiki/Weather_satellite.

7. NOAA. NOAA Satellites, Scientists Monitor Mt. St. Helens for Possible Eruption. Retrieved on July 4,2008.

8. "U. S. Launches Camera Weather Satellite". The Fresno Bee. AP and UPI. April 1, 1960. pp. 1a,4a.

9. National Environmental Satellite Center. January 1970. SIRS and the improved ma-

rine weather forecast. Marners Weather Log,14(1):12 – 15. Environmental Science Services Administration.

10. Labrador,V. 2015."Satellite Communication". Britannica. com. Retrieved 2016 – 02 – 10.

11. "Satellites – Communication Satellites". Satellites. spacesim. org. Retrieved 2016 – 02 – 10.

12. "Military Satellite Communications Fundamentals | The Aerospace Corporation". Aerospace. 2010 – 04 – 01. Retrieved 2016 – 02 – 10.

13. ITU Radio Regulations,Section IV. Radio Stations and Systems – Article 1. 39, definition:Broadcasting – satellite service.

14. "Frequency Letter Bands". Microwaves101. com. 25 April 2008.

15. "Installing Consumer – Owned Antennas and Satellite Dishes". FCC. Retrieved 2008 – 11 – 21.

16. www. britannica. com/topic/spaceflight#ref741344.

17. "Galileo Goes Live!" europa. eu. 2016 – 12 – 14.

18. "Beidou Satellite Navigation System to Cover Whole World in 2020". Eng. chin – amil. com. cn. Retrieved 2011 – 12 – 30.

19. "DubaiSat – 2,Earth Observation Satellite of UAE". Mohammed Bin Rashid Space Centre.

20. "DubaiSat – 1,Earth Observation Satellite of UAE". Mohammed Bin Rashid Space Centre.

21. Root,J. 2004. Orbital Speed,www. freemars. org/jeff/speed/index. htm.

22. www. satcom. co. uk/print. asp? article = 29.

23. Roddy,D. 2001. Satellite Communication,3rd Edition. New York:McGraw – Hill Telecom Engineering.

24. Space Certification Program,Satellite Tool Kit,www. spaceconnection. org/ certified – products/satellite – tool – kit.

25. AGI Analysis Software for Land,Sea,Air,and Space,January 2008.

26. www. spacesafetymagazine. com/space – on – earth/space – economy/.

27. THE ECONOMICS OF SATELLITE COMMUNICATIONS. Marcellus Snow,Associate Professor of Economics,University of Hawaii at Manoa.

28. Lillesand,T. M. ,and R. W. Kiefer. 1999. Remote Sensing and Image Interpretation. Chichester:Wiley.

29. Fritz, L. W. High Resolution Commercial Remote Sensing Satellites and Spatial Information Systems, p. 5, www. isprs. org/.
30. http://unfccc. int/essential_background/items/6031. php.
31. http://copernicus. eu/main/towards – european – operational – observing – system – monitor – fossil – co2 – emissions.
32. www. oneonta. edu/faculty/baumanpr/geosat2/RS% 20History% 20II/ RS – History – Part – 2. html. https://en. wikipdia. org/wiki/Nimbus_progra.
33. www. e – education. psu. edu/natureofgeoinfo/c8_p12. html.
34. www. seos – project. eu/modules/remotesensing/remotesensing – c03 – p02. html.
35. "NASA:TERRA(EOS AM – 1)". nasa. gov. Retrieved 2011 – 01 – 07.
36. Maurer, J. 2001. "Overview of NASA's Terra Satellite". hawaii. edu(University of Hawai'i). Retrieved 2011 – 01 – 07.
37. Stevens, N. F., H. Garbeil, P. J. Mouginis – Mark. 2004. "NASA EOS Terra ASTER:Volcanic Pographic Mapping and Capability"(PDF). Hawai'i Institute of Geophysics and Planetology. Retrieved 2011 – 01 – 07.
38. "MODIS Terra Satellite Images". ucar. edu(National Center for Atmospheric Research:Earth Observatory Laboratory). Retrieved 2011 – 01 – 07.
39. "MEASUREMENTS OF POLLUTION IN THE TROPOSPHERE(MOPITT)". acd. ucar. edu(NESL's Atmospheric Chemistry Division). Archived from the original on 2011 – 01 – 28. Retrieved 2011 – 01 – 07.
40. "NASA's Terra Satellite Tracks Global Pollution". gsfc. nasa. gov(Goddard Space Flight Center). 2004 – 05 – 18. Archived from the original on 2010 – 11 – 24. Retrieved 2011 – 01 – 07.
41. https://eospso. nasa. gov/.
42. www. daviddarling. info/encyclopedia/A/ADEOS. html.
43. https://directory. eoportal. org/web/eoportal/satellite – missions/r/Radarsat – 2.
44. www. n2yo. com/satellite/? s = 40894.
45. www. isro. gov. in/Spacecraft/cartosat – 2 – series – satellite – 2.
46. www. pinterest. com/pin/456622849700758499/.
47. https://en. wikipedia. org/wiki/Geostationary_Operational_Environmental_ Satellite.
48. www. hughesscgheritage. com/2015/08/.
49. http://spaceflight101. com/falcon – 9 – jcsat – 14/jcsat – 14 – satellite/.

50. http://ww2010. atmos. uiuc. edu/(Gh)/guides/rs/sat/goes/curg. rxml.

51. www. eumetsat. int/website/home/Satellites/CurrentSatellites/Meteosat/ MeteosatDesign/index. html.

52. Kishtawal, C. M. Meteorological Satellites, Atmospheric Science Division, Meteorology and Oceanographic Group, Space Application Center(ISRO), Ahmedabad, India.

53. Dana, P. H. Global Positioning System Overview, www. colorado. edu/geography/gcraft/notes/gps/gps_f. html.

54. https://commons. wikimedia. org/wiki/File:Mercury_Spacecraft. png.

55. Apollo Diagrams, http://history. nasa. gov/SP‒4225/diagrams/apollo/apollo‒diagram. htm.

56. Soviet Web Space, Sputnik:A History of the Beginning of the Space Age, http://faculty. fordham. edu/siddiqi/sws/sputnik/sputnik. html.

57. Clarke, A. C. 1945. Extra‒terrestrial relays, can rocket stations give world‒wide radio coverage? Wireless World, 51:305‒308.

58. En. Fahrul Hakim Ayob et al. 2003. Very Small Aperture Terminal, July 22.

59. http://allaboutsh imoga. blogspot. com/2009/11/satellite‒transponder‒communications. html.

60. Encyclopædia Britannica, Inc. , www. britannica. com/topic/spaceflight#ref 741344.

61. Keesee, J. Satellite Communications, ocw. mit. edu/courses/aeronauticsand‒astronautics/16‒851‒satellite‒engineering‒fall‒2003/lecturenotes/l21satelite‒comm2_done. pdf.

62. Fixed‒Satellite Service Plan(AP30B), Radiocommunication Bureau, IT, Spectrum Management System for Developing Countries, Frequency Allocation Table, www. itu. int/ITU‒D/asp/CMS/Events/2010/SMS4DC/SMS4DC_AllocationsV2. pdf.

63. www. ictp. it/~pub_off/lectures/lns016/Vol_16_Annex. pdf.

64. CRASA Wireless Technologies Policy and Regulation, September 2004, www. crasa. org/download. php? doc = doc_pub_eng62. pdf.

65. Pritchard, W. , L. H. Suyderhoud, and R. A. Nelson. 1993. Satellite Communication Systems Engineering, 2nd Edition, Upper Saddle River, NJ:Prentice Hall PTR.

66. Applied Aerospace Structures Corp, AASC. (Specializing in design, fabrica‒tion, and testing of lightweight aerospace structural assemblies.) Stockton, California.

67. www. esa. int/Our_Activities/Telecommunications_Integrated_Applications/ Satellite_frequency_bands.
68. ht t p://eie. uon bi. ac. ke/site s/defau l t/f i le s/c ae/e ng i ne er i ng/eie/ RADIO% 20FREQUENCY% 20INTERFERENCE% 20IN% 20SATELLITE% 20 COMMUNICATIONS% 20SYSTEM. pdf.
69. https://www. commsmea. com/17445 – evolution – of – satellite – communications.
70. The Comsys VSAT Report, 11th Edition, VSAT Network Types, www. comsys. co. uk/wvr_nets. htm.
71. www. intelsatgeneral. com/satellite – coverage – maps/.
72. www. itso. int/dyn4000/itso/tpl1_ itso. cfm? location = & id = 338& l ink_ src = HPL&lang = english.
73. https://en. wikipedia. org/wiki/List_of_Intelsat_satellites.
74. Intelsat Earth Station Technology, Revision 5, June 1999.
75. www. navtec. de/english/inmarsat. htm.
76. http://encyclopedia2. thefreedictionary. com Direct + broadcasting + satellite + systems.
77. Rec. ITU – R PN. 837 – 1 1, Recommendation ITU – R Pn. 837 – 1 Characteristics of recipitation or propagation modelling.

第4章 未来航天技术

4.1 概述

未来航天技术的发展从走在航天技术前沿的组织中可见一斑。毋庸置疑，NASA 应名列榜首。他们对未来几年甚至几十年的梦想和蓝图将让我们更清晰地理解我们在这个领域的发展方向和目标。正如我们从本书中了解到的，航天技术在无数个应用中以不同的方式影响了数百万人的生活，其在安全与安保、自然灾害预警、农业、城市规划、导航、通信以及数十甚至成百个其他生活领域的影响，仅仅是这些技术应用的一些例子。我们每天都在应用这些技术，它们已经变成我们生活的一部分以至于我们都意识不到它们的存在了。有些直接的影响隐藏在空间环境研究活动中，这些活动逐渐进入不同的学科。虽然有人认为好奇心是人类探索空间及外层空间的主要动力，但同时我们也必须认识到与空间相关的活动正以不同的形式和方向发展。经济是我们为了去太空而去太空的一方面原因，另一方面原因是 20 世纪对空间的征服已经足以满足我们想去太空的抱负和愿望。现在我们处于一个不同的时代，在这个时代，我们去太空的原因不仅在经济上是正当的，而且可以看到它对我们生活的直接影响，无论是在教育、环境、和平和安保、农业，还是高端科学技术领域，都为子孙后代创造更美好的未来铺平了道路。为了理解这些影响范围，我们将研究一些新兴的航天公司，看看他们在空间探索领域创造的新局面。

如今的航天公司致力于发展可行的业务，为人类提供太空旅行和居住等服务，而这些目前是政府机构的领域。正如我们在过去几年中所看到的那样，私人投资在航天技术领域的重新出现，加上政府的持续投资，空间探索的前景可期。对空间探索和经济发展的信念推动了当前的空间企业家浪潮，他们以自己的使命为动力，寻求人类与空间关系的革命性变革。他们不只把探索看作是朝着单一成就方向的发展（比如探月），而是作为一项可持续的、多样化的空间经济活动的发展。这需要新技术支持的新功能，更需要成本和价格更低的现有功能（如访问空间）。通过发展这些产品和服务，他们致力于为空间试验和工业活动打开新的市场。以下是对新兴空间公司及其空间探索愿景的介绍,其中很多公司是创业型的,但是有几家都是有成就的、寻求开拓新市场的航空航天公司(如内华达通信、波音公司和联合航空公司)。此外,在供应商、组件和服务领域还有很多其他新兴空间公司,这是一个充满活力、变化频繁的行业。以下提供的是一个不详尽的列表,如表4.1所示,有些公司计划提供不止一种类型的服务,例如,SpaceX在提供轨道发射服务的基础上,还打算在2030年代提供机组人员和货物火星发射服务。

表4.1 新兴航天公司列表(按目标分类)

	公司	飞行器或航天器	服务
空间访问	蓝色起源	新谢泼德,"双音速"飞船	亚轨道和轨道发射服务,包括载人航天
	桅杆空间系统	Xaero,Xogdor	小型有效载荷的亚轨道发射
	"维珍"银河	"太空船"二号、"发射器"一号	小型有效载荷的亚轨道发射、亚轨道载人航天和空射纳米卫星发射
	XCOR航空航天	"山猫"飞船	小型有效载荷的亚轨道发射、亚轨道载人航天和纳米卫星发射
	轨道科学公司	"飞马"座、"金牛"座、"心宿"二、"天鹅"座	卫星和国际空间站货物的轨道发射
	SpaceX	"猎鹰"-9、"猎鹰"重型、"龙飞"船	卫星和国际空间站货物的轨道发射,计划在2017年前进行载人航天飞行
	平流层发射系统	平流层发射器	空射轨道发射服务
	联合发射联盟	"阿特拉斯"V、"德尔塔"IV	轨道发射服务
遥感	行星实验室	"鸽群"-1	频繁地对地球成像,并通过网站公开获取数据
	Skybox成像	SkySat	频繁地对地球成像和高清视频、数据分析,并通过网站公开获取数据
LEO载人航天	毕格罗宇航	BA 330	在轨道或月球上使用的充气栖息地
	波音公司	CST-100型	载人LEO运输
	内华达山脉公司	"追梦者"号	载人LEO运输
	太空探险	"联盟"号	载人LEO和月球探险
超出LEO	B612基金会	"哨兵"号	检测和表征潜在威胁小行星
	"灵感火星"基金会	"灵感火星"	载人火星飞行探险队
	"月球"快车	"月球"快车	月球资源勘测与开采
	行星资源	Arkyd 100、Arkyd 200、Arkyd 300	小行星资源勘测与开采

资料来源:21世纪美国空间飞行发展趋势,www.nasa.gov。

如上所述,经济是航天技术扩展的原因之一,下文简要提及。

2044 年新兴空间活动

所有这些多样化和充满活力的新兴空间活动,将来会把我们引导到哪里呢?到 21 世纪 30 年代中期,NASA 的人类探索热潮将以人类对小行星的使命作为到达火星的基石。私营部门实体和其他国家目前正在规划新的空间站、月球甚至火星任务。在整个太阳系中将继续进行机器人任务,其特点是大型、复杂航天器和小型但复杂的微型卫星和探测器的混合。人类今天正站在进入宇宙的一系列伟大旅程的开端。NASA 正走在探索和开拓内部太阳系的路上,为子孙后代开辟新的机遇和挑战,并推动美国经济向太空扩张。这种经济扩张的具体形式和速度与 NASA 一样,同样取决于所涉及的个人、公司和基金会的行动。以下的描述呈现对未来 2044 年可能存在的一种观点,主要是考虑 NASA 通过其项目和伙伴关系催化美国空间活动的扩展。

下面是 NASA 关于进入太阳系的下一步愿景。这个提纲建立在 NASA 报告《航行:规划可持续人类空间探索课程》[1]中描述的框架和哲学基础上。

下面是按照目前的优先级顺序介绍,预计在今后几十年里,所有三组目的地都是空间发展的关键部分,我们应期待它们能够根据政治、经济和技术情况,在不同时间采取不同的优先次序。

(1) 近地小行星。

NASA 的近地小行星探索为政府和私营部门涉及近地小行星的常规活动铺平了道路。在 NASA 伙伴关系的支持下,一些公司开始从可开采的近地小行星(NEA)中提取水冰、金属和岩石,为不断扩大的星际运输系统和经济体系提供材料和推进剂的历程。

与月球一样,跟采矿有关的活动需要开发更健全、可重复使用的系统,能够在恶劣环境中正常运行。

NASA 对 NEA 的人类探索,为政府和私营部门提供了有价值的见解,包括 NEA 特征、邻近操作、提取技术和行星防御小行星撞击威胁的选择。

(2) 火星。

作为美国空间探索时代最大的挑战,美国私营部门积累了大量的投资,以便与 NASA 合作,提前实现这一成就,并在 NASA 最初的任务之后得以长期居住。火星地面资产安置活动定期进行,以测试系统并为即将到来的着陆交付货物,包括补充私营部门的活动。在人类在火星上迈出第一步之前,NASA 和私人资助的探险队前往火星轨道,并访问了火卫一,以验证系统,为历史性的火星表面探险做准备。

(3)地球和月球。

直到 21 世纪 20 年代,国际空间站仍将是一个受人尊敬的空间研究和发展机构,那时第一批商业模块化空间站开始部署,用于微重力应用和私营部门探险。发射成本的降低、低成本卫星开发工具包的出现以及商业航天的发展,使得更多的人比以往任何时候都更有机会直接进入太空,并在这一过程中激励和培训一代航空航天工程师、科学家和技术人员。空间交通管理和主动碎片清除与减少是本书不同章节讨论的主题,其目的是处理更多的轨道活动。位于地球同步轨道和拉格朗日平动点的推进剂仓库和航天器服务系统为不断增长的行星际运输系统提供了支持,其中一些设施是由各国政府作为独立机构建立的,它们可以独立运作,像地球上的海港一样筹集自己的资金和发行自己的债券。从地球上发射的货运飞船和载人飞船为前往月球、小行星和火星做好了准备,这些都是通往远方的门户。月球和地月环境成为探测系统和技术发展的主要试验场,特别是行星表面机器人系统的发展。在月球轨道上,地面作业由一个普通的空间站、通信卫星、导航卫星和遥感卫星提供支持。月球挥发物和金属的勘探、提取和加工开始扩大规模,以支持月球上的活动,并销售用于太空运输的推进剂。由于对太空运输基础设施和当地生产的投资,在月球上工作的成本下降了。对月球表面的探索得到了与 NASA 合作的私人资助探险队的补充,使美国在月球表面的活动得以重新启动。

4.2 航天技术

NASA 的一位专家正在编写一份关于未来航天技术的愿望清单,清单规定了未来几年不同领域的航天技术路线图[2]。NASA 根据需要每隔几年更新一次该路线图。

"NASA 的综合技术路线图同时包括'拉'和'推'技术战略,考虑了广泛的途径,以提高国家目前的太空能力。14 个航天技术领域路线图草案构成了综合技术路线图。"

NASA 制定了一套路线图草案,供国家研究委员会(NRC)使用,作为绘制 NASA 未来技术投资的初始出发点。通过社区参与的开放过程,NRC 将收集意见、整合每个航天技术领域路线图并确定其优先次序,为 NASA 提供战略指导和建议,进而为 NASA 航天技术活动的技术投资决策提供信息。由于很难预测这些领域未来可能取得的广泛进展,NASA 计划定期更新综合技术路线图。2010—2012 年,NASA 制定了一套共 14 项技术路线图,以指导航天技术的发展。

这些路线图出现在本书的第一版中,2015 年 NASA 技术路线图扩展并更新了最初的 2012 年路线图,为 NASA 预期任务能力和相关技术开发需求提供了详细信息。

  NASA 相信,与更广泛的社区分享这些路线图将提高人们的认识,产生创新的解决方案,为空间探索和科学发现提供能力,并激励其他人参与美国的空间计划。2015 年 NASA 技术路线图是一套文件,考虑了 20 年(2015—2035 年)内大范围内需要的候选技术和发展路径。15 条路线图如下[2](图 4.1)所示。

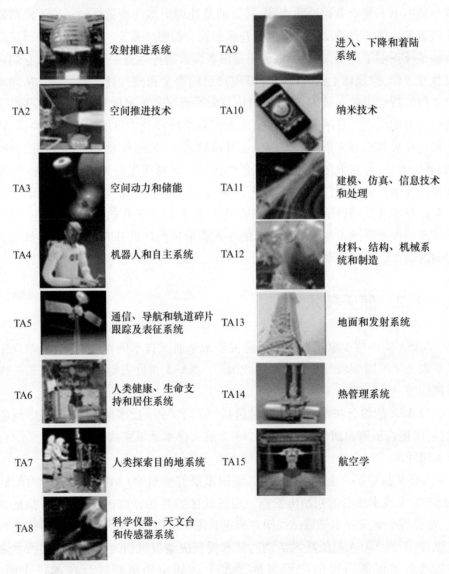

图 4.1 15 条路线图

图 4.2 为通信和导航路线图,图 4.3 为科学仪器、天文台和传感器系统路线图。对于每一个技术领域,NASA 都建立了一个由主题专家组成的内部团队,他们可以根据需要联系 NASA 的其他专家。在某些情况下,小组通过实况调查会议与政府机构专家和行业专家取得联系。图 4.4 为每个团队创建的技术领域分解结构。每个团队将执行以下操作:

(1)确定最主要的技术挑战,能够解决这些挑战并实现所需的性能;

(2)确定所需的任务"拉动"技术,以支持 NASA 未来任务所需的增强能力;

(3)确定新兴的"推动"技术,以满足 NASA 的长期战略挑战。

TA5 通信、导航和轨道碎片跟踪及表征系统						
5.1	5.2	5.3	5.4	5.5	5.6	5.7
光通信和导航	射频通信	互联网络	位置、导航和定时	集成技术	革命性的概念	轨道碎片跟踪和表征
5.1.1 探测器发展	5.2.1 频谱效率技术	5.3.1 抗中断网络	5.4.1 时差和时间分布	5.5.1 无线电系统	5.6.1 X 射线导航	5.7.1 跟踪技术
5.1.2 大孔径	5.2.2 节能技术	5.3.2 自适应网络拓扑	5.4.2 机载自动导航和机动	5.5.2 超宽带	5.6.2 X 射线通信	5.7.2 表征技术
5.1.3 激光器	5.2.3 传播	5.3.3 信息保障	5.4.3 传感器和视觉处理系统	5.5.3 认知网络	5.6.3 中微子导航和跟踪	
5.1.4 捕获和跟踪	5.2.4 飞行和地面系统	5.3.4 综合网络管理	5.4.4 相对和接近导航	5.5.4 通信系统中的科学	5.6.4 量子密钥分发	
5.1.5 大气减缓	5.2.5 地球发射和重返大气层通信		5.4.5 自动精密编队飞行	5.5.5 混合光通信和导航传感器	5.6.5 量子通信	
5.1.6 光学跟踪	5.2.6 天线		5.4.6 自主进近和着陆	5.5.6 射频和光混合技术	5.6.6 超导量子干涉微波滤波器和放大器	
5.1.7 集成光子学					5.6.7 可重构大孔径	

图 4.2 通信、导航和轨道碎片表征系统领域分解结构技术领域战略路线图(TASR.)

TA8 科学仪器、天文台和传感器系统		
8.1 遥感仪器和传感器	8.2 天文台	8.3 现场仪器和传感器
8.1.1 探测器和焦平面	8.2.1 镜像系统	8.3.1 场和粒子探测器
8.1.2 电子学	8.2.2 结构和天线	8.3.2 场和波
8.1.3 光学元件	8.2.3 分布式孔径	8.3.3 现场(其他)
8.1.4 微波、毫米波和亚毫米波		
8.1.5 激光器		
8.1.6 低温/热		

图4.3 科学仪器、天文台和传感器系统的技术领域分解结构(TABS)

TA1 发射推进系统					
1.1 固体火箭推进系统	1.2 液体火箭推进系统	1.3 吸气式推进系统	1.4 辅助推进系统	1.5 非惯性和其他推进系统	1.6 气球发射系统
·推进剂 ·壳体材料 ·喷嘴系统 ·混合火箭推进系统 ·基本固体推进技术 ·集成固体发送机系统 ·衬垫和绝缘	·液态氢和液态氧 ·液氧煤油 ·液态甲烷和液态氧 ·爆震波发动机—开式循环 ·爆震波发动机—闭式循环 ·推进剂 ·基本液体推进技术	·涡轮基组合循环 ·火箭基组合循环 ·爆震波发动机–开式循环 ·涡轮喷气发动机 ·冲压和超然冲压发动机 ·深冷空气循环 ·空气收集和浓缩系统 ·基本空气助燃式推进技术	·辅助控制系统 ·主推进系统(不包括发动机) ·发射逃逸系统 ·推力矢量控制系统 ·健康管理和传感器 ·热解和分离系统 ·基本辅助推进技术	·地面发射辅助 ·空中发射和投放系统 ·射束能量和能量增加 ·原子能 ·高能量密度材料和推进器	·超高压气球 ·材料 ·瞄准系统 ·遥测系统 ·气球轨迹控制 ·电力系统 ·机械系统:发射系统 ·机械系统:降落伞 ·机械系统:浮选
TA2 空间推进技术					

2.1 化学推进	2.2 非化学推进	2.3 先进（TRL<3）推进技术	2.4 支持性技术
·可储存液体 ·液体低温 ·凝胶 ·固体 ·混合体 ·冷气体/暖气体 ·微脉冲	·电力推进 ·太阳能和拖曳帆推进 ·热力推进 ·系绳推进	·射束能量推进 ·电动帆推进 ·聚变推进 ·高能量密度材料 ·反物质推进 ·高级裂变 ·突破性推进	·发动机健康监测和安全 ·推进剂储存和转移 ·材料和制造技术 ·散热 ·能源

TA3 空间动力和储能

3.1 能源产生	3.2 能量储存	3.3 能源管理和分配	3.4 横切技术
·能量收集 ·化学制造 ·太阳能 ·放射性同位素 ·裂变 ·融合	·电池 ·飞轮 ·再生燃料电池 ·电容器	·故障检测、隔离和恢复 ·管理和控制 ·分配和传输 ·无线能源传输 ·转换和调节	·分析工具 ·绿色能源影响 ·多功能结构 ·代用燃料

TA4 机器人和自主系统

4.1 传感和感知	4.2 机动性	4.3 操控	4.4 人-机交互	4.5 系统级自治	4.6 自主远程和对接	4.7 系统工程
·3D传感 ·状态估计 ·机载测绘 ·对象、事件和活动识别 ·力和触觉传感 ·机载科学数据分析	·中心地带机动性 ·地表以下机动性 ·地表以上机动性 ·小体积和微重力机动性 ·表面机动性 ·机器人导航 ·协同机动性 ·机动性组件	·操控器组件 ·灵巧操控 ·接触动力学建模 ·移动操控 ·协同操控 ·样品采集和处理 ·抓取	·多模态交互影响 ·监督控制 ·近距离交互影响 ·意图识别和反应 ·分布式协作与协调 ·通用和标准的人机界面 ·机器人和人类近距离操作的安全、信任和互动 ·远程交互影响	·系统健康管理 ·活动计划、调度和执行 ·自主制导和控制 ·多机构协同 ·调节器自治 ·地形相对导航 ·具有不确定性的路径和运动规划 ·用于决策的自动化数据分析	·相对导航传感器 ·GN&C算法 ·对接和捕获机制及接口 ·自主和自动化的任务及系统经理	·模块性、通用性和接口 ·复杂自适应系统的验证与生效 ·机器人建模与仿真 ·机器人软件 ·安全与信任

TA5 通信、导航和轨道碎片跟踪及表征系统

5.1 光通信和导航	5.2 射频通信	5.3 互联网络	5.4 位置、导航和定时	5.5 集成技术	5.6 革命性的概念	5.7 轨道碎片跟踪和表征
·探测器发展 ·大孔径 ·激光器 ·捕获和跟踪 ·大气减缓 ·光学跟踪 ·集成光子学	·频谱效率技术 ·节能技术 ·传播 ·飞行和地面系统 ·地球发射和重返大气层通信 ·天线	·抗中断网络 ·自适应网络拓扑 ·信息保障 ·综合网络管理	·时差和时间分布 ·机载自动导航和机动 ·传感器和视觉处理系统 ·相对和接近导航 ·自动精密编队飞行 ·自主进近和着陆	·无线电系统 ·超宽带 ·认知网络 ·通信系统中的科学 ·混合光通信和导航传感器 ·射频和光混合技术	·X射线导航 ·X射线通信 ·中微子导航和跟踪 ·量子密钥分发 ·量子通信 ·超导量子干扰滤波器微波放大器 ·可重构大孔径	·跟踪技术 ·表征技术

TA6 人类健康、生命支持和居住系统

6.1 环境控制和生命支持及居住系统	6.2 舱外活动系统	6.3 人类健康与绩效	6.4 环境监测安全与应急处置	6.5 辐射
·空气再生 ·水回收和管理 ·废物管理 ·居住	·压力服 ·便携式生命支持系统 ·电源、航空电子设备和软件	·医学诊断和预后 ·长期健康状况 ·行为健康 ·人为因素	·传感器:空气、水、微生物和声学 ·火灾:探测、抑制和恢复 ·防护服和呼吸 ·补救	·风险评估建模 ·辐射缓解和生物对策 ·保护系统 ·空间天气预报 ·监测技术

TA7 人类探索目的地系统

7.1 现场资源利用	7.2 可持续性和可保障性	7.3 人类移动系统	7.4 生活环境系统	7.5 任务运行与安全	7.6 横切系统
·目的地勘测、勘探和测绘 ·资源获取 ·加工和生产 ·制造产品和基础设施就位	·自主物流管理 ·维护系统 ·修理系统 ·食品生产、加工和保存	·EVA(舱外活动系统)机动性 ·表面机动性 ·离地表机动性	·综合生活环境系统 ·生活环境演变 ·灵活的生活环境 ·人工重力	·机组人员培训 ·行星保护装置 ·综合飞行操作系统 ·综合风险评估工具	·微粒污染预防和缓解 ·构造和装配

TA8 科学仪器、天文台和传感器系统

8.1 遥感仪器和传感器	8.2 天文台	8.3 现场仪器和传感器
·探测器和焦平面 ·电子学 ·光学元件 ·微波、毫米波和亚毫米波 ·激光器 ·低温/热	·镜像系统 ·结构和天线 ·分布式孔径	·场和粒子探测器 ·场和波 ·现场(其他)

TA9 进入、下降和着陆系统

9.1 航空辅助和大气进入	9.2 下降和瞄准	9.3 着陆	9.4 运载系统
·刚性减速器热保护系统 ·可展开减速器热保护系统 ·刚性超音速减速器 ·可展开超音速减速器 ·仪表和健康监测 ·入口建模与仿真	·附加可展开减速器 ·拖曳式可展开减速器 ·超音速逆向推进 ·GN&C 传感器 ·下降建模与仿真 ·大转向制导 ·相对地形感知和表征 ·自主瞄准	·推进和着陆系统 ·出口和部署系统 ·推进系统 ·大体型 GN&C ·小体型系统 ·着陆建模与仿真	·体系结构分析 ·分离系统 ·系统集成与分析 ·大气和表面特征 ·建模与仿真 ·仪表和健康监测 ·GN&C 传感器和系统

TA10 纳米技术

10.1 工程材料和结构	10.2 储能发电与配电	10.3 推进	10.4 传感器、电子设备和仪器
·轻质结构 ·损伤容限系统 ·涂层 ·粘合剂 ·热保护和控制	·能量储存 ·发电 ·功率分配	·推进剂 ·推进部件 ·太空推进	·传感器和制动器 ·纳米电子学 ·微型仪器和仪器部件

TA11 建模、仿真、信息技术和处理

11.1 计算	11.2 建模	11.3 模拟	11.4 信息处理
·飞行计算 ·地面计算	·软件建模和模型检验 ·集成硬件和软件建模 ·人-系统性能建模 ·科学建模 ·框架、语言、工具和标准 ·任务设计分析工具	·分布式仿真 ·集成系统生命周期仿真 ·基于仿真的系统工程 ·基于仿真的训练和决策支持系统 ·百万兆模拟 ·不确定性量化与非确定性仿真方法 ·多尺度、多物理和多重理想性模拟 ·验证和确认	·科学、工程和任务数据生命周期 ·智能数据理解 ·语义技术 ·协同科学与工程 ·先进任务系统 ·网络基础设施 ·人-系统集成 ·网络安全

TA12 材料、结构、机械系统和制造

12.1 材料	12.2 结构	12.3 机械系统	12.4 制造业	12.5 横切
·轻质结构材料 ·计算设计材料 ·柔性材料系统 ·适用于极端环境的材料 ·特殊材料	·轻量级概念 ·设计和认证方法 ·可靠性和持续性 ·测试工具和方法 ·创新和多功能概念 ·负载和环境	·可部署、对接和接口 ·机械寿命延长系统 ·机电、机械和微观力学 ·设计和分析工具及方法 ·可靠性、寿命评估和健康监测 ·确认方法	·制造工艺 ·智能集成制造与网络物理系统 ·电子和光学制造工艺 ·可持续制造 ·无损评估和传感器	

TA13 地面和发射系统

13.1 运行生命周期	13.2 绿色环保技术	13.3 可靠性和可维护性	13.4 任务成功
·现场生产、储存、分配和保存流体 ·自主对准、联接、装配和运输系统 ·运载与地面一体化系统的自主指挥与控制 ·后勤	·腐蚀预防、检测和缓解 ·环境修复和场地恢复 ·保护自然生态系统 ·替代能源原型 ·公共设施、行星保护和洁净室	·发射基础设施 ·环境硬化材料和结构 ·现场检查和异常检测与识别 ·故障隔离和诊断 ·预测学 ·修理、缓解和恢复技术 ·通信、联网、定时和遥测 ·决策工具	·距离跟踪、监视和飞行安全技术 ·着陆和回收系统及部件 ·天气预报和缓解 ·机器人和远程机器人 ·安全系统

TA14 热管理系统

14.1 低温系统	14.2 热控制系统	14.3 热保护系统
·被动热控制 ·主动热控制 ·集成和建模	·热量采集 ·热传输 ·排热与储能	·上升/进入 TPS ·TPS 建模和仿真 ·TPS 传感器和测量系统

TA15 航空学

15.1 全球航空业的安全高效增长	15.2 商用超音速飞机的创新	15.3 超高效运载器	15.4 向低碳推进过渡	15.5 实时全系统安全保证	15.6 确保航空机器的自主性

图 4.4 2015 年 NASA 技术路线图

4.3 非火箭航天发射

以火箭为基础的航天发射非常昂贵,像每千克 10000 美元这样的数字是火箭发射的正常成本。表 4.2 给出了世界范围内的重型运载火箭[3]。超重型运载火箭如表 4.3 所示。

表 4.2 重型运载火箭

运载工具	LEO/kg	GTO/kg	LEO/$/kg	GEO/$/kg
"战神"-1	25600			
"阿丽亚娜"-5	21000	9600		20000
Atlas V	29420	13000		
Delta IV 重型	22950	12980		
"猎鹰"-9	32000	19500	3273	7500
"长征"-5	25000	14000		
质子	21600	6300	4302	18359
Rus-M	23500	7000		

续表

运载工具	LEO/kg	GTO/kg	LEO/$/kg	GEO/$/kg
Shuttle	24000	3810	10416	50874
Titan IVB	21682	5761	11530	43395

表4.3 超重型运载火箭

运载工具	LEO/kg	TLI/kg
"战神"-V	160000	63000
Energia	100000/20000(GTO)	32000
N1	75000	
"土星"V	118000	47000
"土星"INT-21	75000	

非火箭发射器正被引入与航天有关的活动中,据估计,这将使航天工业完全变革。这些非火箭发射器包括电缆加速器、环形发射器和空间保持器、天钩、空间升降机运输系统、空间塔、动力塔、气体管法、吊索旋转法、小行星使用、电磁加速器、大气层内系链、太阳和磁帆、太阳风帆、放射性同位素帆、静电空间帆、激光束、超级弹弓、动能反引力(排斥器)、地-月或地-火星非火箭运输系统、多反射光束推进系统、静电悬浮等。

表4.4对火箭运载与非火箭运载这两种技术进行了比较,给出了它们在成本上的差异。

表4.4 基于火箭和非火箭发射器的比较

方法	估计成本/$B	LEO/$/kg	LEO/$/kg	能力	技术成熟度
火箭		450~29610	3,200~40,000	200~500	9
太空电梯	6.2~40	18000+	220~400	2000	2~4
超级天钩	<1	1500		30	2
HASTOL		15000			2
轨道环	39		<0.05		2
发射回路(s)	20	5000	300	40000	2+
发射回路(I)	61	5000	3	6000000	2+
星际电车	60	70000000	<100	600000	2
冲压加速器			<500		6
太空炮	3	450	500		6
Slingatron		100			2

续表

方法	估计成本/$B	LEO/$/kg	LEO/$/kg	能力	技术成熟度
航天飞机	23	12000	3,000		7
激光推进		?	20		3

图 4.5 ~ 图 4.7 给出了其中的三种非火箭运载工具。

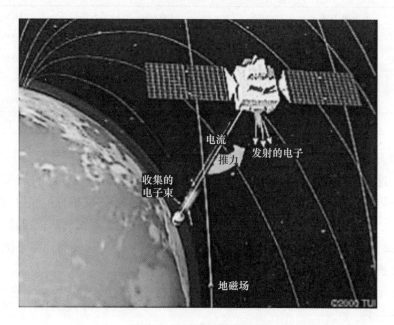

图 4.5 电动系链推进原理

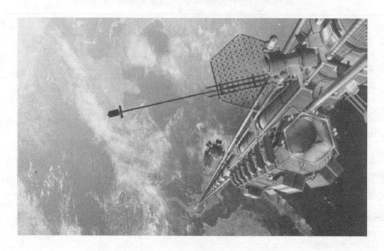

图 4.6 空间升降机

图4.7 星际电车

(https://en.wikipedia.org/wiki/StarTram#/media/File:Startramgeneration2.jpg)

4.4 单级入轨

根据定义,单级入轨(SSTO)飞行器从物体表面到达轨道时,无需抛弃硬件,而只消耗推进剂和液体。该术语通常指可重复使用的飞行器。虽然还没有研制过从地球发射的 SSTO 运载火箭,但这项有趣的技术最近引起了很多关注。一些科研类航天器已经设计或研制完成,包括 Skylon、DC–X、X–33 和 Roton SSTO。SSTO 成功进入轨道的主要障碍是如何找到最有效的推进系统。SSTO 是由阿波罗计划的登月舱和苏联月球计划的几个机器人航天器在月球上实现的。由于月球引力较小并且几乎没有大气层,这比在地球上实现要容易得多。图 4.8 所示为 VentureStar("冒险之星"),它是计划中的 SSTO 航天飞机,图 4.9 所示为"冒险之星"与航天飞机的比较。

成本节约(是航天飞机的1/10)和更高的安全性使得"冒险之星"的工程和设计比航天飞机更有吸引力。类似客机的操作是 SSTO 飞行器的最终目标。由 General Dynamics Centaur 首创的高性能氢氧推进技术的发展,激励了 SSTO 的可能性,并使这一40年的梦想更接近现实。

图4.8　计划中的"冒险之星"

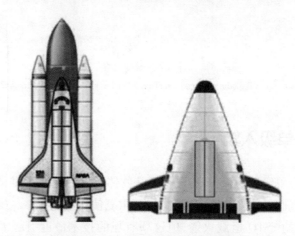

图4.9　VentureStar 与航天飞机的比较

表4.5总结了SSTO系统的主要需求[4]。

表4.5　SSTO系统需求

●快速、低成本周转(仅使用350人天的低运营成本);
●飞行期间任何时间可完好无损地中止(保护有效载荷和/或机组人员);
●部署和/或回收的中型有效载荷(10000磅至低地球轨道);
●载人和/或无人运行(自动飞行、固有的可靠性和机组人员的安全性);
●火箭推进作为原动力(避免依赖NASP空气呼吸技术)。

SSTO的一些独特特征如下:

(1)SSTO将直接升空,飞入轨道而不落下任何东西,然后将在动力作用下跟随火柱降落,而不是滑翔;

(2) SSTO 不需要捆绑式外罐或助推器;

(3) SSTO 不需要长跑道、巨大的车辆装配大楼或任务控制大楼,它只需要直径 200ft 的水泥机坪、维修机库和氢氧推进剂设施;

(4) SSTO 将使用现有全球定位系统的卫星信号导航。

一旦完全投入使用,可重复使用的 SSTO 将与典型商业客机飞行一样安全。与航天飞机不同,SSTO 只能燃烧氢气和氧气。它们的废气主要由热而纯净的水蒸气组成。预计周转时间约为 1 天。

4.5 太阳能卫星

太阳能卫星(SPS)将能量以微波的形式传送到地球上的接收区域。SPS 系统要求从私营企业到公共企业的所有利益相关者进行全球合作。

印度退休总统阿卜杜勒·卡拉姆博士在波士顿大学举办的"空间探索的未来"研讨会上发表演讲时,公开谈论了空间太阳能的前景。在谈到未来 40 年全球人口的增长(图 4.10)时,卡拉姆说:"对于空间探索的未来,还有什么比参与一项全球任务,从空间获得长期供应的可再生能源更好的愿景呢?"

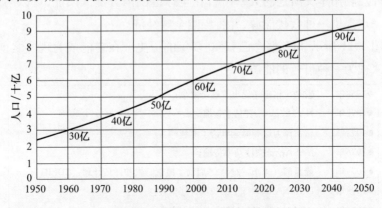

图 4.10 世界人口:1950—2050

(美国人口普查局,国际数据库,2008 年第一次更新)

卡拉姆相信,跨学科的空间研究将促成科学和工程领域的新创新。在波士顿大学的演讲中,他还说:"20 世纪文明将耗尽化石燃料。太阳能是清洁的,是取之不尽用之不竭的。然而,地球上每天太阳通量只有 6~8h,而太空太阳能发电站上每天的入射辐射能有 24h。"

20 世纪 70 年代末,日本在系统定义研究中进行了一些有限的试验,并设计了一颗低轨道 10MW 演示卫星。可以想象,开发和部署这样一个系统的主要障碍仍然是巨大的初始成本。要使太阳能卫星在经济上可行，就需要一种低成本的空间运输；而要使 SPS 取得成功，就需要一个有组织的行业和一种可行的 SPS 实施方法。

SPS 系统部署在低地球轨道上，通过微波将收集到的太阳能传输回地球。如此庞大的全球事业需要不同国家的合作以及一个能够在世界范围内管理和监督它的组织。同时作为国际电信联盟（ITU）成员的联合国成员国，必须在国际上参与协调全球条约和协定、频率分配、卫星轨位、空间交通管制，以及防止任何潜在无线电干扰进入其国内通信系统和服务的其他活动。为了使这个全球项目成为可能，需要一个像国际电信联盟这样的国际组织，由成员国按照公平的地域分配原则选举该组织的官员，并且按照轮换制度，每个区域的每个成员国都可以参与最终将影响其国家的政策的决策过程。在设计系统和提供服务时，应非常谨慎地将私营部门纳入其中，但私营部门没有任何决策权。涉及政府和行业伙伴关系的项目，其各个要素必须明确界定。在空间轨道上设计、制造、发射、运行和维护这样一个全球 SPS 系统无疑将涉及复杂的工程技术，需要人类的巨大努力和智慧来应对这一项目遇到的所有挑战。最近的历史表明，如果各国集思广益，从工程角度看，任何能够想象和客观存在的事情都是可以实现的，这个项目也不例外。利用本文所述的天基平台在全球范围内分配太阳能，可以为地球上的任何一点提供一种替代能源，并将影响全球经济。

如图 4.11 所示，SPS 概念已有 40 多年的历史。在它能成为现实之前，已被几个国家视为一种可行的能源。

●1968年	彼得·格雷泽提出了这个概念；
●1972年	NASA/Lewis评估了该概念；
●1973年	格雷泽为这一概念申请了专利；
●1976年	NASA论证微波功率传输；
●1977年	能源部（DOE）/NASA启动了概念开发和评估计划（CDEP）；
●1978年	DOE/NASA举行了第一次计划审查；
●1979年	DOE/NASA举行了第二次计划审查；
●1980年	DOE举行了SPS研讨会和第三次计划审查；
●1980年	DOE进行了同行评审，并公布了CDEP环境、社会及比较结果；
●1980年	DOE/NASA终止进一步的SPS特定研究活动；
●1981年	国家科学院公布了SPS评论结果；
●1981年	技术评估办公室公布了对SPS的评定；
●1990年代	对概念重新产生兴趣。

图 4.11　SPS 总体设计概念（十亿年计划）

http://billionyearplan.blogspot.com/2010/08/how-far-weve-come-come-space-based-solar.html

图 4.12 给出了一种可行的 SPS 项目的不同组成部分。

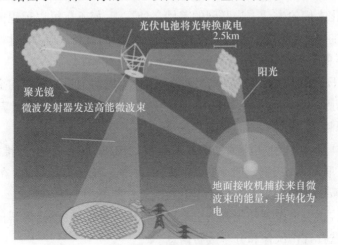

图 4.12　SPS 概念的历史[6]

4.6　卫星和网络攻击

物联网(IoT)将给卫星通信产品和服务的提供者带来巨大的挑战,因为从冰箱到拖拉机的每一个联网设备都为黑客提供了一个进入网络的切入点和一种攻击网络其他组成部分的方式。图 4.13 为国际通信卫星组织的网络运营中心对其用户的卫星在轨运行情况进行成像和监控。

图 4.13　国际通信卫星组织的网络运营中心对其用户的卫星在轨运行情况进行成像和监控
来源:Intelsat 17

以物联网几乎在我们生活的方方面面的传播速度,预计在未来几年,家庭、办公室、农场和交通枢纽的联网设备数量将猛增。当人们通过汽车、火车、轮船和飞机等方式旅行时,物联网将通过提供一种远程控制设备和保持宽带连接的方式,来简化人们的生活。物联网的美妙之处在于,您不仅可以远程控制您的设备,在不久的将来,该技术还将允许您把这些不同的设备互连,通过将它们编程为一个功能单元来优化可用资源。

3月8日,国际海事卫星组织(Inmarsat)负责电信卫星运营商的全球监管高级副总裁唐娜·贝瑟默菲在2017年卫星年会网络安全小组会议上表示:"我们整合的资源越多,看到的漏洞就越多。"

去年10月,黑客利用联网摄像头和数字录像机,攻下亚马孙、推特、网飞和其他热门互联网网站,就说明了这一威胁的存在。"这就是风险所在,"达格尔告诉SpaceNews。"你连接的冰箱都可能会攻击你。"

为了反击,卫星设备和服务供应商正在采取各种措施,包括更新自己的安全程序、谨慎选择合作伙伴和分享威胁信息。

"我们必须保持警惕,总会有各种各样的组织试图追杀我们。"休斯网络系统公司网络安全主管大卫·亨宁说。

对于卫星和远程传输运营商来说,这些组织包括试图破坏通信的个人黑客以及复杂的民族国家。

"由于我们承担关键的通信任务,我们不仅受制于典型的商业威胁,同时也是民族国家行为者的攻击目标。"位于弗吉尼亚州赫恩登的VSAT设备制造商VT iDirect的首席信息官和首席信息安全官安德鲁·托马谢夫斯基说。

对于iDirect来说,防御必须从测试和修复其销售的产品开始,而不是依赖客户来完成这项工作。iDirect还聘请第三方专家对其软件代码进行评估,并运行一个事件响应程序。

托马谢夫斯基在座谈会上说:"我们在公司内部建立了一个响应协议,如果我们的客户或合作伙伴报告了事故或安全问题,当其中一个电话进来时,每个人都知道该如何处理。"

强有力的事件响应协议正变得越来越普遍。为远程能源、采矿和海运客户提供卫星通信的ITC Global 归松下公司所有。ITC全球首席技术执行官克里斯·希尔在专题研讨会上表示,该公司全天候运营着一个"完全专注于安全"的安全运营中心。

卫星通信公司也越来越多地密切关注其合作伙伴和客户使用的安全程序,因为任何薄弱环节都可能危及网络。

例如,国际通信卫星组织(Intelsat)向网络安全公司支付费用,以评估其客户用于接入卫星链路的甚小孔径终端(VSAT)设备。"我们自己付钱。"达加尔说,"有一种自动的、默认的期望,即VSAT平台内置了安全机制。但事实并非如此。"

总的来说,国际通信卫星组织将其技术预算的5%用于信息安全。"如果你预先解决安全问题,并将其作为工程周期的一部分,就会大大降低成本。"达加尔说,"对于那些抱怨安全成本高昂的人来说,这是因为他们是事后才解决的安全问题。重新设计系统、解决方案和软件的成本必然很高。"

公司也对其零部件供应商进行评估。例如,休斯网络系统公司过去会按照客户的要求,拒绝被美国政府称为潜在威胁的制造商提供的设备。

客户和合作伙伴对网络安全对话的反应截然不同。

卫星舰队运营商 Eutelsat 的人道主义事务副总裁西蒙·格雷在座谈会上说:"对于北约来说,这是讨论的第一部分,也是讨论的全部内容。如果你和任何军事客户打交道,这是他们首先要问的问题之一。"

休斯网络系统国际部副总裁戴夫·雷恩说:"监管关键国家基础设施(如管道)的客户也是如此。"他告诉 SpaceNews:"他们把安全带到了一个极端。"

其他顾客很少注意。希尔说:"有些客户是为吸收信息并采取行动而设置的。其他客户会目光呆滞地说,'我不知道你在说什么。'在这种情况下,服务提供商需要帮助他们了解问题和利害关系。"

这些讨论是网络安全的一个重要因素。贝瑟默菲领导了卫星工业协会和全球 VSAT 论坛的联合网络安全工作组。他说:"随着网络威胁在整个系统和网络中扩散,我们的行业正在为确保稳定做出反应。我们是通过沟通来实现的,无论是直接与客户还是与制造商和政府机构进行沟通,我们都必须在各个层面上相互沟通。"

4.6.1 领先网络攻击一步

由此可见,企业越来越重视网络安全,并采取措施消除被入侵的任何潜在风险。如果这些入侵成功,最终会影响末端用户并危及客户的信任。因此,卫星运营商正在采取保障措施,来确保通信卫星能够快速响应不断变化的需求,并防止航天器受到网络攻击。

英国的天网-5军用卫星通信系统(见图4.14),由空客国防与航天公司管理,为用户提供了改变通信波束形状和功率水平的能力。国际通信卫星组织可能在未来的 EpicNG 卫星上采用这种波束成形技术。

图4.14 天网-5卫星

来源:空客。

国际通信卫星公司负责新技术和服务的副总裁马克·丹尼尔斯说："你可以在地面随时改变波束的形状。你可以从为特定区域成形的波束开始,但如果需求发生变化或出现干扰问题,也可以重新配置波束以增加覆盖区域或切出一个区域以避免干扰。"

这种原本是帮助运营商减轻干扰问题的灵活性设计,在攻击者控制了卫星时可能会造成危险。丹尼尔斯说:"任何时候你的灵活性越大,你就越需要更多的网络安全,因为这种灵活性可能会被利用[8]。"

4.7 空间光子学

自20世纪60年代以来,光子学在空间工程中的应用潜力显著增长,当时卫星上唯一的光子设备是太阳能电池。近年来,光子器件和子系统在航天器的许多功能中起着至关重要的作用。例如,数据处理、姿态和轨道控制以及应变/热测绘等功能使用了光子学技术。

目前,地球观测和科学任务的许多有效载荷包括各种各样的光学和光电元件,如激光器、探测器、调制器、透镜、光栅、反射镜等[9]。

由于光子学相对于传统技术的固有优势,它可以在几乎所有卫星子系统中发挥关键作用(图4.15)。几十年来,光电陀螺仪一直被纳入姿态和轨道控制系统,从20世纪90年代开始,光纤在实现星载数据总线方面的一些重要优势已经在多个航天任务中得到证实。自1958年首次在太空应用以来,太阳能电池已被纳入所有卫星的供电子系统。

子系统	基本功能
机械结构	适应其他所有子系统
供电	在适当的时间间隔内产生并有效分配电能
热子系统	将航天器温度控制在适当的范围内
姿态控制	实时监测控制航天器空间姿态
通信	与地面站进行数据(遥测数据、指令、有效载荷数据)发送或接收
数据处理	处理航天器上的数据
推进	改变航天器的轨道

图4.15 卫星子系统

绘制航天器某些关键截面的应变和温度图可以受益于光纤布拉格光栅(FBG)技术,其在空间的适用性已经得到证实。将数据从一颗卫星传输到另一颗卫星或从一颗卫星传输到地面站的光无线链路也在最近的一些空间任务中得到成功验证。

根据光子学的原理,光子学是光子的产生、探测和操控(放大、调制、处理、切换、控制)。它指的是光纤或波导中的导波技术。光子学有望在未来的航天器工程中产生影响,通过替换或增强数字和射频电信有效载荷、传感器、微型激光雷达和光谱仪领域传统电子方式,减少其所替代系统的尺寸、重量、功率或性能[10]。

光子学在空间系统中的一些应用可概括如下[10]。

4.7.1 灵活的射频有效载荷

微波光子学的发展为射频有效载荷提供了新的功能和性能。这些有效载荷的核心是光子学,用于产生稳定的本振子,执行光学下变频,并通过在光域中的路由、波束形成或滤波来操纵光微波信号。这种光子系统的主要组件包括激光器、光放大器、WDM组件、光调制器、光开关以及用于光波束形成、转换和滤波的光子集成电路。

4.7.2 数字有效载荷的光互连

新的光收发器硬件正在开发中,它将允许25Gb/s的高速光数字链路与未来的数字处理器互联。此外,欧洲空间局正在研究如何利用光子学来提高模数转换的性能。低损耗光纤使高密度光学互连成为可能,利用高密度、轻型的光纤和柔性铂在这些有效载荷内分配数字信号,从而增加系统设计者的自由度。光电学部门正在参与这些新有效载荷的整个开发周期,从元件规格和评估到系统级试验板。

4.7.3 光子集成电路

光子集成电路是多个光学元件或组件的芯片级集成,实现了类似于电子集成芯片的复杂功能。随着这些芯片复杂度和功能的增加,它们正在寻找新的应用空间:微型光谱仪、集成固态陀螺、激光束控制、复杂光学调制/解调、光开关、光束形成、数据包处理。显然,这种方法的主要优点是针对大规模的尺寸和重量优势,但也存在潜在的成本降低(制造、装配和鉴定)优势。

4.7.4 星间数字通信

为了减少双跳卫星链路的时延,卫星接收到的信号被发送到相邻的卫星,并从该卫星下行链路到远端站。星间链路(ISL)已经使用了很多年,工作频段是40~60GHz。随着这项新技术的应用,太空光纤在空间飞行中应用,它是多Gb/s星载网络技术,通过电缆或光缆运行。光电学部门与欧洲伙伴一道开发了 10Gb/s 光收发器,以满足未来卫星的需要,并参与了对 IOD 的系统级组件测试和评估。

4.7.5 卫星平台光纤传感

光纤传感是航天器工程中的一种新工具,它可以通过调制光纤中光传输的某些参数来测量温度、应变、加速度和旋转。光电学部门一直在研究这些光纤技术,试图去了解这种技术如何应用于未来的空间任务。正在研究的技术包括光纤布拉格光栅、光子带隙传感器、光纤干涉仪(光纤陀螺、加速度计)以及利用光纤自身自然散射机制的分布式传感方法,该方法允许每米光纤有 1000 个测量点。

4.7.6 发射器光子学

光学烟火技术是利用激光输出的短脉冲点燃烟火材料的一种新方法。这项技术为下一个欧洲发射装置"阿丽亚娜"-6 奠定了基础。光电学部门和欧洲工业部门一直领导着该系统关键部件的开发,从激光器到光学安全屏障等安全特性。其他光子技术已被研究用于未来的发射装置,包括激光点火、光纤传感、光通信和光无线。

航天器主承包商逐渐认识到光纤用于机载数据处理的好处,其好处包括:
(1)完全消除电磁干扰(EMI)和射频干扰(RFI);
(2)尺寸、重量和功率显著降低;
(3)更大的在轨和 I&T 灵活性;
(4)显著降低 I&T 成本。

4.8 问题

1. 根据 NASA 的航行报告:"为人类空间的可持续发展绘制路线图",下一步进入太阳系的设想是什么?

2. NASA 在 2012 年制定了一套路线图,供 NRC 使用,后来在 2015 年进行了修改,列出该路线图中涉及的领域。

3. 对于每一个技术领域,NASA 都建立了一个由主题专家组成的内部团队,他们可以根据需要联系 NASA 的其他专家。这些团队的职能是什么?

4. 简要说明对卫星进行网络攻击的可能性。

5. 由空客国防和航天公司管理的英国"天网"-5 军用卫星电信系统可以为其客户提供什么?

6. 列举光子学在卫星子系统中可以发挥的关键作用。
7. 列举一些光子学在空间系统中的应用。
8. 光纤用于在轨数据处理的好处是什么?
9. 解释星间链路及其对卫星通信质量的影响。
10. 解释 SPS 总体设计概念。

参考文献

1. National Aeronautics and Space Administration Langley Research Center. www. nasa. gov/centers/langley.
2. www. nasa. gov;www. nasa. gov/offices/oct/home/roadmaps/index. html.
3. Non-rocket space launch,www. thefulfillment. org/docs/NonRocketSL. ppt.
4. Heald,D. A. ,and T. L. Kessler. Single stage to orbit vertical takeoff and landing concept technology challenges engineering manager. Advanced Space Concepts SSTO Chief Engineer General Dynamics Space Systems Division,San Diego,CA,www. spacefuture. com/archive/single_stage_to_orbit_vertical_ takoff_and_laning_concept_technology_challenges. shtml.
5. Koomanoff, F. A. , and C. E. Bloomquist. 1993. Solar Power Satellites. New York:Ellis Horwood, p. 26. http://fti. neep. wisc. edu/neep602/LEC32/IMAGES/fig5. GIF,http://fti. neep. wisc. edu/neep602/lecture32. html.
6. www. youtube. com/watch? v = xGLCs3nVXhA.
7. Debra Werner. Retrieved on April 19,2017. http://spacenews. com/whos-keepingsatellites-safe-from-cyberattacks/.
8. http://spacenews. com/whos-keeping-satellites-safe-from-cyberatacks/#sthash. LKtpAN3. dpuf.
9. www. worldscientific. com/worldscibooks/10. 1142/9817.
10. www. esa. int/Our_Activities/Space_Engineering_Technology/Space_ Optoletronics/ Photonics.

第 5 章 信息、通信和航天技术

5.1 信息和通信技术基本定义和原理

根据定义,信息和通信技术(简称 ICT)是一个涵盖所有通信设备或应用程序的术语,包括无线电、电视、便携电话、计算机和网络软硬件、卫星系统以及与之相关的各种服务和应用程序。其应用范围涵盖视频会议、远程学习、远程医疗、电子政务、电子商务、电子教育、电子健康和电子环境等。信息和通信技术的应用可以促进发展中国家实现减贫以及改善健康和环境条件。

人们还可以将信息和通信技术定义为一种技术,涵盖所有以数字形式实现的电子化存储、检索、操作、传输或接收信息的产品。

根据世界银行集团 2002 年 4 月的《信息和通信技术部门战略文件》[1],信息和通信技术的定义是由硬件、软件、网络和媒体组成的技术,用于以语音、数据、文本或图像的形式收集、存储、处理、传输和呈现信息。

考虑到发达国家和发展中国家之间的差距日益扩大,国际电信联盟决定利用信息和通信技术作为主要工具,以缩小它们之间的差距。一旦信息和通信技术纳入发展中国家的政策,将对这些国家的社会经济产生积极影响。如果有充足的投资以及正确的方法和实施过程,信息和通信技术应用及工具可以在提高生产效率和改善质量方面发挥作用。

信息和通信技术提供了许多方便,例如使学习更加有趣,特别是对于难以理解的问题;桥接距离(例如,使用电子邮件、电话、视频会议等);打破沟通中的识字障碍(如使用视频和广播);以及分享和研究有用的信息(例如,使用互联网)。信息和通信技术还可以提供与工作和实习相关的信息,创造新的就业机会,加强与同行的远距离互动,创造娱乐机会(游戏、音乐、视频),并提供关于其他地方生活的更真实的信息。信息和通信技术涵盖如此广泛的技术和应用,因此,将信息和通信技术列为课程的一部分是明智的做法,讨论什么是信息和通信技术,以及如何在学校作业和毕业后工作中有效利用信息和通信技术。

某些情况下,在教育实践中采用信息和通信技术存在阻力。妨碍一些教师充分利用信息和通信技术的主要因素大致可分为以下几个方面。在教师层面，主要是缺乏信息和通信技术技能、缺乏将信息和通信技术应用于教学的信心、缺乏教学培训、缺乏对新技能的跟踪以及缺乏差异化的培训项目。在学校层面，主要是缺乏信息和通信技术基础设施、硬件陈旧或维护不善、缺乏适当的教育软件以及接触信息和通信技术的机会有限。其他与学校相关的因素包括缺乏相关项目经验，以及缺乏将信息和通信技术纳入学校战略的主流思想。最后，在体制层面，应考虑传统教育体制的刚性结构、传统评估、受限课程和受限组织结构等因素。

图 5.1 展示了信息和通信技术应用类别[2]。

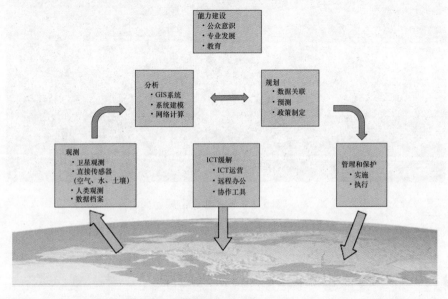

图 5.1　信息和通信技术应用类别(ITU)

其中一个高度依赖卫星技术的领域是环境能力建设。提高公众对环境问题及其对人类和自然的影响、对后代长期影响的认识，并将环境问题纳入正规教育，将有助于开发我们应对当今环境挑战的能力。遥感、地理信息系统(GIS)和其他数据收集、分析和说明手段不仅应成为各级教育课程的一部分，而且还应成为超越教育界的总体方针的重要组成部分。

正如第三章中详细解释的那样，遥感技术自诞生以来的40年中，在使用方面取得的进展，使人们能够对地球及其大气层进行详细的观测和监测，这对人类是有益的。1972年发射的第一颗商用地球资源卫星——LANDSAT-1，当时给全世界范围内提供了分辨率极好的图像。遥感卫星的主要优点是地理覆盖范围更广，数据收集具有重复性。从第1～3代LANDSAT开始，每隔18天重复覆盖同一点,此后16天,为各种应用领域提供宝贵信息。世界气象组织(WMO)的全球观测系统是一个基于卫星的观测和通信平台[3],向用户提供气压、水温和海浪活动的信息。在这种系统中,为了补充和重新验证卫星数据,需要从地面站获取路基传感器的无线电遥测中继数据。商用飞机、专用气象观测飞机、气象气球和船舶也被用作补充平台。图5.2显示了具有上述平台的全球观测系统。

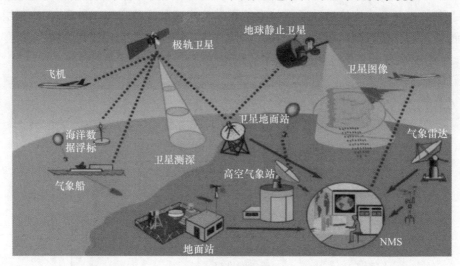

图5.2　全球观测系统

(世界气象协会,www.wmo.int/pages/prog/www/OSY/GOS.html[4])

5.2　信息和通信技术的新兴应用

在过去10年中,信息和通信技术发生了惊人的变化,并呈指数级增长。随着硬件变得更智能、更快和更小,摩尔定律和尼尔森定律持续成立。因为带宽不断增加,价格也越来越便宜。本节简要介绍一些将持续推动我们前进的新兴技术、应用、服务和接入。

(1)固定电话连接。

大多数人在家里仍然依赖某种"硬"连接。对于一些人来说,这是一种直接连接到自己家的光纤连接,而对于其他人来说,它仍然是一种铜线连接。让我们来看看所涉及的一些不同的技术。

(2)数字用户线路。

数字用户线路(DSL)使用现有的双绞铜线对或本地环路提供宽带数据服务和普通电话语音服务(POTS)。DSL有很多变体,每个变体的首字母缩略词都以

DSL 后缀结尾。前缀通常不同,"x"DSL 用于指代数字用户线路服务的所有变体。非对称数字用户线路(ADSL)是目前美国各地提供商提供的最受欢迎的产品。DSL 允许电话公司延长双绞铜线的使用寿命。DSL 将频率分开使用,较低频率用于语音,较高频率用于数据,如图 5.3 所示。

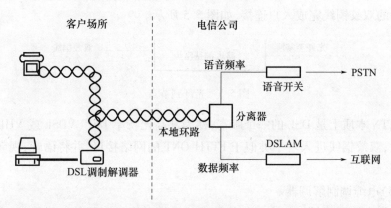

图 5.3 典型的数字用户线路(DSL)网络配置

DSL 有距离限制,本地环路需要清除任何称为加载线圈的拼接头和设备。数据带宽通常运行在 250kb/s 和 40Mb/s 之间。

(3) 光纤入户。

2006 年,在与有线电视公司的技术竞争中,Verizon 决定采用光纤入户(FTTH)技术实现,我们称之为 FiOS。FiOS 将光纤直接连接到用户家中,提供语音、视频和数据服务。Verizon 对该项目实施的总投资估计在 180 亿~230 亿美元。最初,Verizon 的计划是从 2006 年开始,每年完成 300 万个家庭以上,直到覆盖 2006 年客户量的 60% 左右。FTTH 技术包括将一段光纤直接连接到住宅,并将光纤连接到光网络终端(ONT)。ONT 将光信号转换为电信号,如图 5.4 所示。作为 ONT 配置的一部分,还有一个可更换电池,用于电源发生故障时为电话供电。在太赫兹波段上工作会导致 FTTH 的理论数据带宽超过 1000Mbps。

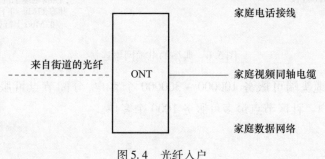

图 5.4 光纤入户

(4) 光纤到节点。

在 Verizon 计划 FTTH 的同时,AT&T 计划推出光纤到节点(FTTN)技术。FTTN 将光纤传输到一个社区,但不像 FTTH 那样将光纤直接入户,而是将光纤传输到路边的基座上。基座中的电子设备将光信号转换为电信号,通过原有用于电话的双绞铜线完成入户连接,如图 5.5 所示。

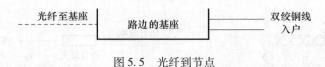

图 5.5 光纤到节点

FTTN 本质上是 DSL 的一个版本,称为甚高比特率 DSL(VDSL 或 VHDSL)。入户时,双绞铜线进入一个类似于 FTTH ONT 的网络接口,并将语音、视频和数据分开。

(5) 电缆调制解调器。

有线电视网络最初仅为下行传输而建。为了提供必要的上行带宽,有线电视提供商对其网络进行改造以实现双向通信。如今,大多数同时涉足语音和数据业务的有线电视公司都对其网络进行了改造,以支持同时进行上行和下行传输。这些电视/数据网络通常为混合光纤同轴(HFC),光纤用于中继和馈电,同轴电缆通常仍用于将线路引入家庭或企业,如图 5.6 所示。

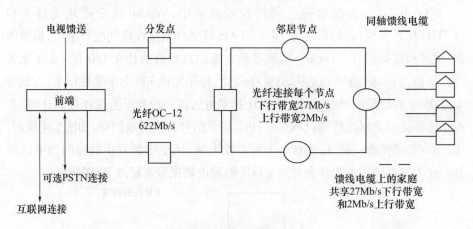

图 5.6 典型的电缆网络连接

现代电缆头端可服务 100000 ~ 300000 个客户,分配节点可服务 10000 ~ 30000 个客户。社区节点最多可服务 1000 个客户。

5.3 无线连接

如今,我们大多数人都随身携带某种移动设备,期望能够持续联通和使用。最近,我们接触到来自无线电提供商的大量 4G 广告。

5.3.1 早期无线电标准

在了解 4G 技术之前,先快速了解一下让我们达到现在水平的一些传统技术。

1G——第一代无线电技术,20 世纪 80 年代推出。1G 使用 150MHz 及以上频段进行模拟语音调制。

2G——第二代无线电技术,20 世纪 90 年代推出。2G 与 1G 类似,不同的是 2G 网络上是数字无线电信号;最初是纯粹的电路交换,后来扩展到分组交换。

3G——第三代无线电技术,21 世纪初推出。为现有服务提供高达下行 28Mb/s 和上行 22Mb/s 的峰值数据速率。

请注意,大约每 10 年就有新一代的无线电技术问世。这些技术通常不向后兼容。

5.3.2 第四代(4G)服务

4G 是第四代的缩写,是第三代(3G)无线电技术的继承者。4G 包括 LTE (长期演进)和 WiMAX(微波接入的全球互操作性),并将固定服务的峰值移动下载速度设置为每秒 100Mbps 和每秒 1Gbps。固定服务的一个例子是,在你家屋顶上一个天线用于无线接入。

您可能想知道,如果两者都被视为 4G 技术,并且都提供相同的带宽,那么 Verizon、AT&T 等提供商使用的 LTE 技术与 Sprint 等其他公司使用的 WiMAX 技术之间有什么区别?一种技术比另一种好吗?为什么一家公司决定采用 LTE,而另一家公司决定采用 WiMAX 来提供下一代服务?如果它们相似,那不同点又是什么呢?

(1)LTE 是 Verizon Wireless(最近推出了 LTE)和 AT&T Wireless(计划于今年开始推出 LTE)等大型移动运营商选择的 4G 技术。这些运营商已经拥有 LTE 频段,并有足够的资金购买更多的频段。他们还将告诉您,LTE 更容易支持与早期蜂窝技术的向后兼容性。LTE 使用频域双工(FDD)频段。

(2)WiMAX 是具有时域双工(TDD)频段(由 Sprint 于 2008 年推出)的运营

商的选择,对于不需要向后兼容的新应用也是有意义的。

(3)那么,LTE 使用 FDD 频段与 WiMAX 使用 TDD 频段有什么区别?这里有一个来自 three-g.net 的快速解释。

(4)频域双工(FDD)和时域双工(TDD)是宽带无线网络中使用的两种最流行的双工方案。然而,TDD 是更有效的方案,因为它不会浪费带宽。FDD 历来用于纯语音应用,通过两个不同的无线信道支持双向无线通信。TDD 则使用单一频率在下行和上行方向传输信号。

从根本上说,FDD(LTE)使用两个信道,而 TDD(WiMAX)使用一个信道进行双向通信。

哪种技术将占据主导地位?LTE 似乎将在美国占据主导地位,但昂贵又拥挤的频段已经存在问题。而 TDD 不仅比 FDD 有更多的可用频段,而且更便宜。

现在,如果美国的大型运营商更青睐 LTE,并且频段供应短缺,那么尝试开发一种可以使用 TDD 频段的 LTE 版本是否有意义?这就是一种称为 TD-LTE 的新兴技术,它使用 TDD 频段进行 LTE 传输。它有用吗?看起来的确如此。2010 年 7 月,爱立信和中国移动展示了一种端到端 TD-LTE 解决方案,该解决方案实现了 110Mb/s 的单用户下行链路峰值速率。2010 年 12 月,中国移动宣布已经获得监管部门的批准,将对国内开发的 TD-LTE 技术开始实施大规模测试。

5.3.3 5G 技术

5G 技术将为每个频道提供更宽的波段。5G 的一些特点如下:

(1)高增长的峰值比特率;
(2)单位面积的数据量更大;
(3)高容量,允许更多设备同时和即时连接;
(4)更低的电量消耗;
(5)无论您在哪个地理区域,都能实现更好的联通性;
(6)更多的支持设备;
(7)基础设施开发成本降低;
(8)通信可靠性更高。

表 5.1 显示了 1G~5G 技术的对比。

表 5.1 1G~5G 技术对比

技术/特点	1G	2G/2.5G	3G	4G	5G
开始/发展	1970/1984	1980/1999	1990/2002	2000/2010	2010/2015

续表

技术/特点	1G	2G/2.5G	3G	4G	5G
数据带宽	2kbps	14.4~64kbps	2Mbps	2Mbps 至 1Gbps，用于低移动性	1Gbps 以及更高
标准	AMPS	2G：TDMA，CDMA，GSM 2.5G：PRS，DGE，1xRTT	WCDMA，CDMA-2000	单一统一标准	单一统一标准
技术	模拟蜂窝技术	数字蜂窝技术	宽带CDMA、IP技术	统一IP与宽带、LAN/WAN/PAN和WLAN的无缝结合	统一IP与宽带、LAN/WAN/PAN/WLAN 和 WWW 的无缝结合
服务	移动电话（语音）	2G：数字语音、短信 2.5G：更大容量的分组数据	集成高质量音频、视频和数据	动态信息访问，可穿戴设备	动态信息访问，具有AI功能的可穿戴设备
多路复用	FDMA	TDMA，CDMA	CDMA	CDMA	CDMA
开关	电路	2G：电路 2.5G：接入网和空中接口电路；核心网络和数据包	除空中接口电路外的数据包	所有数据包	所有数据包
核心网络	PSTN	PSTN	分组网络	互联网	互联网
切换	水平	水平	水平	水平和垂直	水平和垂直

来源：http://ids.nic.in/Tnl_Jces_May%202012/PDF1/pdf/1.5g_tech.pdf.

5.4 智能手机和平板电脑

我们大多数人都随身携带某种"智能"联网移动设备，可以打电话、处理数据、听音频和看视频。这些设备正在重新定义我们的工作方式、娱乐方式以及与家人和朋友保持联系的方式。开发人员为这些设备创建自定义应用程序的能力催生了一个全新的行业。

2010 年 9 月，皮尤研究中心发布了一份有趣的报告，题为"应用程序（APP）文化的兴起"。该报告关注了美国的手机使用情况，以及过去 10 年里手机使用的增长和变化情况。该项目调查了 1917 名手机用户。以下是报告中的一些关键要点：

(1) 如今,十个成年人中有八个(82%)使用手机。

(2) 大约四分之一(23%)的成年人现在生活在一个有手机但没有固定电话的家庭。

(3) 11% 的手机用户不确定自己的手机是否配备了应用程序。

(4) 35% 的成年人拥有安装了应用程序的手机,但只有三分之二的成年人实际使用。

① 29% 的用户已将应用程序下载到手机上；

② 38% 的人购买了预装应用程序的手机。

(5) 与手机的其他用途相比,应用程序的使用仍然相对较低。

(6) 十分之一的成年人手机用户(10%)在过去一周内下载过应用程序；20% 的 30 岁以下手机用户频繁下载应用程序。

(7) 八分之一的成年人手机用户(13%)付费下载应用程序。

(8) 在使用应用程序的手机用户中,成年人的手机上平均有 18 个应用程序。

随着更小、更快、联通性更好的设备的不断开发,将继续为企业家提供应用程序开发机会。

5.5 未来技术

廉价的设备、无处不在的联通性和可负担性将继续推动信息和通信技术走向未来。这种推动大部分将在无线电和移动领域。2010 年 2 月,美国总统巴拉克·奥巴马公布了他的计划,该计划将使企业增长更快,让学生学到更多,让公共安全官员使用最先进、安全、全国性和可互操作的移动通信。具体而言,该计划实现内容如下：

(1) 可用于移动宽带的无线频谱几乎翻了一番；

(2) 设定 98% 的美国人能够接入 4G 高速无线网络的目标；

(3) 设立无线电创新(WIN)基金,助力推动创新；

(4) 为公共安全开发和部署全国范围的、可互操作无线网络。

这些都是我们前进的重要目标。

通信卫星在提供必要的"最后一英里"联通性方面发挥了重要作用,使得 ICT 服务范围扩大到世界各地的偏远和孤立地区。联合国在 2009 年 3 月于曼谷举行的"关于信息、通信和航天技术用于减少灾害风险"的会议上说。

由于能够提供快速宽带通信部署,卫星可以在紧急情况下构成通信系统的主干。卫星宽带通信已被公认为支持救灾的最有效手段之一。卫星通信服务提供了大带宽连接,可以在需要时快速、便捷地重新部署到其他地点。IP 平台支持语音、数据和视频通信需求,灾害管理系统内的相关节点网络可确保信息及时流动[5]。

2007 年 2 月,联合国提出了区域航天应用促进可持续发展方案下一阶段的拟议战略,如图 5.7 所示。

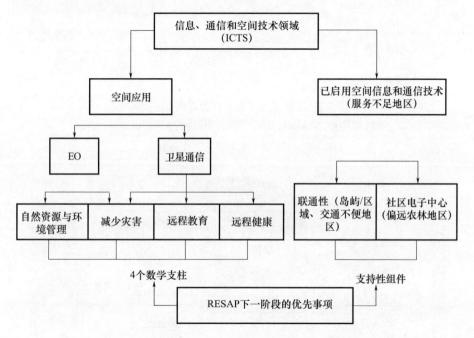

图 5.7 2007 年 2 月,联合国提出了区域航天应用促进可持续发展方案下一阶段的拟议战略
(亚洲及太平洋经济社会委员会,第三次亚洲及太平洋航天应用促进
可持续发展部长级会议,吉隆坡高级官员筹备会议,2007 年 2 月 5 日至 7 日[7]。)

2009 年 2 月,太平洋信息和通信技术部长级论坛上通过的程序,是信息、通信和航天技术应用于灾害管理的一个绝佳例证[6]。

图 5.8 显示了 1975 年至 2005 年期间亚太地区的自然灾害损失情况。根据亚太共同体的定义,亚洲哨兵系统是一个基于互联网的信息共享系统,利用地球观测卫星数据进行亚太地区的灾害管理,包括来自 20 个国家的 51 个组织和 8 个国际组织。图 5.9 展示了亚洲哨兵框架的设计。如图 5.8 所示,地球观测卫星从受影响地区收集信息,通过通信卫星将这些信息发送到中央灾害管理组织,

供其利用并传送给最终用户。

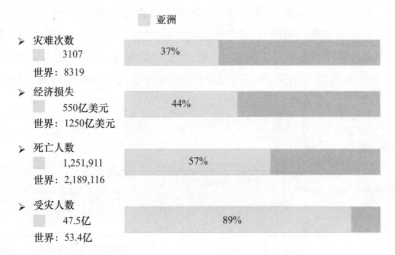

图 5.8　亚洲及太平洋地区的自然灾害损失

(亚洲哨兵:利用信息和通信技术在太平洋地区进行灾害管理,太平洋信息和通信技术部长级论坛,2009 年 2 月 18 日[8]。)

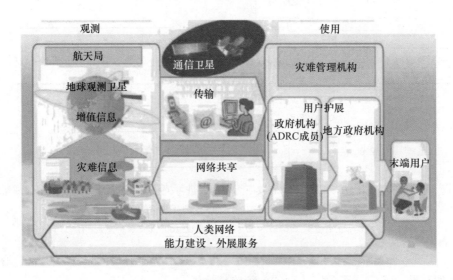

图 5.9　亚洲哨兵框架的设计

(亚洲哨兵:在太平洋使用信息和通信技术和 Pace 技术进行灾害管理,太平洋信息和通信技术部长级论坛,2009 年 2 月 18 日[8]。)

图 5.10 显示了应急观测流程。在这张图片中,我们可以看到,一旦灾难发生,将生成紧急观测请求,发送至亚洲减灾中心并上传卫星,同时将拍摄的图像发布在

亚洲哨兵网站上。随后所有这些灾害信息都发送到亚洲国家的灾害管理机构。

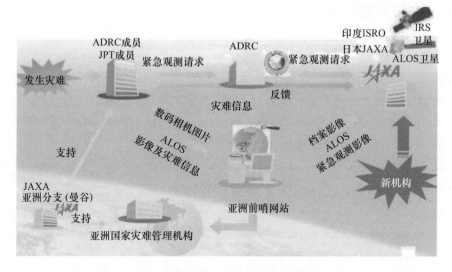

图 5.10 应急观测流程

（亚洲哨兵：在太平洋使用信息和通信技术和 Pace 技术进行灾害管理，
太平洋信息和通信技术部长级论坛,2009 年 2 月 18 日[8]。）

这个例子说明了 ICT 技术和卫星系统如何实现携手合作,处理世界某一特定区域发生的自然灾害。

ICT 技术与航天技术共同给各国经济带来了一些革命。NASRDA（国家空间研究与发展局）主任 Seidu Mohammed 在 ARCSTE – E 理事会第四次会议上说。

航天科学和技术巨大和无限的好处已经扩展到通信、可持续能源、教育资源和环境管理、粮食安全、国防和犯罪控制以及工业增长等领域[9]。

ARCSTE – E 的董事/首席执行官 Joseph Akinyede 博士在同一活动上说。

航天科学和技术已成为影响世界各国人民生活的变革因素[10]。

5.6 问题

1. 给出 ICT 的定义。
2. 在教育实践中采用信息和通信技术遇到了哪些阻力？
3. 请根据 ITU 列出一些 ICT 应用类别？
4. 解释卫星技术作为其主要应用领域之一在 ICT 中的作用。
5. 给出一些新兴 ICT 应用的定义并简要解释。
6. 给出无线电标准的定义并简要解释。

参考文献

1. ICT and MDGs. A World Bank Perspective, World Bank Group, December 2003.
2. www.itu.int/ITU – D/cyb/app/docs/itu – icts – for – e – environment.pdf.
3. World Meteorological Organization (WMO). World Weather Watch Programs, About the Global Observing System (GOS), www.wmo.ch/pages/prog/www/OSY/GOS – purpose.html.
4. World Meteorological Organization (WMO). Global Observing System (GOS), http://www.wmo.int/pages/prog/www/OSY/GOS.html.
5. United Nations Economic and Social Commission for Asia and the Pacific. Committee on Disaster Risk Reduction, E/ESCAP/CDR15, page 13, paragraph 49, Bangkok, March 25 – 27, 2009.
6. Sentinel Asia: Disaster management using ICT and pace technology in the Pacific, Pacific ICT Ministerial Forum, February 18, 2009.
7. Economic and Social Commission for Asia and the Pacific. Third Ministerial Conference on Space Applications for Sustainable Development in Asia and the Pacific, Kuala Lumpur Preparatory Meeting of Senior Officials, February 5 – 7, 2007.
8. Sentinel Asia: Disaster management using ICT and pace technology in the Pacific, Pacific ICT Ministerial Forum, February 18, 2009.
9. Mohammed, S. March 2011. Fourth Meeting of the Governing Council Board of the African Regional Centre for Space Science and Technology in English (ARCSSTE – E), Abuja, Nigeria.
10. Akinyede, J. March 2011. Fourth Meeting of the Governing Council Board of the African Regional Centre for Space Science and Technology in English (ARCSSTE – E), Abuja, Nigeria.

附录 A:本书中提到的科学家和数学家

阿尔哈森·伊本·海瑟姆

出生	公元 965 年,巴士拉(在今天的伊拉克);去世:大约公元 1040 年,埃及开罗
住所	开罗巴士拉
领域	物理学家和数学家
成名作	以《光学书》、《关于托勒密的怀疑》、《关于世界形态》、《运动模型》、《光论》、《地点论》、《科学方法》、《实验科学》、《实验物理学》、《实验心理学》、《视觉感知》、《解析几何》、《非托勒密天文学》、《天体力学》而闻名
影响他的人	亚里士多德、欧几里得、托勒密、加伦、穆罕默德、班尼马斯、塔比特·伊本·库拉、金迪、伊本·萨赫、阿尔 – Qūhī
受他影响的人	奥马尔·哈亚姆、哈兹尼、阿维罗斯、罗杰·培根、维泰洛、佩切姆、法里斯、西奥多里克、格索尼德斯、阿方索、冯·佩尔巴赫、塔奇·丁、里斯纳、克拉维乌斯、开普勒、约翰·沃利斯、萨切里

纳西尔·艾德丁·图西

波斯穆斯林学者	
在伊朗邮票上纪念他逝世 700 周年	
头衔	Khaje Nasir
出生	1201 年 2 月 18 日
去世	1274 年 6 月 26 日（73 岁）
种族	波斯人
地区	伊朗
主要兴趣	伊斯兰神学、伊斯兰哲学、天文学、数学、化学、生物学和医学、物理学、科学
著名理论	进化，球面三角，图西对
作品	Rawda yi Taslīm、Tajrid al-ʿAqaid、Akhlaq-i-Nasri、Zij-i ilkhani、al-Risalah al-Asturlabiyah、al-Tadhkirah fiílm al-hayáh
影响他的人	阿维森纳、法赫·丁·拉齐、莫阿耶·杜丁、乌尔迪
受他影响的人	伊本·哈尔顿、库特布·丁·西拉齐、伊本·沙蒂尔、哥白尼

附录 A：本书中提到的科学家和数学家

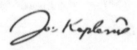

约翰内斯·开普勒

	1610 年约翰·开普勒的肖像画，由一位不知名的艺术家创作
出生	1571 年 12 月 27 日，德国斯图加特附近的威尔·德施塔特
去世	1630 年 11 月 15 日(58 岁)，德国巴伐利亚州雷根斯堡
住所	伍尔滕堡，斯提里亚，波希米亚，上奥地利
领域	天文学、占星术、数学和自然哲学
机构	林茨大学
母校	蒂宾根大学
	以开普勒行星运动定律、开普勒猜想而闻名

艾萨克·牛顿

	1689年,戈弗雷·克内尔对艾萨克·牛顿的画像
出生	1643年1月4日
去世	1727年3月31日(84岁)
住所	英格兰
国籍	英国
领域	物理学、数学、天文学、自然哲学、炼金术、基督教神学
机构	剑桥大学,皇家学会,皇家造币厂
母校	剑桥三一学院
学术顾问	艾萨克·巴罗、本杰明·普伦

附录 A：本书中提到的科学家和数学家

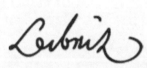

戈特弗里德·威廉·莱布尼茨

全名	戈特弗里德·威廉·莱布尼茨
出生	1646 年 7 月 1 日莱比锡，萨克森州选民
去世	1716 年 11 月 14 日(70 岁)，汉诺威选民
时代	17 世纪哲学，18 世纪哲学
领域	西方哲学
主要兴趣	形而上学，数学，神学
著名理论	无穷小微积分，单子学，π 的乐观莱布尼兹公式，莱布尼兹调和三角形，行列式的莱布尼兹公式，莱布尼兹积分规则，充分理由原理，图解推理，微分记法，费马小定理的证明，动能，恩氏问题 AST

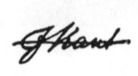

伊曼纽尔·康德

全名	伊曼纽尔·康德
出生	1724年4月22日,普鲁士科尼斯堡(现俄罗斯加里宁格勒)
去世	1804年2月12日(79岁),普鲁士科尼斯堡
时代	18世纪哲学
领域	西方哲学
学派	康德主义,启蒙哲学兴趣:主要认识论,形而上学,伦理学,逻辑学
著名理论	绝对命令论,先验唯心主义,合成先验论,本体论,萨佩雷·奥德,星云假说

附录 A：本书中提到的科学家和数学家

卡尔·费里特立奇·高斯

卡尔·弗里德里希·高斯(1777—1855)，由克里斯蒂安·阿尔布雷希特·詹森绘制	
出生	1777 年 4 月 30 日，布伦瑞克选民
去世	1855 年 2 月 23 日(77 岁)，汉诺威王国，哥廷根
住所	汉诺威王国
国籍	德国
领域	数学家和物理学家
机构	哥廷根大学
母校	海尔姆斯特德大学
博士生导师	约翰·弗里德里希·普法夫
其他学术顾问	约翰·克里斯蒂安·马丁·巴特尔斯
博士生	弗里德里希·贝塞尔、克里斯托夫·古德曼、克里斯蒂安·路德维希·格林、理查德·戴德金、约翰·恩克、约翰·伯恩哈德·里曼、克里斯蒂安·彼得斯、莫里茨·坎托
其他著名学生	费迪南德·艾森斯坦、古斯塔夫·基尔霍夫、恩斯特·库默、约翰·迪里克莱特、奥古斯特·费迪南德·莫比乌斯、朱利叶斯·魏斯巴赫、L. C. 施努莱因
受他影响的人	索菲·日尔曼
著名奖项	科普利勋章(1838 年)

阿尔伯特·爱因斯坦

出生	1879年3月14日,乌尔姆,德意志帝国乌尔滕堡王国
去世	1955年4月18日(76岁)美国新泽西州普林斯顿
住所	德国、意大利、瑞士、美国
种族	犹太人
公民身份	伍尔滕堡/德国(直到1896) 无国籍(1896—901) 瑞士(从1901) 奥地利(1911—1912) 德国(1914—1933) 美国(自1940)
母校	苏黎世联邦理工大学
知名成就	广义相对论和狭义相对论,光电效应,布朗运动的质量能量等效量化,爱因斯坦场方程,玻色-爱因斯坦统计统一场论
配偶	米列娃·马里奇(1903—1919) 艾尔莎·洛温塔尔,尼爱因斯坦(1919—1936)
奖项	诺贝尔物理学奖(1921年) 科普利奖(1925年) 马克斯·普朗克奖(1929年) 世纪风云人物

附录A：本书中提到的科学家和数学家

亚瑟·C·克拉克，CBE

2005年3月28日，亚瑟·C·克拉克在斯里兰卡科伦坡的内政部	
出生	1917年12月16日，英国萨默塞特雷海德
去世	2008年3月19日(90岁)，斯里兰卡科伦坡
笔名	查尔斯·威利斯 E.G. 奥布莱恩
职业	作家、发明家
国籍	英国
公民身份	英国和斯里兰卡
母校	伦敦国王学院
体裁	硬科幻、科普
科目	科学
著名作品	《童年的终结2001：太空漫游》《与拉玛的交会》《天堂的喷泉》
配偶	玛丽莲·梅菲尔德(1953—1964)
影响他的人	H. G. 威尔斯、儒勒·凡尔纳、邓萨尼勋爵、奥拉夫·斯泰普顿
受他影响的人	斯蒂芬·巴克斯特 克拉克基金会

· 267 ·

附录 B:主要缩略语

1G	First Generation	第 1 代(系统)
2G	Second Generation	第 2 代(系统)
3G	Third Generation	第 3 代(系统)
4G	Fourth Generation	第 4 代(系统)
5G	Fifth Generation	第 5 代(系统)
ADSL	Asymmetric Digital Subscriber Line	非对称数字用户线路
ASAT	Anti-satellite	反卫星(武器)
BPSK	Binary Phase Shift Keying	二进制相移键控
BSS	Broadcasting Satellite Service	广播卫星服务
CDMA	Code Division Multiple Access	码分多址
CNSA	China National Space Administration	中国国家航天局
COPUOS	Committee on the Peaceful Uses of Outer Space	和平利用外层空间委员会
COSPAR	Committee on Space Research	空间研究委员会
CSA	Canadian Space Agency	加拿大航天局
DBS	Direct Broadcast Satellites	直接广播卫星
DSL	Digital Subscriber Line	数字用户线路
EIRP	Equivalent Isotropically Radiated Power	等效全向辐射功率
EOS	Earth Observing System	地球观测系统
ESRO	European Space Research Organization	欧洲空间研究组织
ESA	European Space Agency	欧洲空间局
FDD	Frequency Domain Duplex	频域双工
FDMA	Frequency Division Multiple Access	频分多址
FSS	Fixed Satellite Service	固定卫星服务
FTTH	Fiber To The Home	光纤入户
FTTN	Fiber To The Node	光纤到节点
HEO	Highly Elliptical Orbit	高椭圆轨道
HPA	High Power Amplifier	高功率放大器
HPM	High-powered Microwaves	高功率微波
IAA	International Academy of Astronauts	国际宇航员学会
IAASS	International Association for Advancement of Space Safety	国际促进空间安全协会

附录 B：主要缩略语

续表

IADC	Inter-Agency Space Debris Coordination Committee	空间碎片协委会
ICAO	International Civil Aviation Organization	国际民用航空组织
ICO	Intermediate Circular Orbit	中间圆轨道
ICT	Information and Communication Technology	信息和通信技术
Intelsat	International telecommunications satellite organization	国际通信卫星组织
IoT	Internet of Things	物联网
ISECG	International Space Exploration Coordination Group	国际空间探索协调小组
ISL	Inter-Satellite Link	星间链路
ISS	International Space Station	国际空间站
IT	Information Technology	信息技术
ITU	International Telecommunications Union	国际电信联盟
GEO	Geostationary Earth Orbit	地球静止轨道
GIS	Geographic Information System	地理信息系统
GNC	Guidance, Navigation, and Control	制导、导航和控制
GNSS	Global Navigation Satellite System	全球导航卫星系统
GPS	Global Positioning System	全球定位系统
GSO	Geostationary Satellite Orbit	地球静止卫星轨道
GTO	Geo Transfer Orbit	地球转移轨道
Lageos	Laser geodynamics satellite	激光地球动力学卫星
LEO	Low Earth Orbit	低地球轨道
LNA	Low Noise Amplifier	低噪声放大器
LNB	Low Noise Block	低噪声变频器
MEO	Medium Earth Orbit	中高地球轨道
MSS	Mobile Satellite Service	移动卫星服务
NASA	National Aeronautics and Space Administration	美国国家航空航天局
NASDA	National Space Development Agency of Japan	日本国家航天发展局
NEAs	Near-Earth Asteroids	近地小行星
NGO	Nongovernmental Organizations	非政府组织
QPSK	Quadrature Phase Shift Keying	正交相移键控
RFI	Radio Frequency Interference	射频干扰
JAXA	Japan Aerospace Exploration Agency	日本航空航天探索局
SAR	Synthetic Aperture Radar	合成孔径雷达
SPS	Solar Power Satellite	太阳能卫星

续表

缩写	英文	中文
SSTO	Single Stage – To – Orbit	单级入轨
STM	Space Traffic Management	空间交通管理
TDD	Time Domain Duplex	时域双工
TDMA	Time Division Multiple Access	时分多址
TT&C	Telemetry Tracking and Control	遥测、跟踪和控制
UHF	Ultra High Frequency	特高频
UNCOPUOS	United Nations Committee on the Peaceful Uses of Outer Space	联合国和平利用外层空间委员会
VHF	Very High Frequency	甚高频
VSAT	Very Small Aperture Terminal	甚小孔径终端
WARC	World Administrative Radio Conference	世界无线电管理会议
WMO	World Meteorological Organization	世界气象组织